中国轻工业"十三五"规划教材

高 等 学 校 专 业 教 材

中国酒文化概论

主编 黄永光

中国轻工业出版社

图书在版编目（CIP）数据

中国酒文化概论／黄永光主编．—北京：中国轻
工业出版社，2023.12
　　ISBN 978-7-5184-4515-8

　　Ⅰ.①中…　Ⅱ.①黄…　Ⅲ.①酒文化—中国　Ⅳ.
①TS971.22

　　中国国家版本馆 CIP 数据核字（2023）第 151019 号

责任编辑：马　妍　　责任终审：劳国强
文字编辑：巩孟悦　　责任校对：晋　洁　　封面设计：锋尚设计
策划编辑：马　妍　　版式设计：砚祥志远　　责任监印：张　可

出版发行：中国轻工业出版社（北京鲁谷东街 5 号，邮编：100040）
印　　刷：北京君升印刷有限公司
经　　销：各地新华书店
版　　次：2023 年 12 月第 1 版第 1 次印刷
开　　本：787×1092　1/16　印张：13.5
字　　数：323 千字
书　　号：ISBN 978-7-5184-4515-8　定价：45.00 元
邮购电话：010-85119873
发行电话：010-85119832　010-85119912
网　　址：http://www.chlip.com.cn
Email：club@chlip.com.cn
如发现图书残缺请与我社邮购联系调换
171077J1X101ZBW

本书编写人员

主　　编　　黄永光　贵州大学

副 主 编　　郭　旭　贵州商学院
　　　　　　袁华伟　宜宾学院
　　　　　　晋克俭　贵州大学

参编人员　　（按姓氏笔画排序）
　　　　　　马　宇　六盘水师范学院
　　　　　　刘珊珊　贵州商学院
　　　　　　李苑麟　贵州大学
　　　　　　陈　甜　贵州商学院
　　　　　　贺圣谦　贵州商学院
　　　　　　袁仕洪　遵义市文学艺术创作中心
　　　　　　徐志昆　贵州商学院
　　　　　　郭　倩　仁怀市融媒体中心
　　　　　　涂华彬　贵州茅台酒股份有限公司
　　　　　　黄璟轩　贵州商学院
　　　　　　喻阳明　贵州茅台镇北街酒厂（集团）
　　　　　　　　　　有限公司
　　　　　　程玉鑫　贵州大学

前言 | Preface

在人类历史文化进程中，酒从物质属性角度看，是一种饮品；从文化属性角度看，是一种精神物品；从社会属性角度看，更是一种经济生活商品。酒作为一种文化载体，已渗透到政治、军事、文化、经济等社会生活的各个领域。一般而言，酒文化有广义和狭义之分。学界对酒文化的内涵和外延有着不同的界定，但都是围绕酒的文化属性展开。简言之，酒文化是指附着在"酒"这一物质形态产品上的文化属性。

中国作为世界酒类产品的起源国之一，其酒文化历史悠久，内涵丰富，博大精深，是中华文明的有机组成部分，具有重要的精神文化价值。中国是酒的王国，具有久远的酿酒历史和深厚的文化基础。酿造工艺的改进和酿酒科技研究的长足发展，更是昭示了全球酿酒产业发展的未来。中华民族是一个缔造酒文化，丰富酒文化，演进酒文化的民族；中国酒文化既是一门边缘学科，更是一门综合性学科，具有集多种文化元素于一体的典藏属性。

本书共十二章，由黄永光担任主编，郭旭、袁华伟、晋克俭担任副主编。编写分工如下：第一章由郭旭编写，第二章由徐志昆编写，第三章由袁华伟编写，第四章由刘珊珊编写，第五章由郭倩编写，第六章由黄璟轩、贺圣谦编写，第七章由陈甜编写，第八章由袁仕洪编写，第九章由黄永光、喻阳明编写，第十章由黄永光、涂华彬编写，第十一章由黄永光、程玉鑫、李苑麟编写，第十二章由黄永光、马宇编写。黄永光负责统稿。本书适用于高等学校酿酒工程、食品科学与工程相关专业和人文通识课程教材，也可供从事相关行业人员参考。

限于编者学识水平和经验有限，书中错漏和不足之处敬请广大读者批评指正。

编者

2023 年 8 月

目录 | Contents

酒文化在中国历史上有着举足轻重的地位，贯穿了数千年中华文明。在中国人传统的饮食文化里，酒是必不可少的。俗话说"无酒不成席"，体现了酒在饮食生活中的重要性。酒是一种非常奇特而又富于魅力的饮品，无论是庆功、喜宴、欢聚，还是解乏、消愁、送别，几乎都离不开酒。酒文化是人类生活习俗的一种表现形式，不同的国家和民族，有不同的酒文化。一个民族的历史、文化、哲学理念、生活习惯甚至性格特色，均可从酒文化中得到反映。

第一节　酒文化的含义

一、酒字释义

我国的酒类酿造历史悠久，在商代后期的甲骨文中，"酒"字就已经出现并定型。殷商时期的甲骨文大部分是卜辞，其中就有"酒"字，不过"酒"字不从水，而是写成"酉"字（图1-1）。因此，在古代"酉"就是酒。从古文字的甲骨文、金文、籀书、六国古文、篆书到近代文字的隶书、草书、楷书和行书，可以看到"酉"字的历史及其发展演变过程（图1-2）。

酒是中国古代劳动人民在社会生产中最早的发明之一。在中国，人们说到酒的起源时经常会提到"猿猴酿酒"，并经常引用晋人江统《酒诰》中的"酒之所兴，肇自上皇，或云仪

图1-1　甲骨卜辞中的"酉"字

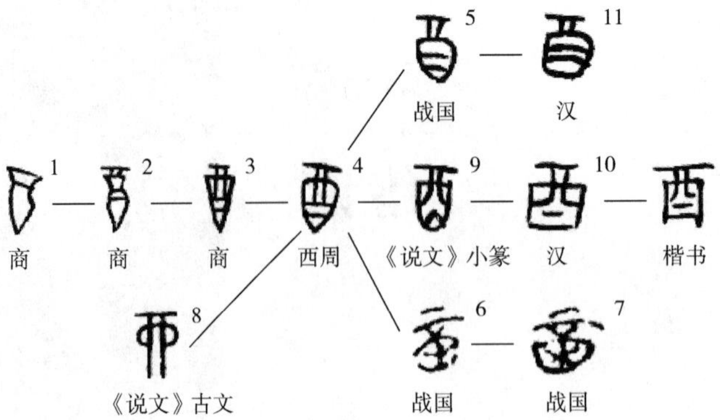

1—5《殷墟文字类编》329页。
6、7《楚文编》858页。
8、9《说文》311页。
10、11《篆隶表》1067页。

图 1–2 “酉”字的演变过程

狄，一曰杜康。有饭不尽，委余空桑，郁积成味，久蓄气芳，本出于此，不由奇方”的说法。古人在祭祀时，把米饭等祭品，长时间堆积于献祭的地方，自然发酵而产生出酒。

二、酒文化释义

“酒文化”一词是由我国著名经济学家于光远教授在 1987 年首次提出来的，后来萧家成等学者界定了酒文化概念的内涵与外延。从概念上讲，酒文化有广义和狭义之分。广义的酒文化蕴涵丰富、自成体系，包括几千年来不断改进和提高的酿酒技术、工艺水平、法律制度、酒俗酒礼、形形色色的饮酒器皿，以及文人墨客所创作的与酒相关的诗文词曲等。狭义的酒文化则是一般消费者心目中的酒文化，多指饮酒的礼节、风俗、逸闻、逸事等。后来，许多酒文化研究者对其内容不断完善，其中最为典型和最有代表性的便是萧家成先生给酒文化所下的定义，即所谓“酒文化”是指围绕着酒这个中心所产生的一系列物质的、技艺的、精神的、习俗的、心理的、行为的现象的总和。围绕着酒的起源、生产、流通和消费，特别是它的社会文化功能以及它所带来的社会问题等方面所形成的一切现象，都属于酒文化及其相关的范围。

从本质上说，酒具有两种属性，即自然属性和社会属性。酒文化研究的对象既包括原料、器具、酿造技艺等自然属性，又包括酒的社会属性，即酒在社会活动中对政治、经济、文化、军事、宗教、艺术、科学技术、社会心理、民风民俗等各个领域所产生的具体影响。

第二节 中国酒文化

中国酒文化主要体现在构成文化的基本形态上，即：中国人不仅创造了酒文化的物质成果，而且创造了其精神成果、行为规范，以及保证其发展的制度成果，由此形成了酒文化的四个基本形态，即物质、精神、行为和制度四种形态。

一、物质形态酒文化

物质形态酒文化指的是酒文化的技术体系及其成果，包括人类酒类酿造技术发展进程中所创作、积淀的技术性、物质性的产品及其产品衍生形成的文化。如中华民族对酒本身与酒器具的发明与创造，是酒文化重要的物质文明内容。

经过几千年的发展，物质形态酒文化越来越丰富。作为物质形态上的酒本身，经历了一个由天然物质转变为人工美食饮品的漫长历程。原始社会时期人类饮用猿酒、乳酒、粮食酒，获益于大自然的慷慨赏赐，它们对于酒的发明意义在于：启迪人们去探索微生物的存在、生长、作用和演替规律，刺激人类迫切需要人工酿酒的欲望，这两点对于酒的发明具有不可替代的意义。正是由于人类开始发明、生产他们所需的人工酿造酒的创造性活动，酒文化才获得新生。

中国酿酒技艺是世界酿造技术宝库中的瑰宝，闪烁着绚丽的民族智慧光芒，对现代微生物工业的发展有着深远的意义。尤其是曲法糖化酿酒技艺，采用独特的微生物酶糖化及多种微生物混合发酵，是东方酿造技术的杰出成果代表，也是中华民族对世界酿造文明的杰出贡献。从品种单一发展到多种多样，从技术简单发展到工艺复杂，并不断创新。特别是曲蘖、药酒和烧酒（蒸馏酒）的发明创造，是世界酿造史上的三大飞跃。从最早出现的米酒、黄酒，到出现蒸馏器后的烧酒，到了今天，白酒已经发展为以酱香型、浓香型和清香型三个传统典型香型为主，其他香型（包括米香型、豉香型、兼香型、凤香型、芝麻香型、老白干香型、药香型、清酱香型）百花齐放的局面。酒类产品生产也由简单的手工业作坊发展到现代化酿酒企业。

与此同时，酒的酿造也是中华民族其他酿造食品的技术源头，为物质形态酒文化增添了又一丰富的内涵。正是将酿酒用的米曲霉的蛋白水解功能应用于蒸熟的大豆或小麦上，才创造出了酱、酱油、豆豉等多种调味品，形成了以酒为主、调味品为辅的酿造业。我国的制曲技术传播到东亚地区，形成了世界上独一无二的"曲文化圈""霉菌文化圈"。曲法酿酒工艺对现代微生物工业也产生了深远的影响，现代的酶制剂工业就是发端于中国的制曲技术。我国制曲技术源远流长、影响巨大，可以与中医药、造纸、活字印刷、罗盘、火药等中国传统杰出发明创造相媲美。

酒产业的发展同时促进了酒器具的发明与发展，人类的体力与智力得到充分的应用与发展。经过几千年的创新，酒器具的造型也越来越丰富。从粗糙的原始陶杯发展到功用、品种齐全的酒器具，如酿酒具、温酒具、饮酒器、盛酒器、挹酒器、礼器祭器、酒令具等。

从享用天然酒到人工酿制酒，从纯饮用到调料、医疗等多方面的合理使用，产品品种、食法、制法、用法日益丰富。人们不停创新自己的产品，不断挖掘酒文化的物质内涵和功能，从而使得物质形态酒文化不断向前演进和深化。

二、精神形态酒文化

酒，如果仅仅局限于单纯的食用价值层面上，还够不上文化。事实上，人们在创造酒文化的物质财富时，同时也在创造其精神财富。酒文化的物质成果决定了人们有关酒的观念、意识、想象的产生，其内容及发展方向、嬗变轨迹，渗入到了中华民族的精神生活中，由此衍生出酒文化的精神形态。

1. 伦理道德

以酒礼规范、调节社会关系，维护君臣、父子、少长、贵贱等关于忠诚孝道、尊长崇贵等伦理关系，构成了传统酒文化的伦理道德。据《尚书·酒诰》所载，"德"主要指与政教联系紧密的酒德，是酒礼的内在道德规范。在古代饮酒君子的人格层面，就体现了令德（品德涵养）、令仪（容止风度）之统一，体现了内（德）与外（仪）的统一。这些观念对中华民族伦理观念产生了长期的影响。

2. 思维方式

从广义来说，上述酒文化心理结构、价值评判以及对于世界和人生的认知方式，都体现了酒文化思维方式的发展趋向。从狭义上说，酒文化在形象思维方式上的渗透已经为人注目，特别是文学艺术家饮酒，有利于创作思维进入一种下意识状态，排除"事障""理障"，突破语言、概念、逻辑、推理、物象的束缚，促进创作灵感的来临，开拓艺术思维的路子，从而信手拈来，脱口而出，自由挥洒，创作出诗、书、画的妙品来，谓之醉吟、醉墨、醉画。艺术创作正是在这种无理性思维形式下攫取营养的。

3. 审美情趣

中国酒文化是一种审美文化。酒的色、香、味、格，酒器具的色、形、纹、饰，酒令的雅俗共赏，酒艺文的疑义相析，既是一种定格、评酒、鉴赏、游戏活动，又是一种审美活动。"酒中趣"以及由此产生的一系列饮酒审美范畴，诸如真、味、道、形、神、适等，都深深渗透进中华民族审美情趣中。一方面，从维护酒礼角度来说，饮酒要求适中、平和、有节，"酒以成礼""宴以合好"，以及由此在酒礼场合下显现出来的酌献、酬酢的礼仪之美，强化了饮食文化美感中的中和之趣。另一方面，文人名士对世俗社会的伪、范、利、俗表现出鲜明的叛逆立场，追求以真、怿、达、雅为核心内容的酒中之趣，凝结成为文士特有的生活方式、行为模式、性格特征乃至醉态艺术审美情趣。

4. 社会理想

作为农耕民族，中华民族具有强烈的安土乐命的生活旨趣，一旦因为苛政、战乱、失意等打破这种安宁稳定时，他们对和平宁静的期望，曲折地转化到对理想社会的构想和追求上来，以表达对现实的不满。酒国、醉乡，正是凭借着文人生花妙笔构建起来的与世俗社会相对立的一片乐土乐国，这里"无君臣贵贱之拘，无财利之图，远刑罚之避"；王绩《醉乡记》比拟为上古华胥国，反映了中国文人的理想追求。

5. 文学艺术

酒激发了文人墨客的创作灵感，酒催生了艺术，也丰富了艺术作品的内容。中国酒文化与文学艺术结缘深厚，确实是世界上一种罕见的文化现象。中国传统的诗、书、画，无论题材、主题，还是内容、风格，无论是艺术思维，还是审美情趣，都有中国酒文化的符号。中国文学作品中，酒成为文人经常吟咏的题材，借酒劝世、傲世、消愁、韬晦，表现名士风流，成为永恒的主题。体裁形式，以歌行、狂草、泼墨最适合在醉酒状态下进行形象思维，纵恣横逸，腾挪跌宕，运酒力于笔力之上，寓酒心于文心之中，形诸作品，表现为自然的美。

三、行为形态酒文化

人类在社会实践生活中，特别是在人际交往中约定俗成的酒文化行为层面，主要包括礼仪行为、社群行为和娱乐行为。

1. 礼仪行为

中国酒文化的一个重要特征，就在于它的礼乐色彩。《周礼》《仪礼》《礼记》等记载儒家关于礼仪的典著中,《士冠礼》《士昏礼》《士相见礼》《乡饮酒礼》《乡射礼》《燕礼》等篇记载了许多典礼场合下具体的酒事礼仪规范。这些酒礼规范集中体现了礼的基本精神,对历代酒礼行为影响深远。酒的典章制度,既是酒的制度型文化成果,又是一种社会行为的规范,加上民族民间自然形成的有关座次、席位、择吉、邀约、敬罚等行为、语言规范,贯穿于社交礼仪、日常生活、风俗习惯等诸多方面,都构成酒文化的礼仪行为。

2. 社群行为

酒文化社群行为,指人们因为需要而举办的一切以酒文化为主题或辅助手段的活动,各种宴会构成了社群行为的主体。此外,从古代皇家评述贡酒到现代化评酒活动,从专门设置销酒的酒市到集市展示、研讨、销售、经贸为一体的各种"酒节""酒文化节"活动,酒无一不在经济、文化甚至政治生活中发挥组织、教育、娱乐以及促进经济发展、文化传播等功能。

3. 娱乐行为

酒文化娱乐行为,广泛见之于人们的物质生活与精神生活中,诸如民间盛行各种通令、骰令、樗蒲、藏钩、斗酒等酒令、酒戏活动,知识阶层盛行诗词歌赋、棋琴书画等文艺佐酒活动和雅令、筹令、骰令、通令等酒令活动,以及各种品评佳酿、酒器、赏花、醉月等赏玩活动,集文学艺术、娱乐消遣、游戏智慧、审美鉴赏于一体,体现出品种多样性、社会参与性及文化兼容性,多方面、多层次反映酒文化在中华民族文化生活中所发挥的益智、遣兴、审美等功能。

四、制度形态酒文化

中国人不仅充分认识到酒(特别是药酒)的强身健体、扶衰养疾等功能、功效,也充分认识到其伤身、丧生乃至亡国等负面效应。但中国人更能借助一系列调剂手段,制定出政治、经济、礼仪制度来规范人们各种酒事行为,调整被酒扰乱的各种社会关系,从而创造出中国酒文化的制度形态成果,以酒礼、酒政尤为突出。酒礼是中华礼文化的一个组成部分,具有社会政治规范和伦理道德两方面的内涵。

酒礼有治国、教民、理乱的作用,还具体化到婚丧嫁娶、节日风俗、饮食行为、待人接物、祭祀落成等民间民俗中,成为规范守则。但酒礼并非调整、组织的唯一手段,还必须辅之以酒政。酒的管理机构和政令的世代发展与传承,构成了中国酒政的基本内容。从管理机构来看,西周酒官机构健全,具有编制明确、队伍庞大、分工细致等特点。"一国之政观于酒",酒对社会关系和社会行为的影响及其管理效果,往往折射出一个时代、一个地域的政治面貌。从政令内容看,酒禁、酒榷、酒税作为历代王朝调整酒产业发展的基本政策,构成中国酒政的主要内容。酒礼、酒政都是制度形态酒文化的重要成果。酒礼主要是"因人之情而为之节文",偏重从礼法、道德上规范社会关系和社会行为,而不具有法律规章的作用。酒政则是加强人的行政干预、经济调节以及与之相应的惩罚规定。二者相辅相成,构成了制度形态酒文化的基本内涵。

第三节　世界酒文化

一、世界酒文化概述

世界范围内酒类酿造主要分为三大类，即酿造酒、蒸馏酒和配制酒。世界主流酒种分为三大酿造酒和六大蒸馏酒。世界三大酿造酒，分别是葡萄酒、啤酒和中国黄酒；世界六大蒸馏酒为白兰地、威士忌、伏特加、金酒、朗姆酒和中国白酒。由于酿酒原料多种多样，各国的地理环境、酿造基础条件、风土水质的差异性等，致使各国的酒文化、饮酒习惯也大不一样。

1. 韩国

韩国人普遍喝酒精度低的"烧酒"，其中真露（图1-3）较为有名，虽然只有19%vol，但占据着韩国烧酒市场54%的份额，被韩国人誉为国民酒的代表。

图1-3　韩国国民酒的代表——真露

图1-4　新加坡"司令"酒

韩国酒文化讲究尊卑有序，酒桌上非常重礼数。受中国文化的影响，韩国的传统观念是"右尊左卑"，因而用左手执杯或取酒都是失礼的行为。一般情况下，级别与辈分悬殊太大者不能同桌共饮。经长辈允许，晚辈才可向长辈敬酒。敬酒人右手提酒瓶，左手托瓶底，上前鞠躬、致词，为长辈斟酒，一般是一连三杯，敬酒人只是敬酒，自己不能与长辈同饮。

2. 日本

日本人爱喝酒，但酒量普遍不大，多数为低酒精度的"清酒"。清酒的酒精度约15%vol，含多种氨基酸、维生素，是营养丰富的饮料酒。日本菜以鱼类海鲜为主，与香醇爽口的清酒相配，有滋有味。

日本人饮酒，喜欢细品慢饮，酒杯之小，令人称奇。在日本，除了在商店可以买到酒、在酒馆可以喝到酒之外，酒类自动售货机更是遍布大街小巷。

3. 新加坡

新加坡的酒文化可以用四个字概括——酒吧林立。与新加坡较小的国土面积相比，酒吧的数量和密度颇高，而且自成风格。地下酒吧是其中一种常见形式，这种兴起于20世纪20年代的酒吧曾为了躲避禁酒令而乔装成其他店铺来贩卖私酒，这种私卖方式给人带来的刺激使地下酒吧在禁酒令结束后也长盛不衰。

新加坡的"司令"（Sling）酒（图1-4），是世界十大鸡尾酒之一，所有新加坡航班上都免费提供。"司令"酒其实是北美土著居民的一种古老的酒类饮料，往往会用数十种水果加以搭配装饰，不仅好喝，更是让人赏心悦目，用于镇静和舒缓压力。

4. 俄罗斯

俄罗斯几乎每一家稍有规模的超市，都能看到好几面墙摆满了各式各样的酒：伏特加、白兰地、威士忌……琳琅满目，应有尽有。伏特加是俄罗斯的国酒，也是北欧寒冷国家十分流行的烈性酒。伏特加是以多种粮食（马铃薯、玉米）为原料，发酵后重复蒸馏，除去杂质和异味的高纯度、高浓度酒精饮料。俄罗斯伏特加原酒，是没有经过任何人工添加、调香、调味的基酒，也被世界各大鸡尾酒生产用作酒基。

俄罗斯的天气和环境以及人民的精神文化与伏特加的特性都十分匹配。它火辣的口感以及高含量的酒精、单纯的味道是俄罗斯人民所热爱的。数个世纪以来，伏特加早已深入俄罗斯人的骨子里，成为俄罗斯文化不可或缺的一部分（图1-5）。

图1-5 拿着伏特加的俄罗斯人

在俄罗斯的大街上，随处可以见到一个俄罗斯人拎着一瓶酒，拿着面包、果酱或鱼子酱，坐在路边喝，或者边走边喝。俄罗斯人的饮酒习惯是大杯豪饮，而且基本一瓶酒打开后就没有机会再盖起来了。俄罗斯人在喝伏特加时，会从喉咙里发出一阵阵"咕噜"声，相传这是彼得大帝留下来的风俗，几百年过去，已经形成一种传统。

5. 意大利

意大利是全球唯一一个整个国土都有葡萄园分布的国家，也是世界上喜爱葡萄酒人的胜地，其中交融了古老、艺术与时尚。意大利的葡萄酒，基本以红酒为主。大部分的意大利红酒会有较高的果酸，单宁的强弱根据葡萄品种而各有不同。

意大利葡萄酒有近1000种不同的类型，各有各的风格。意大利人对饮用葡萄酒的配菜很讲究，用餐时上菜的顺序，食用每一道菜的时间，什么酒配什么菜都有一套标准的要求。讲究配菜的目的在于用餐时，让酒的口感味道更和谐，让酒、菜互相陪衬，为彼此增色，互添美味。一般是红葡萄酒配红肉；白葡萄酒配白肉和海鲜。

6. 法国

酒窖代表了法国人的生活品质，象征富贵、涵养和文化品位。法国人有句话，私人酒窖里储藏着风雅。法国人家里只要有酒窖，存放的往往都是香槟。香槟与快乐、欢笑和高兴同义，是一种庆祝佳节用的起泡葡萄酒。生性浪漫的法国人，约会、聚会、庆典，甚至是日常解渴，都少不了那带有绵密金黄气泡、散发着馥郁芬芳的香槟。香槟也是"胜利之酒"的代名词，很多赛事的颁奖礼上总有香槟的身影。

法国人很享受开酒瓶、倒香槟的过程。他们剧烈地摇晃香槟瓶，轻拍瓶底，瓶塞飞出去的那一刻，全场沸腾。法国人把香槟倒入酒杯后气泡上升的过程称作"香槟的叹息"，这些气泡会在短短30s内释放开来，而在开瓶前它们在酒窖中等待了3年以上。法国人饮酒喜欢细品慢饮，他们一定要把酒从舌尖慢慢滑到喉头，因为他们认为酒一进入食道，再好的味道也感觉不出来了。

7. 英国

英国的苏格兰威士忌，是世界上著名的蒸馏酒。英国人将威士忌视为国酒。威士忌这个名字源于盖尔特饮料"Uisce Beatha"，意为"生命之水"，几经演变，成了"WHISKY"一词。世界上许多名人也很喜欢威士忌，美国著名作家、演说家马克·吐温曾在公开场合说："贪婪不是件好事，而威士忌是个例外。"爱尔兰剧作家萧伯纳说："威士忌是流动的阳光"。

英国人喝威士忌喜欢净饮，也称纯饮，就是不向威士忌中加入任何东西，而是在室温下直接饮用。首先闻一下香气，接着小酌一口，慢慢品味。英国人认为这种喝法才能品尝到最浓郁的威士忌，也最能体现威士忌的特色（图1-6）。

图1-6　英国爱丁堡苏格兰威士忌体验中心

8. 德国

德国主要生产啤酒，而且德国人普遍好饮啤酒，这是许多人对德国饮酒文化的第一印象。人体内有70%是水，但在德国，人们会开玩笑说，这70%的水里大概有50%是酒。公元1516年，巴伐利亚公国的威廉四世大公颁布了《德国纯啤酒令》，规定只能以大麦芽、啤酒花和水三种原料制作，所以500多年来德国啤酒即成为了所谓纯正啤酒的代名词。德国啤酒品种很多，大致有白啤酒、淡啤酒、黑啤酒、科什啤酒、出口啤酒和无酒精啤酒这六大类。

德国啤酒的产销冠于全球，每年秋天的慕尼黑啤酒节更让这个印象深入人心。缘起于19世纪初巴伐利亚皇室婚礼的慕尼黑啤酒节（图1-7），是全球规模最大的民俗庆典之一。在巴伐利亚首府慕尼黑，为期2周的庆典期间，著名的啤酒馆在广场和宽广的草地上搭起大帐篷，成千上万游客坐在帐篷里的长桌大口喝酒和享用巴伐利亚传统美食，并欣赏南德风情的歌舞表演。

图 1-7 慕尼黑啤酒节

如今，德国的每个小镇都有啤酒屋，节日里男女老少坐满一屋，大家举起酒杯庆祝，空气里都是浓浓的麦香。在德国公司里，放置饮料的冰箱中，也总是放着各式各样的啤酒，员工可以按需取用。

9. 希腊

希腊最有名的酒为"乌佐"，酒精度为 42%vol（图 1-8）。乌佐酒在希腊的地位，跟中国的茅台相当。乌佐酒有一些甘草香味，在酒里放一些冰块，然后轻轻晃动几下，透明的液体就会变白，看上去非常柔和，喝起来味道也不错。

在希腊，人们通常是去餐馆和酒吧喝酒，而且是单纯喝酒，最多佐以干果和橄榄，而且把喝得微醉视为一种社交风尚。

10. 加拿大

加拿大各类酒精饮料的消费量都比较大，啤酒、威士忌、鸡尾酒等都非常受欢迎。但更有加拿大本国特色、在世界上有一定影响力的则是加拿大冰葡萄酒（图 1-9）。加拿大冰葡萄酒自 1989 年起在世界各地屡获殊荣，享有"加拿大国酒"美誉。

图 1-8 希腊乌佐酒　　　　　　　图 1-9 加拿大冰葡萄酒

真正的冰葡萄酒不仅要有优质的葡萄品种和非常严格的酿造工艺，更取决于天气的因素和时机。如加拿大尼亚加拉半岛的气候特别适合酿造冰葡萄酒。

加拿大规定法定饮酒年龄是 19 岁，酒精度不能超过 40%vol。加拿大国内各地通常都禁止在街道或公园等公共场所喝酒，喝酒必须在室内进行，而且也不能拎着酒瓶在街上走，酒瓶必须装在购物袋里面。

在加拿大，想要买酒只能到加拿大酒业协会注册过的专营店，而街头巷尾的普通商店是没有酒卖的。加拿大人没有劝酒的习惯，如果客人想喝酒就自己主动提出来，并且自己倒酒。

11. 美国

美国人喜爱喝酒，国内酒吧跟快餐店一样多，而且有很多种类，比如体育主题酒吧或者音乐酒吧等。美国是鸡尾酒艺术的发源地，20 世纪 20 年代的美国人发明了很多经典鸡尾酒。因此，现代流行的鸡尾酒文化多被贴上了"美国标签"（图 1-10）。

图 1-10　美国主题酒吧与鸡尾酒

美国的法定饮酒年龄是 21 岁，如果商家卖酒精饮料给 21 岁以下的顾客，一旦被查到就会被吊销营业执照。即使是成年人饮酒，美国的法律也有很多规定，比如严禁在没有酒牌标识的饭店喝酒，严禁在大街上喝酒，而且到了晚上 12 点之后就不允许再卖酒了。

12. 墨西哥

龙舌兰酒（图 1-11）被称为墨西哥的灵魂，是以龙舌兰为原料经蒸煮、发酵、蒸馏而成。龙舌兰酒中顶级的是特基拉酒。特基拉是墨西哥的一个小镇，特基拉酒是用一种生长在特基拉地区的蓝色龙舌兰酿造而成的，色泽及口感独树一帜。

在墨西哥，传统的龙舌兰酒喝法颇需一番技巧。首先把海盐撒在手背虎口上，用拇指和食指握一小杯纯龙舌兰酒，再用无名指和中指夹一片柠檬片。迅速舔一点虎口上的盐，然后把酒一饮

图 1-11　墨西哥龙舌兰酒

而尽，再咬一口柠檬片，整个过程一气呵成，口味非常独特。

除此之外，龙舌兰酒也适宜冰镇后饮用，或是加冰块饮用。它特有的风味，更适合调制各种鸡尾酒。

13. 古巴

朗姆酒是古巴的一种传统酒精饮料，是用甘蔗压出来的糖汁，经过发酵、蒸馏而得，酒体清澈透明，具有一股愉悦的香味（图1-12）。因为过去横行在加勒比海地区的海盗都喜欢喝朗姆酒，所以朗姆酒又被称为"海盗之酒"。

对古巴人来说，朗姆酒既可以作为开胃酒，也可以作为餐后饮料，可以单独净饮，也可以做成鸡尾酒饮用，还可以加冰、加可乐，甚至加热水饮用。

图1-12 朗姆酒

烧焦的蔗糖有强烈的香味，所以朗姆酒也经常作为糕点、糖果、冰淇淋及某些菜品的调味酒。甚至有人会在加工烟草时加入朗姆酒，使香烟有独特的香味。

二、中外酒文化

酒文化是一种载体，因历史背景、生活环境、宗教信仰、风俗习惯和思维模式等的不同，在中西方呈现出风格迥异、异彩纷呈的民族特性。接下来将从酒的起源、酿酒史、酒器、酒礼及饮酒目的五个方面对中西方的酒文化进行对比。

1. 酒的起源对比

在中国，关于酒的起源的记载较多，《战国策》中言："帝女令仪狄作酒而美。"《酒诰》中言："酒之所兴，肇自上皇，或云仪狄，一曰杜康。"民间更是流传着多个关于酒起源传说的版本。而无论是记载还是传说都将酒作为一种人造的佳酿。民间传说中最著名的要数"杜康造酒"。相传杜康是个牧羊人，于放牧中不小心丢失装有小米粥的竹筒，半月后失而复得并意外发现小米粥发酵而成为醇香扑鼻的琼浆。杜康于是弃牧停鞭，酿美酒，开酒肆，售佳酿，名扬天下。杜康也渐成为酒的代名词。"何以解愁，唯有杜康"便见证了杜康的影响力。

西方文化把酒理解为"神"创造的，是神所赐予人类的恩惠，是人们丰收的象征。古埃及人认为，酒是由葡萄树和葡萄酒之神俄赛里斯（Osiris，也译作欧西里斯、奥西里斯等）发明的。古希腊神话里的酒神则是狄奥尼索斯，既是葡萄酒与狂欢之神，也是古希腊的艺术之神。罗马人的酒神是巴克斯，有人认为与希腊酒神狄奥尼索斯是同一位神祇。酒神所到之处，传授人们种植葡萄和酿酒的技术，酒才得以普及开来。

2. 酿酒史对比

中国酿酒史的发展历史悠久，经历了不同的阶段。人类社会发展的进程是先进入游牧社会，然后再进入农业社会。最早的人工饮料酒，是史前时期人们用兽乳酿造的乳酒。这种乳酒，古称醴酪（《礼记·礼运篇》）。这就是第一代人工饮料酒，不添加任何外来物质，全靠自然微生物发酵产生。今日我国的内蒙古、西藏、青海等地的少数民族，仍保留了这种乳酒的制作与饮用习惯。

随着酿酒史的发展，产生了专业的人工生产糖化发酵剂（一种微生物与酶的复合载体，即当时的曲蘖，今天的酒曲），将糖化发酵剂用于人工酿造发酵过程（针对非蒸馏酒而言），便产生了发酵酒。这是我国历史上的一项伟大的酿造发明，它又分为天然曲蘖酿酒和人工曲蘖酿酒两个阶段。天然曲蘖酿酒出现在农业产生前后。由于当时保存淀粉谷物的方法原始、粗放、条件差，谷物在贮藏过程中受潮发芽，发霉，便是当时天然的曲蘖，遇到水以后，便自然发酵生成酒。这时期的曲蘖与酿酒是混合在一起的。在《淮南子》中记载有："清醴之美，始于耒耜。"也就是说酒源于农业之初。酿酒技术的进步，使曲蘖分为曲、蘖、黄衣曲（糖化曲、酱曲、豉曲）。人们把用蘖酿制的酒称为醴，把用曲制作的酒称为酒（主要在商周时期）。在酿酒发展史上实现了曲、蘖分家。醴盛行于夏、商、周三代，秦以后逐渐被用曲酿造的酒取代。曲、蘖单向应用，从发酵原理来讲，蘖（谷芽）是单边发酵，在发酵过程中仅起糖化作用，因此，醴中的酒精含量很低（产酒少）。而用曲制酒，则是边糖化、边发酵的复式发酵，又称双边发酵，不但酒中的酒精含量较高，酒中的风味化合物种类及其含量也高。

中国蒸馏酒，现多称为白酒，又称烧酒，是我们祖先为了提高酒精度、增加酒精含量，在长期酿酒实践的基础上，利用酒精与水沸点不同，蒸烤取酒而得。蒸馏酒的出现，是酿酒史上一个划时代的进步。大多数的西方学者研究认为，中国是世界上第一个发明蒸馏技术和蒸馏酒的国家。单就蒸馏技术来看，我国应在公元 2 世纪以前便掌握了该技术。关于我国蒸馏酒的出现，在李时珍《本草纲目》中记载："烧酒非古法也，自元时始创"，不少人误以为始于此。但后来，大量的历史文献和出土文物已经否定了"蒸馏酒始于元朝"之说。北宋田锡的《曲本草》中记载了一种经过反复 2~3 次的蒸馏而得到的美酒，酒精度较高，饮少量便醉，这说明当时我国已掌握蒸馏酒的制作方法。南宋张世南的《游宦纪闻》卷五，记载了蒸馏器在日常生活中的应用情况。1975 年，河北青龙县出土了一套金代铜烧酒锅，其制作年代最迟不超过公元 1161 年。敦煌壁画中的西夏酿酒蒸馏壁画也可证明，10 世纪以前，即北宋以前，我国已出现了蒸馏酒。

公元 640 年唐太宗时，我国新疆地区便会制作蒸馏酒了，即"唐破高昌始得其法"，说明唐代已出现了烧酒。也就是说，我国在公元 7 世纪便有了蒸馏酒。随后，在蒸馏技术上也得到很大的进步，最好的证明就是蒸馏器的发展（图 1-13）。

西方酿酒史的发展同样具有耀眼的历史痕迹。西方的酿酒史主要集中体现在葡萄酒上。关于葡萄酒的起源地也是众说纷纭，有的说是出自希腊，有的则说是埃及。普遍认为是一万年前起源于安纳托利亚（小亚细亚）和埃及，葡萄种植与酿造技术在到达希腊及其海岛之前，流传到希腊的克里特岛，再到欧洲意大利的西西里岛、法国的普罗旺斯、北非的利比亚和西班牙沿海地区。与此同时，葡萄种植技术从北欧由多瑙河进入了中欧、德国等地区，并因此在相当长的时间内享有盛誉，使得今天我们将之定义为传统产区。而与此相对的是后来的新世界产区，也就是指伴随着 16 世纪的西班牙和葡萄牙的航海探险家的行程，葡萄园在他们所到达的中美洲和南美洲国家得以建立。

对于葡萄的最早栽培，也有学者认为大约是在 7000 年前始于南高加索、中亚细亚、叙利亚、伊拉克等地区。后来随着古代战争、移民传到其他地区。初至埃及，后到希腊。但是，从埃及古墓中发现的大量遗迹、遗物，以及在尼罗河河谷地带发掘的墓葬群中，考古学家发现一种底部小圆，肚粗圆，上部颈口大的盛液体的土罐陪葬物品。经考证，认为是古埃

西汉海昏侯墓青铜蒸馏器　　　　　金代蒸馏造酒器皿

现代白酒蒸馏器

甑桶　　　　　　　　　　　　　　冷凝器

图 1-13　古代蒸馏器皿与现代白酒蒸馏器

及人用来装葡萄酒或油的土陶罐；特别是浮雕中，清楚地描绘了古埃及人栽培、采收葡萄，酿制葡萄酒的步骤和饮用葡萄酒的情景，这至今已有 5000 多年的历史。此外，在埃及古王国时代所出品的酒壶上，也刻有伊尔普（埃及语，即葡萄酒的意思）一词。西方学者认为，这才是人类葡萄与葡萄酒业的开始。

3. 酒器对比

酒器是指盛装酒的器具。"非酒器无以饮酒，饮酒之器大小有度"，自从酒出现后，人们就用不同的器具来盛装它，可以说，酒器的历史与酒的历史同样悠久，且种类繁多。酒器的发展与一个国家经济发展是分不开的，在不同的历史时期，酒器的生产技术、材料及外形可以反映出当时一个国家的经济及文化发展水平。中国人历来就十分重视酒器的使用，贮酒器、盛酒器、饮酒器种类繁多，不胜枚举（图 1-14）。

在远古时代，由于生产力发展水平比较低，人们用来饮酒的器具主要是一些天然材料，比如兽角、葫芦等。随着生产力的不断提高及酿酒业的逐步发展，酒器的材料和种类也繁多起来，像陶制酒器、青铜制酒器、漆制酒器、玉制酒器以及后来的金银酒器、玻璃酒器和不锈钢酒器等，每一种酒器都有其不同的类型，比如青铜制酒器中就有尊、壶、皿、鉴、瓿等。有些酒器甚至是不同的动物形状，像羊、虎、牛、兔等；也有些酒器上绘有人物、山水、故事等，其种类繁多，造型各异。当然，这些形状各异、色彩缤纷的酒器使人们在饮酒时也能得到美的享受，同时也反映出中国艺术文化的独特魅力。

卮   斛   觥

瓮   瓿   彝

象尊   犀尊   牛尊

羊尊   虎尊   觚

图1-14   中国古代盛酒器具

　　西方的酒器虽然没有中国丰富，但也有其特色，而且，西方人讲究在不同的场合，饮用不同的酒，要选用不同的酒杯，像葡萄酒杯、白酒杯、白兰地酒杯及香槟酒杯等。此外，西方酒杯的制作讲究轻薄透明，因此其酒器多为玻璃和水晶制品，以便于欣赏酒的色泽，进而判断出酒的档次高低。西方人喝酒时习惯玩弄酒杯，让酒在杯中回旋。因此，西方酒杯的外形大都是窄口宽肚，不仅美观大方，而且轻巧实用，在保留酒香的同时还避免酒的溢出（图1-15）。

　　由此可见，中国的传统酒器形象、优美；西方的酒器轻巧、方便，虽然差别比较明显，但各有其文化特色。现如今，随着社会的不断发展，中国传统的酒器已经少见，西方的酒器开始在中国受到欢迎，这也是我们提倡的文化交流、融合发展的一种体现。

　　4. 酒礼对比

　　中国素有"礼仪之邦"的美称，自古以来人们就十分重视礼数，礼渗透到人们生活的方方面面。"无酒不成礼"，酒作为我国传统文化的一部分，自然与礼有着密切的关系。我们把

图 1-15　欧式水晶杯与红酒杯

与酒有关的礼数称为酒礼。古代饮酒的礼仪有四步：拜、祭、啐、卒爵。就是先做出拜的动作，表示敬意；接着把酒倒出一点在地上，祭谢大地生养之德；然后尝尝酒味，并加以赞扬令主人高兴；最后，仰杯而尽。到西周，对酒礼的规定已经非常严格和具体了，讲究时、序、数、令。时，即必须严格掌握饮酒的时间，只有天子、诸侯加冕，婚丧，祭祀或其他喜庆大典时才可饮酒；序，即必须严格遵守等级次序，按次序来饮酒；数，即严格控制饮酒的数量，每饮不超过三爵；令，即必须服从酒官的指挥。对宴会上按长、幼、尊、卑的不同，坐什么位置，使用什么酒杯，谁给谁敬酒，怎样敬酒等，都有十分详尽的规定。

时至今日，人们仍然遵守着这些饮酒的礼节，只是更加灵活。中国人喝酒注重人，讲究气氛，倒酒时要"以满为敬"，喝酒时要"以干为敬"；碰杯时，晚辈或下级的酒杯要低于长辈或上级的酒杯；敬酒时，晚辈和下级要主动，还要说敬酒词。

与中国不同，西方的酒礼没有如此烦琐的讲究，他们喝酒在于调动各个器官去品酒，享受其中的美味。首先，在西方国家，上酒有一定的顺序，依次是：开胃酒、主菜佐酒、甜点酒和餐后酒；此外，在酒宴上，喝酒的气氛比较缓和，从不猜拳，高声叫喊；斟酒提倡至酒杯的三分之二即可；敬酒选择在主菜之后，甜菜之前，而且要高举酒杯，注视对方以示敬意，有时也会说一些祝酒词。

5. 饮酒目的对比

在中国传统文化中，酒经常作为一种沟通交流的工具。欧阳修在《醉翁亭记》中写道："醉翁之意不在酒，在乎山水之间也。山水之乐，得之心而寓之酒也。"人们通过饮酒，去追求酒之外的东西。

青梅煮酒，是为了纵论天下英雄。"将进酒，杯莫停"，"五花马，千金裘，呼儿将出换美酒，与尔同销万古愁"，是为了追求醉酒所带来的情绪消解。竹林七贤醉酒狂歌，为的是借酒避难。在今天的中国酒文化中，仍将饮酒视为社会交际的必须，借助酒桌来达成其他社会交往和沟通情感的目的。

在西方，饮酒的目的往往较为简单，为了欣赏酒而饮酒，为了享受美酒而饮酒。当然，在西方葡萄酒也有交际的功能，但人们更多的是追求如何尽情地享受美酒的味道。故在西方酒文化中，对酒的品饮能够有一套完整的话语，对酒的酿造发展成为现代科学。

🔍 思考题

1. 简述酒文化的概念和内涵。

2. 试列举六大蒸馏酒、三大酿造酒。

3. 从中西文化比较的角度出发，思考如何弘扬中华优秀传统酒文化及其对构筑文化自信的意义。

4. 谈谈研究中国酒文化的意义。

中国酒史

2

酒是文化的载体，中国酒文化历史悠久，内涵丰富，博大精深。中国酒史是中华文明的有机组成部分，在中国几千年的文明史中，酒已经成为中国人思想、道德、文化的综合载体。中国酒史展现了中国历史文化独特的魅力。了解中华民族悠久、独特而又多彩的酒史文化，能更深切的体会中华民族自古以来所具有的开放胸怀、创造精神和文化自信。

酒是人类精神文明与物质文明的产物与标志，在中华民族五千年历史长河中，渗透到人们社会生活中的各个领域。从古至今，酒始终作为连接人的内心世界与外部世界的特殊纽带。中国酒史久远，向上可追溯到远古时代。

第一节　酒的发明

《诗经》中"十月获稻，为此春酒"等诗句，表明我国酒的兴起已有几千年的历史。酒作为一种特殊的饮品，影响人类数千年，成为生活中不可或缺的调味剂。但至于酒是何时何人最先发明的，大量古代文献上对此众说纷纭，至今难以断定，但相同的是它们都带有远古时代浓郁的传奇色彩。

一、关于酿酒起源说

1. 上天造酒说

"天有酒星，酒之作也，其与天地并矣。"我们的祖先认为酒是天上的酒星所酿造。在《晋书》中记载："轩辕右角南三星曰酒旗，酒官之旗也，主宴飨饮食"，指出酒星就在轩辕星的东南方。"酒旗星"的命名说明我们的祖先有丰富的想象力，也证明酒在当时的日常生活和社会活动中占有相当重要的位置。这种记载给后人留下更多的是神奇色彩。

2. 猿猴造酒说

猿猴不仅嗜酒，还有会"造酒"的说法。比起上天造酒说，猿猴造酒说则更贴近现实而充满自然野性之趣。关于猿猴造酒说，古书中记载有很多。如《清稗类钞·粤西偶记》中："粤西平乐等府，山中多猿，善采百花酿酒。樵子入山，得其巢穴者，其酒多至数石。饮之，香美异常，名曰猿酒"。《紫桃轩杂缀·蓬栊夜话》中："黄山多猿猱，春夏采杂花果于石洼中，酝酿成酒，香气溢发，闻数百步"。

酒是一种发酵食品，由霉菌参与发酵，水解淀粉为可发酵的糖类，再在酵母发酵作用下产生。果子成熟后落地，在一定时间内，慢慢地霉烂，被野生酵母作用便散发出一股酒味。猿猴遇到林中成熟坠落经发酵而带有酒味的果子，在饥饿时它们偶然尝了尝，觉得别有风味，便对此产生了兴趣。由于猿猴以山林中野生的水果为主要食物，在水果成熟的季节，猿猴收贮大量水果于石洼中，堆积的水果自然发酵，便可享用天然酿成的果酒。如果说"酝酿成酒"的"酝酿"是指事物的自然变化养成，那么，猿猴采果"酝酿成酒"是完全可能的。

不过猿猴的这种造酒，充其量只能说是"造出"了天然的带有酒味的果糟醪液，跟现代人们酿制的果酒相差甚远，其中有质的不同。猿猴虽非因酿酒而采果，但大自然神奇的力量却在不经意间创造了这种惊喜。

3. 黄帝造酒说

黄帝是中华民族共同的祖先，很多发明创造都出现在黄帝时期。有这样一种传说，认为早在黄帝时期人们就开始酿酒了。《黄帝内经·素问》中记载了黄帝与岐伯一起讨论酿酒的情景，书中还提到一种据说是用动物的乳汁酿成的名为"醴酪"的甜酒。如果真是这样的话，那么酒开始酿造的时间就要比仪狄、杜康时代早得多。据说，《神农本草》已著有酒之性味，也就是说酒在神农时代就已经发明了。

4. 造酒始祖仪狄

关于仪狄造酒有许多种传说。汉代刘向的《战国策》详细介绍："昔者，帝女令仪狄作酒而美，进之禹，禹饮而甘之，遂疏仪狄，绝旨酒，曰：'后世必有以酒亡其国者。'"仪狄作酒献与大禹，大禹虽觉味道甘美，但预料到日后必有因贪酒亡国的君王，为了防微杜渐，不但从此禁了酿酒，还疏远了仪狄。事实上，日后的确不幸被大禹言中，出现了商纣王的酒池肉林、明万历皇帝酪酊大醉后的荒淫无度。如果将朝政的混乱仅归咎于饮酒祸国，未免有些危言耸听了，关键还是在于喝酒的人。

关于仪狄身份的讨论也有很多。有人认为仪狄是夏禹手下的臣属，因此才可以有机会接近夏禹。也有一种说法是，仪狄是女性，"仪"同古文"娥"，仪狄也就是狄姑娘的意思，她的酿酒技术高超，所酿的酒甘甜醇香，无与伦比。"建安七子"之一的王粲在《酒赋》中也点明了仪狄是女性的身份。

关于仪狄造酒，还有一种说法是"仪狄作酒醪，杜康作秫酒"。醪是一种糯米经过发酵加工而成的"醪糟"，是一种糯米酒；而秫是高粱的别称。也就是说，仪狄是黄酒的发明者，而杜康是高粱酒的创始人。总而言之，仪狄改进了远古时代的造酒工艺，开启了华夏民族酿酒历程。

5. 酿酒鼻祖杜康

关于杜康酿酒的传说最为广泛。杜康，被后人称为"酒神"。《短歌行》中的一句"何以解忧，唯有杜康"，不仅让"杜康"成为酒的代称，还成为酿酒的鼻祖，更有中国名酒冠名为"杜康酒"。随着诗句的脍炙人口,杜康造酒说也广为流传。

晋江统《酒诰》记载:杜康"有饭不尽,委余空桑,郁积成味,久蓄气芳;本出于此,不由奇方"。杜康将剩饭放置在桑树洞里,秫米也就越积越多,秫米在洞中发酵后,就有芳香的气味传出,这就是酒的做法。从此,这段记载在后世流传,杜康便成了中国秫酒的发明者,并被尊为酒业的祖师。

历史上确有杜康其人,"杜康,字仲宇,相传为白水县康家卫人,善造酒"。在《吕氏春秋》《战国策》《世本》《说文解字》等书中,对杜康都有过记载。杜康凭着对高粱的认识,总结了前人酿酒经验,创造性的用它来酿酒,他的手艺高超,酿出的高粱酒味道极好。于是杜康善酿之名鹊起,不胫而走。

在民间,有不少的"杜康酿酒遗址"。在陕西省白水县康家卫村东,有一条长约十公里,最深处近百米的大沟,被当地人称为"杜康沟"。沟的起点处有一眼泉,水质清澈,四季汩汩不竭,名"杜康泉",据传杜康取此水造酒。河南省的汝阳县也有杜康酿酒的"遗址",例如"杜康河""杜康泉""杜康山庄"等。白水县和汝阳县的群众,为纪念杜康,均建立了"杜康庙",供奉杜康像。

二、中国酒史的早期发展

我国是酒的故乡,也是酒文化的发源地。最晚在夏代已能人工造酒。据考古发掘,发现在龙山文化遗址中已有许多陶制酒器,在甲骨文中也有记载。

河北藁城区台西村出土商代墓葬中的酵母,在地下三千年后,出土时还有发酵作用。罗山蟒张乡天湖商代墓地出土的一件密封铜卣,内存约1kg液体,出土时已无酒味。经抽取化验,每100mL酒内含有8239mg甲酸乙酯,并有果香气味,说明这是一种浓郁型香酒,与甲骨文所记载的相吻合。

甲骨卜辞中有许多用酒来祭祀的记载,从古史中可知当时上层贵族饮酒的风气已经很盛,很多人甚至认为这是造成商王朝灭亡的主要原因。

周人崛起于渭水平原,以农耕立国。《周礼·天官冢宰·叙官》谈到周王朝"设官分职",已有专门的机构和官员管理王室的酿酒事务:"酒正,中士四人,下士八人,府二人,史八人,胥八人,徒八十人。酒人,奄十人,女酒三十人,奚三百人。"投入如此多的人力,说明当时王室酿酒的规模之大,再加上贵族的家酿,可以想见当时全国的酒产量一定相当可观。

西周时,王室酿酒,贵族一般也有条件酿酒,但平民则主要到市场上买酒。西周初,鉴于商朝统治者沉溺于饮酒而亡,曾经由周公旦以王命发布《尚书·酒诰》。其中,规定王公诸侯不准非礼饮酒,对民众则规定不准群饮:"群饮,汝勿佚。尽执拘以归于周,予其杀!"意思说,民众群饮,不能轻易放过,统统抓送到京城处以死刑。

在相当长的历史时期内,我国的酒皆是以果实、粮食蒸煮,加曲发酵,压榨而后才出酒的。无论是"吴姬压酒劝客尝",还是武松大碗豪饮景阳冈酒,喝的是果酒或米酒。随着人类社会的进一步发展,酿酒工艺也得到了进一步改进。由原来的蒸煮、用曲发酵、压榨,改而为蒸煮、用曲发酵、蒸馏,最大的突破就是对酒精的提纯和风味的富集。

中国最古老的实物酒是西安出土的汉代御酒,至今仍香醇可饮,可谓奇也!

第二节　酒的发展史

中国酒的酿造有五千年以上的悠久历史。在漫长的发展过程中，形成了独特的风格，这就是以酒曲为糖化发酵剂，开放式固态发酵，或半固态发酵为特征。中国酒类发展主要经历了自然微生物发酵酿酒，人工糖化发酵剂的发明及其应用，再到蒸馏器的发明及其蒸馏酒的快速发展几个主要代表性阶段，即从早先的发酵酒过渡到现代的蒸馏酒（白酒）为主的酒史发展特征，同世界上其他国家的酒史发展存在明显差异。

一、发酵酒及中国蒸馏酒发展史

唐朝以前仅以本土米酒为主流，据历史记载，中国人在商朝时代已有饮酒的习惯，并以酒来祭神。当时成为社会主流的"杜康"，就是一种低酒精含量的酿制米酒，是中国早期最成熟、最流行的发酵酒。

在中国汉代许慎著的《说文解字》中有记载："古者少康初作箕帚、秫酒。"少康即杜康，秫即高粱，意思是杜康最早发明的箕帚和高粱酒。这说明中国至少在公元前 2000 多年前就已使用粮食酿酒了，但当时酿的是黄酒，也是典型的发酵酒。这种发酵酒的酿造与饮用一直沿袭至今，演变成为江浙一带主产及常饮的黄酒。直到公元 10 世纪，中国人掌握了蒸馏技术之后才开始酿造蒸馏酒（白酒）。

唐代传入暹罗白酒，在文献中，烧酒、蒸酒之名已有出现。李肇《唐国史补》载："酒则有剑南之烧春"（唐代普遍称酒为"春"）；雍陶（公元 834 年）诗云："自到成都烧酒熟，不思身更入长安。"可见在唐代，烧酒之名已广泛流传了。

元代传入印度白酒，元时中国与西亚和东南亚交通方便，往来频繁，在文化和技术等方面多有交流。有人认为"阿剌古"酒是蒸馏酒，远从印度传入。还有人说："烧酒原名'阿剌奇'，元时征西欧，曾途经阿拉伯，将酒法传入中国。"章穆撰的《饮食辨》中说："烧酒，又名火酒，《饮膳正要》曰'阿剌吉'。盖此酒本非古法，元末暹罗及荷兰等处人始传其法于中土"。现有人查明"阿剌古""阿剌奇""阿剌吉"皆为译音，是指用棕榈汁和稻米酿造的一种蒸馏酒，元代传入中国。

明代，白酒已自成体系。1998 年 8 月，在四川省成都市锦江畔意外发现明朝初年的水井街坊遗址，这是我国迄今发现连续生产白酒长达 800 年的酒坊实证。我国有着世界上独创的酿酒技术。日本东京大学名誉教授坂口谨一郎曾说中国创造酒曲，利用霉菌酿酒，并推广到东亚，其重要性可与中国的四大发明媲美。白酒是用酒曲酿制而成，为中华民族的特色饮料，在中国政治、经济、文化和外交等领域发挥着积极作用。明代药物学家李时珍在《本草纲目》中所写："烧酒非古法也，自元时始创粳米或其法，用浓酒和糟入甑，蒸令气上，用器承取滴露。凡酸坏之酒，皆可蒸烧。近时惟以糯米或黍或秫或大麦蒸熟，和曲酿瓮中七日，以甑蒸取。其清如水，味极浓烈，盖酒露也。"

二、世界蒸馏酒发展史

蒸馏酒是酒精含量较高的烈性酒，国外的白兰地、威士忌、朗姆酒与中国白酒都属于蒸馏酒。蒸馏酒的原料一般富含天然糖分或容易转化为糖的淀粉等物质，如蜂蜜、甘蔗、甜菜、水果和玉米、高粱、稻米、麦类、薯类等。糖和淀粉经酵母发酵后产生酒精，并产生丰富的风味物质，再经过蒸馏获得基酒。

国外，最早的蒸馏酒是由爱尔兰和苏格兰的古代居民凯尔特人在公元前发明的。当时的凯尔特人使用陶制蒸馏器酿造出酒精含量较高的烈性酒，这便是威士忌酒的起源。威士忌一词出自凯尔特人的语言，意为"生命之水"。公元 43 年，罗马大军征服了不列颠，也带来了金属制造技术，从而使凯尔特人传统的蒸馏方法得到改进，改善了蒸馏器的密封性，减少了酒精蒸汽的逃逸，提高了蒸馏效率，使得威士忌酒产量大为提高。到公元 10 世纪，威士忌酒的酿造工艺已基本成熟。

中国的蒸馏酒大多使用陶缸、泥窖酿制，所以酒中不含色素。而国外的蒸馏酒多使用各种木桶酿制，并添加有香料和调色的焦糖等，故呈现不同的颜色。

三、配制酒发展史

配制酒，又称调制酒，是酒类产品中一个特殊的品类，不能专属于具体的类别。配制酒是一个比较复杂的酒品系列，它的诞生晚于其他品类，但发展却很快。配制酒主要有两种配制工艺，一种是在酒和酒之间进行勾兑配制，另一种是以酒与非酒精物质进行勾调、配制。

自古以来，人们一直认为酒本身就有"除风下气""通血脉""行药势"等作用；在《汉书·食货志》中，就有酒为"百药之长"的说法。在我国古代，基本上无饮料类型的配制酒，大多为药酒或滋补酒，而且是先有药酒，之后才出现很多滋补酒。早在距今 3000 多年前的商代甲骨文中，就有"鬯其酒"的记载。据汉代班固解释："鬯者，以百草之香郁金合而酿之成为鬯。"郁金是一味具有活血理气作用的芳香药物，"鬯其酒"就是一种芳香的药酒。古代的药酒有内服、外用，及既可内服又可外用三种；滋补酒用药较注重"配伍"，其功能有补气、补血、滋阴、补阳及气血双补等之分。古代药酒及补酒的制法主要为酿造法、煎煮法及浸渍法；最早的基酒是黄酒，自白酒出现后，才使用它为基酒，中药丸、散、丹、膏、酒、汤六种方剂，均以黄酒或白酒为溶剂，浸泡药材而成，至于以葡萄酒或脱臭酒精为基酒，则是 20 世纪的事。我国古代的药酒及补酒，所用的香料多为植物或动物性药材，如茵陈酒及虎骨酒等，后来才发展为使用花、果等材料，如佛手酒等；最初多采用"一酒一药"法，即一种酒只使用一种药材，后来才发展到使用多种多样的药材，即制作复方药酒及复方滋补酒，而且注意到慎用性热燥热之药。药酒的方剂与中药一样，有君、臣、佐、使四项之分。在我国几乎所有的历代医药名著中，都载有药酒制法及药酒治病的方法，如酒洗、酒浸、水酒合煮、酒炙、酒炒、酒糊为丸、药物与制酒原料同时发酵等方法。

采用酒煎煮法及酒浸渍法大约起始于汉代。汉代《神农本草经》中有如此论述："药性有宜丸者，宜散者，宜水煮者，宜酒渍者，宜膏煎者。亦有一物兼宜者。亦有不可入汤酒者。并随药性，不得违越。"即各种药物由于特性不同，其适用的剂型各有一定之规，对于制药酒而言，既有适宜也有不适宜的药物，应按药材性质加以选择。

南朝齐梁时期的著名本草学家陶弘景，总结了前人采用冷浸法制药酒的经验。在《本草集经注》一书中，提出了采用冷浸法制作药酒的一套常规方法："凡渍药酒，皆须切细，生绢袋盛之，乃入酒密封，随寒暑日数，视其浓烈，便可滤出，不必待至酒尽也。滓可曝燥，微捣，更渍饮之，亦可散服。"《神农本草经》还指出有 71 种药材不宜浸酒，其中植物类药材 35 种，动物类药材 27 种，矿物类药材 9 种。陶氏的总结，被历代本草学家广为重视，也很值得我们研究。

在北魏贾思勰的《齐民要术》中，记载有采用热浸法制作名为"胡椒酒"药酒的实例：将干姜、胡椒末及安石榴汁置于酒中后，"火暖取酒"。实践证明，适当提高植物性药材在酒中的浸渍温度，可促使药材组织加速软化、膨胀，增加药材有效成分在浸出过程中的溶解和扩散速度，并破坏药材中的一些酶类，以增强药酒的生物稳定性。因此，热浸法也被后人广为采用。《齐民要术》还特别记述了一种浸药专用酒的酿造技术，对曲的选择及酿造程序，均作了详尽的说明。

唐宋时期的药酒制法有继承前代的酿造法、冷浸法及热浸法，以前两者为主。如《外台秘要》"古今诸家酒"的 11 种药酒配方中，就有 9 种是采用加药酿造法制取的，其生产工艺颇为详尽。《圣济总录》记录了多种药酒采用隔水加热的水浴法"煮酒"。如"腰痛门"中的狗脊酒，要求将药浸于酒中、封固容器，"重汤煮"（即隔水加热）后，方能取出、放凉饮用。这种热浸法对后世具有重要影响。

元明清时期，养生保健酒得到不断发展，如元代的《饮膳正要》是我国第一部营养学专著，从食疗的角度，选辑了 10 多种药酒，其用药少而精，且多有保养作用。明代的《扶寿精方》，"集方极精"，其中有著名的延龄聚宝酒及史国公药酒等。在《万病回春》《寿世保元》两书中，载有近 40 种配伍较好的、以补益作用为主的药酒，如八珍酒、延寿酒、长春酒、红颜酒、延寿瓮头春、扶衰仙凤酒、长生固本酒等。清代更盛行养生保健酒，如乾隆饮用的益寿药酒"松龄太平春酒"，对老者的诸虚百损、关节酸痛、纳食乏味、夜不成眠等症，都有较明显的辅助疗效。清代对上述这类酒的服用方法、作用机制及其疗效，也均有详细的研究和记载。

四、啤酒与葡萄酒发展史

1. 啤酒发展史

啤酒的起源与谷物栽培和利用密切相关，迄今已有 8000 多年的历史。已知最古老的啤酒文献，是公元前 6000 年左右古巴比伦人用黏土板雕刻的献祭用啤酒制作法。公元前 4000 年，美索不达米亚地区已有用大麦、小麦、蜂蜜制作的 16 种啤酒。公元前 3000 年起开始使用苦味剂。公元前 18 世纪，古巴比伦国王汉谟拉比（公元前 1792—公元前 1750 年）颁布的法典中，已有关于啤酒的详细记载。

公元前 1300 年左右，埃及的啤酒作为国家管理下的主要产业得到高度发展。拿破仑的远征军在埃及发现的罗塞塔石碑上的象形文字表明，在公元前 196 年左右当地已盛行啤酒酒宴。啤酒的酿造技术是由埃及通过希腊传到西欧的。

1881 年，E·汉森发明了酵母纯培养法，使啤酒酿造科学得到发展和进步，由神秘化、经验主义走向科学化。随着蒸汽机的应用及林德冷冻机的发明，使啤酒的工业化大生产成为现实。

目前，关于中国人接触到西方啤酒的最早记载是美国人威廉·C·亨特留下的，此人曾在中国广州一带工作，后来出版了两本回忆录，其汉译名分别为《广州番鬼录》和《旧中国杂记》。在回忆录中亨特曾提到了这样一件事，1831 年（道光十一年）他与中国朋友一起聚餐，当时的餐桌上就有啤酒。餐后，他的中国朋友在写给友人的信中，专门对啤酒进行了简要介绍，说啤酒是一种红色的液体且会起泡。这则故事说明，在19世纪30年代，中国就已有啤酒消费了。

最早记录下啤酒口感的中国人是一个叫张德彝的晚清旗人。1866年，张德彝跟随斌椿出访欧洲，有幸在比利时喝到了当地产的啤酒。他在自己撰写的《航海述奇》一书中记下了自己喝啤酒的经历，其文曰："其色黄，味极苦，容半斤许，有酒无肴，各饮三杯"。

张德彝称啤酒为"必耳酒"。晚清外交家郭嵩焘在光绪初年出使英国期间也喝过当地的啤酒，他在日记中将啤酒称为"皮爱"。无论是"必耳"还是"皮爱"，都是对"beer"一词的音译。

在中国啤酒的早期发展史上，东北地区占有十分重要的地位。自19世纪末开始，伴随着沙俄帝国主义者深入我国东北地区，啤酒也开始出现在东北大地上，很多外国商人看到了其中的商机，纷纷开始在东北投资兴办啤酒厂。1900年，俄国人在哈尔滨创办了乌卢布列夫斯基啤酒厂（图2-1）。1901年，俄德两国商人合资，在哈尔滨开办了哈盖迈耶尔·柳切尔曼啤酒厂。1903年德国酿酒商为了满足越来越多的外国侨民在华对啤酒的需求，在青岛建立了第一家现代意义上的啤酒厂，即青岛啤酒厂的前身。经过国人100多年的努力，中国的啤酒工业有了巨大的发展，成为世界啤酒生产和消费大国。

图2-1 乌卢布列夫斯基啤酒厂

啤酒行业的年增长量一直保持在10%左右。随着改革开放与经济发展，国外大批的啤酒业巨头纷纷再次进入中国市场。世界啤酒品牌的进入，一方面加剧了行业的竞争，另一方面又促进了我国啤酒业的发展。随着啤酒发酵工艺的大型化、连续化以及人们生活水平的提高，人们对啤酒的质量提出了更高的要求，包括啤酒的酒精度、口感、风味等方面。

2. 葡萄酒发展史

我国葡萄酒最早可以追溯至西汉时期，当年张骞应汉武帝的命令出使西域，将西域的葡萄及酿酒技术引入中原，从而促进了中原地区葡萄栽培和葡萄酒酿造技术的发展。在《史记·大宛列传》中就有记载："汉使取其实来，于是天子始种苜蓿、蒲陶肥饶地"；而《太平御览》中也写道"离宫别观傍尽种蒲萄"。由此可见，在该时期，国人就已经掌握了葡萄种植技术，而且种植规模已然不小了。

唐朝是我国古代最为繁华、强盛的时代，而葡萄酒也在这个时代取得了相当辉煌的发展。据史料记载，唐太宗贞观十四年（公元640年）破高昌（今新疆吐鲁番），得到了马乳葡萄，并且学会了多种葡萄酿酒之法。

在唐太宗李世民的推动下，西域的马乳葡萄及酿酒工艺被引入中原，葡萄酒的酿造工艺也从宫廷走向了民间。普通老百姓终于有机会能喝上美妙的葡萄酒佳酿，那些文人雅客也多了一个歌颂的对象。

边塞诗人王翰在其《凉州词》中写道："葡萄美酒夜光杯，欲饮琵琶马上催。醉卧沙场君莫笑，古来征战几人回？"诗豪刘禹锡则说："我本是晋人，种此如种玉，酿之成美酒，尽日饮不足"；诗仙李白也曾写道："葡萄酒，金叵罗，吴姬十五细马驮……"由此可见，葡萄酒在唐朝终于从皇室进入到寻常百姓家。

葡萄酒虽辉煌于唐朝，但鼎盛时期却在仅有90余年的元朝。相传，元世祖忽必烈酷爱葡萄酒。在《元史》就有记载："渾乳、葡萄酒，以国礼割奠，皆列室用之"，当时忽必烈就是用葡萄酒来祭祀宗庙。《马可·波罗游记》记载："在山西太原府，那里有许多好葡萄园，酿造很多的葡萄酒，贩运到各地去销售。"此外，他的书中还提到"过了这座桥（指北京的卢沟桥），西行四十八公里，经过一个地方，那里遍地的葡萄园，肥沃富饶的土地，壮丽的建筑物鳞次栉比。"

到了明朝，虽说我国的酿酒业得到了极大的发展，但也正是因为酿酒业发展使得酒的品种日益增多，葡萄酒的地位受到了严重的威胁。在当时，由于酿酒在社会上相当普遍，专管酒务的机构便被取消，酒税纳入商税，葡萄酒的扶持政策消失，蒸馏酒和绍兴黄酒因此得到了极好的发展环境，相比之下葡萄酒的发展逐渐被忽视。

到清朝，葡萄酒的发展更是跌入了一个谷底。清朝的统治者是满族人，常年处于高寒地区的他们尤为爱喝高度白酒，而当时的中国在蒸馏酒酿造技术上已经达到了极高水平，白酒成了盛行之物。而葡萄酒基本上无人问津，逐渐走向衰落。清朝是我们国家葡萄酒文化出现的一个明显断层期，这也是我国形成"以白酒为消费重心"的一个重要原因。

清朝后期，葡萄酒的发展终于迎来新的曙光，这也是我国近代葡萄酒发展的开端。1892年，爱国华侨张弼士先生为了实现"实业兴邦"的理想，创建了我国近代的第一家葡萄酒厂，随后张裕的名字也名扬海内外。

🔍 思考题

1. 试从文献学、社会学、历史学、文化人类学等学科视角，对酒的起源中的某一说法进行辨析。

2. 试述中国某一酒种的发展简史。

3. 试从经济的角度阐述中国酒业发展史。

古今酒类管理制度

酒作为特殊商品，承载着文化、财政和社会等特质，酒给人们带来精神和物质上的双重享受的同时，更在促进国家经济发展中发挥了重要的作用。正因为如此，历朝历代都十分重视对酿酒产业发展的管理。自古以来，酒类管理制度大致有三种形式：禁酒、酒税、榷酒（即酒类专卖）。新中国成立后，国家也在不断探讨酒类产销管理的最佳模式。

第一节　古代酒政概述

酒政是国家针对酒的生产、流通和消费而制定实施的制度、政策和措施的总和，是社会发展到一定历史阶段的产物。

在古代农耕社会，由于粮食生产不稳定，酒的生产和消费一般来说是一种自发的行为，主要受粮食产量的影响。酒在一定的历史时期内并不是商品，而只是一般的物品。当时，酒更多的是作为祭祀宴饮之用，后来随着人们对酒特殊性的认识，酒政才开始出台。

在奴隶社会，有资格酿酒和饮酒的都是有身份、有地位的上层人物。所以，当时人们还未广泛认识到酒的经济价值。这种情况一直延续到汉朝前期。从夏禹绝旨酒开始及周公发布《酒诰》以来，随着时代的进步，酒的管理制度和措施的内容越来越丰富，形式越来越多样化。酒政具体的实施形式和程度随朝代更替而有所不同，但基本不外乎禁酒、专卖和酒税。此外，还有一些特殊的形式，实行不同的酒政，往往涉及酒利在不同社会集团之间的分配问题，有时经济斗争和政治斗争交织在一起。另外，由于政权更迭，酒政的连续性时有中断，尤其是酒政作为整个经济政策的一部分，其实施的内容和方式往往与国家整个经济政策有很大的关系。

一、禁酒

禁酒就是用法律手段和行政命令，禁止酒类的生产、买卖或消费。禁酒有三类情况。

全面禁酒：指对酒类的生产、买卖和消费实行全部禁止。多发生在政局动荡、王朝初创、荒歉灾年之时。

禁私酒：指在国家对酒类实行专卖或征税政策的同时，禁止民间私自造酒和买卖酒，以保证国家正常的酒利收入。

禁酺酒：即节饮，限制酒类的消费膨胀或非礼之饮。减少粮食的消耗，备战备荒，这是历朝历代禁酒的主要目的。由于酒特有的引诱力，一些贵族们沉湎于酒，成为了严重的社会问题，最高统治者从维护本身利益出发，不得不采取禁酒措施。

在中国历史上，禁酒和发明酒的历史几乎一样长。禹"绝旨酒"当为第一个禁酒者。"绝旨酒"可以理解为自己不饮酒，但作为最高统治者，"绝旨酒"的目的大概不仅仅局限于此，而是表明自己要以身作则，不被美酒所诱惑，同时大概也包含有禁止民众过度饮酒的想法。

真正把禁酒活动上升到政策层面，应该追溯到西周时期。西周统治者在推翻商朝的统治之后，发布了我国最早的禁酒令《酒诰》。当时禁酒的目的主要是防止人饮酒后伤德败性。史载周人灭商后，在总结商王朝败亡的历史教训时，认为殷商之所以灭国，实乃商纣王及其群臣纵酒荒政惹怒上天而招致的祸患："庶群自酒，腥闻在上，故天降丧于殷"。周人从"饮酒亡国"这一基本认识出发，颁布《酒诰》，规定不要经常饮酒，只有祭祀时才能饮酒；"群饮，汝勿佚。尽执拘以归于周，予其杀"，凡聚众饮酒者，一律处死。在这种情况下，西周初中期，酺酒的风气有所收敛。这点可从出土的器物中，酒器具所占的比重减少得到证明。《酒诰》的禁酒基本上可归结为，"无彝酒，执群饮，戒湎酒"，并认为酒是大乱丧德，亡国的根源。这构成了中国禁酒的主导思想。

政府设立酒政的执行机构以保证酒政的实施。周朝设立的萍氏是中国第一个酒政机构。"萍氏掌国之水禁。几酒、谨酒"。"几酒"，即"苛察沽买过多及非时者"；"谨酒"就是"使民节用酒也"。周朝禁酒并不一概而论，凡是符合礼仪的饮酒如国祀、神事、乡射、宴宾客、奉老养亲等，都不在禁止之列，而那些"非时"饮者、沉湎饮者、聚众饮者，则是禁止的主要对象。为了防止酒徒们在市上聚饮，还特设禁酒专职人员在市内酒肆巡查，一旦发现结群饮酒者，即禁止或当场斩杀。饮酒本来是一种饮食行为，对饮酒者处以极刑，是因为在周朝统治者眼中，这种饮食行为将引起社会动乱，是一种严重的政治犯罪。

周朝酒政官的设置和酒法的制定，把酒文化的发展引向了正确的轨道，也为后代的禁酒提供了事实依据。春秋时，大政治家晏子便把禁止滥饮作为治国之道的一种，齐景公采纳了他的意见，实施禁酒。这时期及以前的禁酒都属于禁酒中的第三类情况：禁酺酒。之后随着人们对粮食安全的考虑和酒的经济价值的认识，全面禁酒、禁私酒、禁酺酒三类情况交替出现，但前两种情况居多。

秦王朝建立后，制定禁止民间卖酒的禁令，由各地管理农业事务的田啬夫和各乡的部佐监督实行，违禁者治罪。秦律规定："百姓居田舍者，毋敢酤酒，田啬夫、部佐谨禁御之，有不从令者有罪"。明文规定住在乡村中的农户，不得用剩余粮食酿酒。西汉前期实行"禁群饮"的制度，相国萧何制定的律令规定："三人以上无故群饮酒，罚金四两"。汉文帝时下过"戒酒"诏，汉景帝中元三年（公元前147年）禁酒的买卖，东汉和帝永元十六年（公元104年）发生自然灾害时在部分地区禁止酒的活动。三国时期，曹操和刘备都下过禁酒令，刘备的禁令很严，凡私自酿酒、售酒的一律处死，连家中藏有酿酒器具不上交的也要处死。西晋时，石勒也曾有"重制禁酿"之举。南北朝时，北魏文成帝的禁酒令更是严厉，凡酿者、卖者和饮者都得杀头。北齐武成帝河清元年（公元565年）二月，也因"年谷不登"而"禁沽酿"。北周武帝保定二年（公元562年）二月因"久不雨"，在京城三十里内实行禁酒。杨坚建立隋朝后，也曾实行禁酒。唐朝时酒禁相对宽松一点，虽然有的地方也有过禁酒，但大多也是因为发生灾荒之故，如唐肃宗乾元二年（公元759年）的禁酒就是如此。

为了维护榷酒专利，五代时期对私酒的禁限十分严厉。后梁规定"民有犯曲三斤"，便会被处死。后唐东都留守孔循，曾以违犯曲法处死一家人。后汉规定"有犯盐、矾、酒曲之禁者，锱铢涓滴，罪皆死。"宋代的榷酤禁条，就是接续这样的历史背景。宋太祖即位后，为表示新朝气象，于建隆二年（公元961年）"班……货造酒曲律"，规定："民犯私曲十五斤，以私酒入城至三斗者始处极典，其余论罪有差。私市酒曲，减造者之半。"建隆三年（公元962年）"又修酒曲之禁，凡私造差定其罪，城郭二十斤，乡间三十斤，弃市。民敢持私酒入京城五十里，西京及诸州城二十里至五斗，死。所定里数外，有官署沽酒而私酒入其地一石，弃市"。乾德四年（公元966年）又改订私酒曲："城市五十斤，乡间一百斤以上，处死；私酒入禁地二石、三石以上，有官署处四石、五石以上，处死"。而在死刑以下，仍根据数量多少分别断罪，有一至三年的徒刑和一至三年的配役。宋太宗端拱二年（公元989年）"令民买曲酿酤者，县镇十里，如州城二十里之禁"。就上述宋太祖、太宗时期立法量刑变化而言，显然有递减的趋势，但仍然十分严酷。宋真宗时期，才将犯禁者由死刑改为刺配之刑。到了元朝，元初元世祖忽必烈制定的禁酒令规定造酒者流放，子女没官。后来虽开禁，但对酗酒闹事者的处罚还是很严厉，视情节分别给予鞭挞、记过，甚至杀头。明太祖朱元璋为了节省粮食，登基之初便制定了禁酒令。

清代也曾讨论过禁酒之事，康熙帝立国之初，"刻刻念切民依，惟恐闾阎糜费粮食，以致粟贵病民"，故屡次下旨"严禁烧锅"。烧锅，指烧酒酿造作坊。康熙二十八年（公元1689年）谕："近闻山海关外盛京等处，至今无雨，尚未播种，万一不收，转运维艰，朕心深为忧虑，且闻彼处蒸造烧酒之人将米粮糜费颇多，命户部侍郎赛弼汉前往奉天会同将军、副都统、侍郎等严加禁止"。康熙三十年（公元1691年）、三十二年（公元1693年）两度下令禁止直隶顺、永、保、河四府的烧锅酿酒；三十七年（公元1698年）又颁烧锅禁令于湖广、江西、陕西等南北九省。康熙五十四年（公元1715年）二月，康熙帝召见直隶巡抚赵弘燮，再次强调严禁烧锅。

乾隆年间的禁酒政策是从乾隆二年（公元1737年）开始推行。是年五月，乾隆专门谕令直隶等江北五省严禁造酒："五省烧锅之事当永行禁止，无可疑者。至于违禁私造之人及贿纵官员如何从重治罪，其失察地方官如何严加处分之处，著九卿即行定议具奏"。十月初四日又颁布谕旨，严禁广收麦石踩曲，"违者杖一百，枷号两个月"，并严惩失职地方官。失察地方官每案降一级留用，失察三次者降三级，即行调用，在北五省通行。乾隆三年（公元1738年）六月初八日降旨惩处了禁酒不力的江苏巡抚杨永斌。七月初八日下令禁曲。乾隆五年（公元1740年），因御史齐轼报告说近京地区贩酒现象严重，乾隆特令地方官"穷究治罪，不得姑容。零星沽卖者不必深究，不得以小户塞责"。

此后年年都有类似的禁令。乾隆九年（公元1744年）五月二十四日降旨强调"于秋后严禁踩曲""毋得疏忽"。各地都实行曲禁。河南为重要农业区，踩曲最多，民食问题也最严重，禁曲推行最力，形成了一定的规章制度：民间制曲自用为数不多者免于查究；广收麦石，开坊踩曲至三百斤以上者本人治罪；乡保长徇隐不报，贩运曲块数至百斤，牙行经纪，车户船家及代为交易运送者，经过失察之地方官及受贿故意纵容者，一体查办。此后各地大致以此为标准。乾隆十三年（公元 1748 年），因发现湖广地区"黄酒之多更甚烧酒，江浙尤甚，所耗米粮几与饔飧相等"，开始严禁米烧。次年又开始查禁福建等地运贩红曲红糟者，并依轻重治罪。从史料来看，乾隆四十年（公元 1776 年）以前，关于酒的禁令几乎年年都在重申。

禁酒作为中国古代酒政管理的重要措施，大多数是一种临时性法令，在时效上只是一种短期性或暂时性的行政措施，其突出的特征是间歇性、不定期性，随时均可发生，也随时均可废除，时兴时废，决定于专制君主权衡其利弊取舍的转念之间，缺乏一般政策所应具有的持续性、稳定性。

禁酒时，由朝廷发布禁酒令。禁酒也分为数种，一种是绝对禁酒，即官私皆禁，整个社会都不允许酒的生产和流通。另一种是局部地区禁酒，这在有些朝代如元代较为普遍，主要原因是不同地区，粮食丰歉程度不一。还有一种是禁酒曲而不禁酒，这是一种特殊的方式，即酒曲是官府专卖品，不允许私人制造，属于禁止之列。没有酒曲，酿酒自然就无法进行。还有一种禁酒是在国家实行专卖时，禁止私人酿酒、运酒和卖酒。

在历史上禁酒极为普遍，除了以上的政治原因外，更多的还是因为粮食问题引起的。每当遇上天灾人祸，粮食紧张之时，朝廷就会发布禁酒令。而当粮食丰收，禁酒令就会解除。禁酒时，会有严格的惩罚措施。如发现私酒，轻则罚没酒曲或酿酒工具，重则处以极刑。

但是，酒与人们的生活实在是太密切了，想完全禁绝难度非常大。因此，除非不得已，历代禁酒大多没有禁绝，而是提倡节饮。

二、酒税

酒税就是国家对酒类生产和销售者征收专税。这与一般的市税概念有所不同。由于将酒看作是奢侈品，酒税与其他税相比，一般是比较重的。在汉代以前，对酒不实行专税，而只有普通的市税。从周公发布《酒诰》到汉武帝的初榷酒之前，统治者并未把管理酒业看作是敛聚财富的重要手段。商鞅辅政时的秦国，实行了"重本抑末"的基本国策，酒作为消费品，自然在限制之中。《商君书·垦令篇》中规定："贵酒肉之价，重其租，令十倍其朴"。这里酒和肉一样被当作奢侈品，虽然征收重税，但不属于对酒征收专税，还属于普通的市税。《秦律·田律》规定："百姓居田舍者，毋敢酤酒，田啬夫、部佐谨禁御之，有不从令者有罪"。秦国的酒政，有两点，即：禁止百姓酿酒，对酒实行高价重税。其目的一方面是用经济的手段和严厉的法律抑制酒的生产和消费，鼓励百姓多种粮食；另一方面，通过重税高价，国家也可以获得巨额的收入。

历史上真正实行酒税政策是始于汉昭帝始元六年（公元前 81 年），《汉书·昭帝本纪》称："昭帝始元六年二月，议罢盐铁榷酤，秋七月，罢榷酤，卖酒升四钱"。意思是说，实行统一的税率，让民众自报数字缴纳酒税，每卖一升酒，抽四文钱的税。

西汉以后，除隋朝外，历代都曾对酒征收专税。不过税额有轻有重。

魏晋南北朝时期，主要实行酒税和禁酒交替的政策。实行酒税时，对酿酒实行较宽松的政策，粮食丰收充裕，酿酒就非常普遍。到了隋朝，文帝开皇三年（公元 583 年）前，实行酒的专卖，文帝入新宫后，"罢酒坊，与百姓共之，远近大悦"。民众可自由酿酒、买卖，但要缴纳一定的市税。唐朝前期，酒作为一种普通商品，可自由买卖，但要缴纳市税。安史之乱之后，经济受到了极严重的破坏，中央财政紧张，政府当局重新恢复酒税政策。《唐书·食货志》载，代宗广德二年（公元764年），"定天下酤户纳税"。杜佑《通典》载："二年十二月赦天下州各量定酤酒户，随月纳税，除此之外，不问官私，一切禁断"。代宗大历六年（公元771年）又进一步规定："量定三等，逐月税钱，并充布绢进奉"。

唐朝的酒税，对酿酒户、卖酒户登记造册，对生产经营规模划分等级，给予从事酒业的特权。未经特许无资格从事酒业。大历六年（公元771年），酒税由地方征收，向朝廷进奉，可用酒税钱抵充进奉的布绢。建中元年（公元780年），德宗继位后曾停过酒税。到了建中三年（公元782年），因用兵，财政困难，实行榷酒，不久罢榷。至贞元二年（公元786年）十二月复征税，长安酒税每斗一百五十文，缴足可免征徭役，酒税政策变了，按售酒数量缴税，酒户享有独立经营权和免役特权，表明酒税户制完全摆脱了租庸调制的束缚及政府对酒税的倚重和对酒户作为社会独立阶层的正式确认。酒税户制一直贯穿于唐后期，文宗太和五年（公元831年）江西观察使裴谊奏："当管洪州停官店酤酒，其钱已据数均配讫，并不加配业户"。业户即正酒户，说明当时酒税与榷酒政策是并存的。

到了五代，酒政以征曲税为主。后唐明宗天成三年（公元928年）七月，下诏调整酒政。对乡村，规定"三京邺都及诸道州乡村人家，自今年七月后，于是秋田苗上，每亩纳曲钱五文，足陌。一任百姓自造私曲，酝酒供家。其钱随夏秋征纳，并不折色"。长兴元年（公元930年）又规定："秋苗一亩上元征曲钱五文，今后特放（减）二文，止（只）征三文。"

两宋时期征收的酒税最重，北宋初，酒税收入并不多，后来对西夏用兵开支大，提高酒税成为政府扩大财政收入的重要来源。到了南宋，朝廷与金兵作战，又再三增加酒税，建炎三年（公元1129年），总领四川财赋的赵开开始改革酒政，创隔酿法，又称"隔糟法"，官家开设糟房，派专官管理，让民间"酿户各以米赴官场自酿"，缴纳一定的费用、头子钱和其他杂用。官府根据酿酒数量的多少收取一定的费用，作为特殊的酒税。开始实行时，角斛米缴3000文（每斗米300文），另交头子钱（即附加费），第二年稍减。此法次年在南宋所辖四路推广执行，共设官糟400所，每年收酒税690多万缗，对官府的酒课增加起到了决定性的作用；后因酿造数逐渐减少，官府收入下降，于是就强行令人酿造，按月收钱。在偏僻地区，实行酒税和扑买制（即分地域，制定课额，令民承包酒坊，按时向官府缴纳酒税）。扑买制虽有积极的一面，但在酒价过高时，酒坊的酒无法销售，造成摊派，强令民众买酒，以确保向官府缴税。如绍兴年间湖南路，乡村合红白喜事聚会，于邻近酒户寄造酒曲，按理根据所酿酒数缴钱即可，但是官府却不依，以家家户户均有此聚会，均须造酒为由，下令按田亩收钱。上等户田多者输（缴）钱二千，（可）造酒十石；中等者输（缴）钱千五，（可）造酒七石；下等者输（缴）钱一千，（可）造酒五石；最下者输（缴）钱五百文，（可）造酒二石，二石以下者输（缴）三十钱。这种税率高于唐代的青苗钱。

金代除酒课外，还有其他名目的附加税。如各地酒税务所设的"杓栏钱"，"承安五年，省奏将原收酒税务杓栏钱代，给随朝差役添支钱粟"。

元朝，元世祖至元二十二年（公元1286年），规定每石缴税五两，设四品自提举司总领。大德八年（公元1304年）六月，大都设酒课提举司，开办糟房100所，次年并为30所。大都糟房每年可创酒利十多万缗。这笔课钞，由朝廷支配。此外，商品出售的酒曲，也必须缴税。

明朝酒税稍轻，明代的酒税始于洪武十八年（公元 1386 年），规定"凡卖酒醋之家不纳课者笞五十，酒醋一半没收入官，其中以 30% 付告发人充赏"，"务官攒拦自获者不赏，其造酒醋自用者不在此限"。若开设酒肆，要"报官纳课"，对酒曲收税。一般按所酿造的数量计算税额。景帝景泰二年（公元 1451 年），确定每年十块酒曲收税钞、牙钱钞、塌房钞各三百四十文，回笼宝钞。宪宗成化四年（公元 1468 年），"命张家湾宣课司并在京都税司，凡遇客商，准曲投税每百分取二"，"令送光禄寺按塌房条税课钞，每岁所送十五万斤，如有存余支用"。此外，出售的酒曲也必须缴税；自酿酒家用者，所用曲可自造，不必缴税；酒家所用的酒曲，如是购于已经纳税的造曲户，则无需缴纳曲税，但必须缴纳酒税；如果是自行酿造的酒曲，也须申报酒曲税。实际上曲与酒是分别征税的。明朝时的酒课都归地方征收，归地方使用。"各处酒税，收贮于州县，以备其用"。

清朝时期，实行税率较轻的酒税制。酒税内容较多，有曲税、门关税、市税。乾隆时始对从事经营酒业的业主颁发营业执照——"牙帖"，并限定其数额收税，超过者则属私造、私运、私卖，给予禁止、处罚。这一时期，所谓曲税，是指专门对制曲户征收的税。据《清高宗实录》记述，乾隆二十二年（公元 1757 年）规定造曲不得超过 300 斤，税率不详。所谓市税，是指对零星卖酒者所收的税。按季差役发给印票，到各地去"挨查油酒铺，每铺收钱视店面的大小而定"。酒铺分为上中下三等，上等户每月收银一钱五分，中户一钱，下户八分，比油糖税低。所谓门关税，是指酒经过各道关口时所征收的钱。《清朝文献通考》记述，乾隆四十五年（公元 1780 年），"户部议杭州织造征瑞言北新关收税。旧例，每烟百斤，税银四钱六分，酒十坊约计二百斤，税银二分。今部颁则例删并，两项并每百斤税银四钱，均有质疑，应如所奏，仍照旧例办理。"嘉庆十九年（公元 1804 年），北京崇文门税课烧酒每十斤改征银一分八厘，南酒每小坛改征银一分九厘。酒车绕道，经查获则要加倍惩罚，并将奸商枷责。

清代后期，鸦片战争爆发之后，政府当局为了弥补军费开支之不足，增加了酒税。乾隆时宣化府所属州县有缸户 521 座，每座每年收税银一两二钱，尚属轻微。咸丰三年（公元 1853 年），户部奏准直隶烧锅酌照奉天省办理，各铺纳课银 16 两，由各铺到各州县缴税，然后由各州县汇集上缴户部。咸丰十年（公元 1860 年），有的商户仍在所在的州县缴纳酒税，但税银各州县未交到户部；有的酒商接到户部纳税后仍要在所在的州县缴税。同治元年（公元 1862 年），税率加倍，一户增至一年 22 两。同治七年（公元 1869 年），议准吉林省烧锅税银加阿勒楚喀三城额票 13 张，每张缴银 500 两，按年征银 6500 两；五常堡新开烧锅五家，每家缴银 200 两，按年征银 1000 两。在关外，一些大型酒户每年被征收税银多达 1000 两。在广西，同治二十八年（公元 1890 年），户部下令，酒税加倍征收，直隶烧酒一项每斤增抽 16 文。

除了对曲税、烧锅税和门关税等加重征收之外，清代统治者还增加名目繁多的苛捐杂税。清末酒税税目繁多，重于历代。清政府由于一方面承担一系列不平等条约的巨额赔款，另一方面又要维持清朝庞大机器的运转，经费开支增加，于是就在酒税上做文章，不断开征新税目，税额一加再加，对酒业发展产生了不利影响。

三、酒的专卖

酒的专卖就是由国家垄断酒类的生产和销售，不允许私人从事与酒有关的行业。由于国家垄断酒的生产和销售，酒价可以定得较高，一方面可获取高额收入，另一方面也可以用此来调节酒的生产和销售，其内涵是极为丰富的。在历史上，专卖的形式很多，主要有以下几种。

1. 完全专卖

完全专卖也就是现在所说的垄断，是由官府负责全部过程，包括造曲、酿酒、运输和销售。由于独此一家，别无分店，故酒价可以定得很高，往往可以获得丰厚的利润，收入全归官府。

2. 间接专卖

间接专卖是指官府只承担酒业的某一环节，其余环节则由民间负责。间接专卖的形式很多，如官府只垄断酒曲的生产，实行酒曲的专卖，从中获取高额利润。

在南宋时实行过"隔槽法"，官府只提供场所、酿具、酒曲，酒户自备酿酒原料，向官府缴纳一定的费用，酿酒数量不限，销售自负。

3. 商专卖

商专卖是指官府不生产，不收购，不运销，而由特许的商人或酒户在缴纳一定的款项并接受管理的条件下自酿自销或经理购销事宜，非特许的商人则不允许从事酒业的经营。

政府虽然并不直接垄断酒业的产销领域，但进行酒业产销的酤酒户的产销经营资格由政府确定，政府只准许这些酤酒户进行酒业产销，其他形式的酿酒一概非法，而酤酒户必须按月缴纳一定数额的现钱以对政府尽义务。实质上这是一种具有政府垄断经营性质的制度。宋朝的扑买制即属于此种，它是近代包税制的前身，始行于北宋，到南宋普遍实行。扑买就是招商承包某片地区的酒税额，以出价最高者承担，承包人称买扑人，买扑人一旦承包了某一地区的酒税，就取得了这一地区的专卖权。

酒专卖的首创，在中国酒政史上甚至在中国财政史上都具有重大意义。这是因为：

（1）酒专卖为国家扩大了财政收入的来源，为当时频繁的边关战争，浩繁的宫廷开支和镇压农民起义提供了财政来源。因为酒是极为普及的物品，但又不是生活必需品。实行专卖，提高销售价格，表面上看，饮酒的人未受到损害。但酒的价格中实际上包含了饮酒人向国家缴纳的费用。这对于不饮酒的人来说，则间接地减轻了负担。

西汉前中期酿酒业是很发达的，但并没有实行酒的专卖；西汉武帝时期第一次实行酒的专卖，是汉武帝一系列加强中央集权财经政策的一部分。促使实行酒专卖政策的直接原因可能还是国家财政的日渐捉襟见肘。在汉武帝末期，由于国家连年边关战争，耗资巨大，国家财政入不敷出。酒这种物品，由于生产方法相对比较简单，生产周期比较短，投资少，原材料来源丰富，产区分布广泛，酒的销路极广，社会需求量极大，赢利丰厚，其敛财聚宝的经济价值终于第一次被体现出来。

（2）从经济上加强了中央集权，使一部分商人、富豪的利益转移到国家手中。因为当时有资格开设大型酒坊和酒店的人都是大商人和大地主。财富过多地集中在他们手中，对国家并没有什么好处。实行酒专卖，在经济上剥夺了这些人的特权。这对于调剂贫富差距，无疑是具有一定的进步意义。

（3）实行酒专卖，由国家宏观上加强对酿酒的管理，国家可以根据当时粮食的丰歉来决定酿酒与否或酿酒的规模，由于在酒专卖期间不允许私人酿酒、卖酒，故比较容易控制酒的生产和销售，从而达到节约粮食的目的。

酒的专卖，在唐代后期、宋代、元代及清朝后期都是主要的酒政形式。

在历史上还有一种专卖，即酒曲的专卖，官府垄断酒曲的生产，由于酒曲是酿酒必不可少的基本原料，垄断了酒曲的生产就等于垄断了酒的生产。民间向官府的曲院（曲的生产场所）购买酒曲，自行酿酒，所酿的酒再向官府缴纳一定的费用。这种政策在宋代的一些大城市，如东京（开封）、南京（商丘）和西京（洛阳）曾实行。

四、自由酿造和售卖

在我国，自由酿造虽不是一种政策，但也有其悠久的历史。自由酿造指两方面的情况：一是从政策上看，当时既不实行禁酒，也不实行专卖和酒税，生产和售卖都处于一种比较自由的状态；二是虽然实行某种酒的政策，禁酒、专卖或酒税，但由于种种原因，人们从思想到行动，都主张和实行自由酿造。

早在夏、商、周三代时，虽然有关当时酒政的史料贫乏，难详考其具体情况，但夏禹疏仪狄、绝旨酒，并警告人们"后世必有以酒亡其国者"以及孟子"禹恶旨酒而好善言"的记载，都从侧面告诉我们，当时是自由酿造的。有了自由酿造，才有当时的酒业发达，才有仪狄发明醇美的旨酒和人们对它的酷嗜，以及由此而引起公认的英明君主夏禹对酗酒亡国之祸的担心。夏桀"作瑶台，罢民力，殚民财，为酒池糟堤，纵靡靡之乐，一鼓而牛饮者三千人"。商纣"车行酒，骑行炙"，为糟丘酒池，池可运舟，饮酒七天七夜不停息。后来，夏桀、商纣都因酗酒而弄到了亡国的地步。正因为这样，才有周初的"禁酒"政策。

春秋战国时期，除秦国以外，东方诸国已突破周初的酒禁。酒诰已不实行，统治者已不禁酒，而且自己也"嗜酒而甘之"；对酒的生产、流通和消费，采取放任政策，私营酿造业兴旺起来。这种自由酿造的情况，可以从统治者常酗酒无度、常因酒误事的大量历史记载中得到证明。郑伯"有嗜酒，为窟室，而夜饮酒"。齐景公饮酒七日七夜不止，炫章请赐死以谏之。赵襄子嗜饮，五日五夜不废酒，优莫对他说："君免之，不及纣二日耳。"后来，齐威王也乐长夜之饮。在民间，饮酒也毫无顾忌。一方面，周时的酒禁已废弛，而且酗酒上行下效；另一方面，酒利丰厚，私营酿造业的活跃与发展，也是必然的趋势。"荆轲嗜酒，日与狗屠及高渐离饮于燕市，酒酣以往，高渐离击筑，荆轲和而歌于市中，相乐也。已而相泣，旁若无人者"。这能反映出当时自由酿造的一般状况。

南朝孝武帝时，为了笼络豪强富商并赢得他们的支持，便取消了酒的专卖，实施"禁贵游而弛榷酤，通山泽而易关梁"，酒的产、销都可私营。而且私营醹酒（厚酒）"酒利其百十"，政府只管税收。这说明当时也经历了一个自由酿造的时期。北朝（北魏、北齐、北周）对酒的政策一般是允许私酿、私销，其间，禁酒的次数也不少。当时，河东人刘白堕酿造的春醪酒，以酒质高超而著名，就是在北魏孝文帝允许民间酿造的情况下出现的。如果没有自由酿造的社会环境，也就不可能有这样品质高超的民间酿造酒。

隋、唐前期，从隋文帝开皇三年（公元583年）至唐代宗广德二年（公元764年）期间，对酒实行的是免征专税，允许自由经营的开放政策。"开皇三年正月……先是尚依周末之弊，官置酒坊收利……至是，罢酒坊，通盐池盐井，与百姓共之，远近大悦"。虽然这只是免去酒的专税，一般的市税仍然照征，但政策更宽松了。其意义在于不把酒当作特殊商品，而是恢复到汉代酒税、专卖政策以前实施的酒税政策，与一般商品一视同仁。这是从汉武帝天汉三年（公元前98年）至隋文帝开皇二年（公元582年），前后将近700年，所从未有过的、延续时间最长的、又一个自由酿造的时期，与酒税、专卖都明显不同。唐代中晚期，政府为了应对财政危机，开始扩大税种，比如酒税的开征及扩大。唐代宗广德二年（公元764年），朝廷开始向酿酒户征收酒税；宪宗元和六年（公元811年），政府进一步扩大征收额度，规定除对酿酒户征收酒税（榷酒钱）之外，再将另一部分酒税均摊在青苗钱内一并征收。至武宗会昌六年（公元846年），在部分区域的酒类税收的征收范围进一步扩大，敕令扬州等八道不仅榷酒，而且榷曲，即对酒曲制造征税。后唐李存勖时代，酒税的征收与行业管制进一步严密，民间获利空间基本被堵死。朝廷甚至规定，私造酒曲5斤以上处死，但官吏在执行时又变本加厉。明宗天成三年（公元928年），东都百姓有犯曲法者，东都留守孔循竟将犯曲法者灭族。

五代时对酒的政策基本上是实行专卖，但梁太祖开平三年（公元909年）时曾下令弛曲禁，许诸道、州、府百姓自行造曲，官中不禁。实行的时间虽然不长，但的确是当时酿酒政策最宽松的一个自由酿造时期。

辽代历时222年，在其前期百多年，酒都由私人自由酿造。辽应历十八年（公元969年）正月，穆宗"观灯于市，以银百两市酒，命群臣亦市酒，纵饮三夕"。可见，当时对酒不仅不实行专卖，还允许私营酒上市酤卖，与穆宗本人嗜酒贪杯密切相关。辽太祖时，"辽东新附地不榷酤，而盐曲之禁亦弛。"对原渤海地区的酒曲也不实行专卖，与契丹故地的做法取齐。这些都与笼络人心、巩固统治的需要有直接联系。

金代主要实行专卖政策，有时为了节约粮食也禁酒；但也曾有过短暂开禁纵饮的事。章宗承安元年（公元1196年）七月，"赐诸王宰执酒，敕有司以酒万尊置通衢，赐民纵饮"。九月"壬午赐襄酒百尊，太白昼见。癸未都人进酒三千一百瓶，诏以赐北边军吏"。这种短暂时间内的开禁纵饮，当然还不是完全地自由酿造，但也在一定程度上反映了一种自由酿饮的欲望。从统治者来说，有笼络人心之意；对广大民众，则算是一种生活上的改善。近年考古发掘出的金代壁画酒楼图，酒帘高挑，上书"野花攒地出，村酒透瓶香"；楼内座客满堂，饮酒品茶，说唱卖艺；楼外妇女孩童、算卦盲人、游方和尚，一派市井热闹景象，颇能说明自由酿造的一般状况。

第二节 民国时期的酒政

民国时期分为北洋军阀的北京国民政府和国民党的南京国民政府两个阶段。

一、北京国民政府时期酒政

北京政府执政初期，一方面沿袭清末旧制，保留了清末的一些税种，另一方面参照西方的酒税法制定了一些新的酒政形式，最主要的是"公卖制"。推行公卖制的行政管理机构是北京政府的烟酒公卖局和各省的烟酒公卖局。机构流程如下：

北京政府烟酒公卖局──→省公卖局──→分局──→分栈──→承办商（特许）。

公卖制，始于1915年。当年五月公布了全国烟酒公卖和公卖局的暂行简章。六月拟定各省公卖局章程，稽查章程；八月续订征收烟酒公卖费的规则，与章程相辅而行。同时，招商组织公卖分栈或支栈。具体做法是：实行官督官销，酒类的买卖都须通过公卖分栈或支栈。酒的销售，由公卖局核计成本、利润及各种税，根据产销情况，酌定公卖价格，每月公布，通告各栈执行。各栈按照主管局规定的价格，经理本区域内各酒店的买卖事宜。管内各店须将每月产销酒的数量和种类，先期估计，投栈报明。分栈、支栈接报告后，前往检查，加贴公卖局印照和戳记，填用局制四联凭单，并代征公卖费。公卖费率为酒值的 10%~50%（酒值+公卖费=公卖价格）。

北京政府实行的公卖制，实际上仍是一种特许制。政府无须提供资金、场所，不直接经营酒的生产，也不参与酒的收购、运销，受委托特许的商人，即分栈和支栈办理与酒有关的事务。经理人先向公卖机构缴纳押金，得到批准后，发给特许执照。1926 年，北京政府颁发了《机制酒类贩卖税条例》，规定无论在华制造的或国外进口的机制酒，都应照例纳税，从价征收 20%，从营销贩卖商店计征，次年又规定出厂捐规则，向机制酒的制造商征税 10%。初步建立了产销两税制。

北京政府的公卖制，只在国产土酒的产销上实行，而对于洋酒和啤酒，则不受这一制度的限制。进口的酒，只缴纳海关正子口税。1926 年才开始对进口的和在中国仿制的洋酒从价征收 20%的贩卖税。

二、南京国民政府时期酒税制度

1. 公卖制

1927 年南京政府成立，同年六月公布《烟酒公卖暂行条例》，规定以实行官督商销为宗旨。公卖机关的组织结构与北京政府大致相同，公卖费率以定价的 20%征收，每年修订一次。同年还发布了《各省烟酒公卖招商投标章程》，规定当众竞投，认额超过额度最高者为得标人，得标者需缴纳全年包额的 20%作为保证金。承包商每月缴纳的税款，不得少于认额的 1/12。

1929 年 8 月对公卖法复加修订，公布了《烟酒公卖暂行条例》。同时拟订了《烟酒公卖稽查规则》及《烟酒公卖罚金规则》。修订的公卖法与旧制相比有较大的变化。将原先的省级烟酒公卖局改称为烟酒事务局，公卖栈改为稽征所。废除了烟酒公卖支栈，规定烟酒制销商应向分局或稽征所申请登记，并按月将生产或销售烟酒的品种及数量列表呈报。价格由各省规定，公卖费率为酒价的 20%，照最近一年的平均市价征收，每年修订一次。

1929 年，因机制酒名称范围较窄，改称为洋酒类税，并公布了《洋酒类税暂行章程》。在国内销售的洋酒（包括华人生产及外国人制造的或进口的洋酒），从价征收 30%。洋酒类税直接征税于贩卖商人，起运地方例不征税。与《洋酒类税暂行章程》相辅的还有《洋酒类税稽查规则》和《洋酒类税罚金规则》。

2. 酒厂征收制

由于中国的工业经济相对不发达，几千年来，酿酒业的规模较小。清末开始，洋酒和啤酒在国内开始机械化生产，在酒政上，也引入了一些西方的机制，酒厂征收制就是其中的一种。洋酒和啤酒的税收，从征于零散的贩卖商人改为酒厂征收，征于集中的制造厂商，是税收制度的一大进步。这也是符合酿酒业规模逐步扩大这一历史潮流的一个举措。酒厂征收制和烟酒牌照税的征收奠定了现代酒税的基础。

1932 年，公布了《酒厂征收洋酒类税章程》，实行了酒厂征收办法。酒厂一次征足，通行全国，不再重征。征税手续由烟酒税处派员驻厂办理。税率为从价征收30%。厂商将各种洋酒出厂运销数量逐日据实通知驻厂员查明登记，由驻厂员于每月月终列表呈报查核。每月月终厂商将全月各种洋酒出厂总数及应纳税款数目结算清楚，开列清单，连同应缴税款于次月五日前呈送本部印花烟酒税处，核收汇解。

同年还制定了《征收啤酒税暂行章程》和《征收啤酒税驻厂员办事规则》，啤酒税与洋酒税从此分开。该章程规定：在中国境内设厂制造之啤酒均应按本章程规定完纳啤酒税。啤酒税也由本部印花烟酒税处直接征收，一次征足，不再重征。啤酒税暂定为按值征20%。有关核查和缴款方法同洋酒类。1933年6月15日起，一律改为从量征收，分箱装及桶装两类税率。四十八大瓶，即夸特瓶的箱装或七十二小瓶，即品特瓶的箱装的每箱纳税银圆2元6角；桶装的按每桶净装容量计算，每升纳税银圆7分。

3. 烟酒税的征收和管理

1931年，还公布了《烟酒营业牌照税暂行章程》，该章程适用于在华生产及销售的所有酒类。分整卖和零卖两大类。整卖根据营业规模分为三等，甲等每年批发量在2000担以上者，每季征收税银32元；乙等批发在1000~2000担的每季征银24元；丙等批发量在1000担以下者，每季征收16元。零售分为四等，每季纳银分别为8元、4元、2元和5角。该章程对洋酒类的营业牌照税也做了规定。中央政府征收的烟酒牌照税收入，除由中央留10%外，其余拨归各省市作为地方收入。1934年7月，各省烟酒牌照完全划归地方，并由各省市经征，烟酒牌照税完全变为地方税收。1942年，国民党中央政府接收地方税，废除牌照税，改征普通营业税，牌照税不复存在。

1933年，公布《土酒定额税稽查章程》，国产土酒改办定额税。税率因酒的类别和不同的省而有所区别。

1936年，颁布《修正财政部征收啤酒统税暂行章程》，啤酒征税改归统税局办理，由统税局派员驻厂稽征，称为"啤酒统税"。啤酒税从值征收，税率为20%。次年因从价征收，致使纳税参差不齐。于是又改为从量征收。

抗日战争爆发不久，财政部即着手整理旧税，以增加战时收入。1937年10月13日，财政部对各省区印花烟酒税局、统税局等发出训令，令饬从即日起加征土酒税五成。该训令规定："各省所征的土酒定额税、土酒公卖费税，在原税额或费率的基础上，一律加征二分之一"。1940年9月15日，财政部又修改了苏浙皖赣鄂豫闽七省土酒征税的定额税率表，将原定税率一律提高40%。同年9月，财政部又将陕甘宁三省的土酒征税改办定额税，并将川、康两省土酒按原定税率再提高五成征收。据税务署估计每年约可增收土酒加税620万元。

4. 国产酒类税

1941年，物价上涨更趋猛烈，原有的烟酒税制均采用从量税，与市场物价的变化无法适应。1941年7月8日，国民政府公布了《国产烟酒类税暂行条例》，将土酒定额税以及其他各省征收的公卖费税一律废除，改为从价计征国产烟酒类税。同日，该条例规定：

（1）国内产的烟、酒类产品除应征统税者的另有规定外，还应征烟酒类税。

（2）烟酒类税为国家税。

（3）税率 酒类税按产地完税价格，从价征收40%。

（4）国产烟酒类的完税价格，应以出产地附近市场每6个月平均批发价格作为完税价格的根据，平均批发价格包括：第一，该类完税价格；第二，原纳税款（即该类完税价格应征税率之数）；第三，由产地运达附近市场所需费用（定为完税价格的15%）。

（5）烟酒类税均就产地一道征收，通行全国，各地方政府不得重征任何税捐。

1941年《国产烟酒类税暂行条例》，所规定的完税价格计算公式为：

$$\frac{产地附近市场之平均批发价格}{100+烟酒类税率之数+由产地至附近市场所需费用（即15\%）}\times100=核定之完税价格$$

为配合暂行条例，还由财政部公布了《国产烟酒类税稽征暂行规程》，规定了征收程序，酒类的改制征税或免税方法，稽查及处罚规则等。

国产酒类税制的实行，完全废除了公卖税费制，使税制归于统一。这一税制与过去的定额税相比有两方面的不同：一是缴纳定额税的土酒，虽然在省内允许自由行销，但是一旦运往外省销售，则须再缴纳一次税，而国产酒类税制则由产地统一征收，出省销售也不需要纳税；二是由从量征收改为从价征收。酒类税均就产地一次征收，行销国内，地方政府一律不得重征任何税捐。这就是按照"统税"原则征税。统税就是一物一税，一税之后，通行无阻，其他各地不得以任何理由再行征税。统税是出产税，全国采取统一的税率，中外商人同等税收待遇。国产酒类税的实行，说明公卖费制的结束。

1942年，试行《国产酒类认额摊缴办法》，这实际上相当于南宋在乡村实行过的包税制。《国产酒类认额摊缴办法》实行不易，1945年停止执行。

1942年9月，财政部公布了《管理国产酒类制造商暂行办法》。规定重新举办酿户登记，未经登记者不准酿酒。每年每户以2.4万斤为最低产量，不满者不准登记。

1944年7月22日，国民政府又将《国产烟酒类税暂行条例》修订为《国产烟酒类税条例》。其中规定：①改定税率：酒税增高为60%；②因违章处罚关系人民权益，应经立法程序，故将原由财政部制颁的烟酒税稽征暂行规程中有关违章处罚改列入条例之内。因此，这次修订意在提高税率和完善烟酒税法制。

1945年10月19日，国民政府再次修正公布《国产烟酒税条例》。该条例修正的主要内容是：①规定酿户每月16日及月终两次缴纳税款，逾期不缴者送法院追缴，并依时间的久暂，分别处以所欠税额15%~30%的罚款及停酿，意在解决因烟酒税源分散、稽征力量不足造成欠税情况严重的问题；②规定罚款的裁定及追缴改由法院办理，以与货物税条例的规定相一致。

国产烟酒税以省自为政、税率高低悬殊、公卖与征税并行等长期存在的紊乱现象得以解决，使纷乱的烟酒税制归于一致、法令臻于统一，并依照统税原则实行产地一次征收，通行全国，不再重征，烟酒税制自此逐步走上正轨。由于啤酒、洋酒的生产和消费大都集中在沿海、沿江城市，抗战时产酒区税源日益稀少。到1942年，内地才开始仿制洋酒，但产量较少，并且稽征困难，税收较少，"1941年洋酒税为2400余元，啤酒税12800余元；1942年洋酒税68000余元，啤酒税11万余元；1943年洋酒税10万余元，啤酒税5万余元；1944年无税可收。"这种情况到1945年，洋酒的需求增加才得以改善。

抗战胜利后，对某些条例进行了修订，主要目的是提高税率。这大概是在对照其他国家酒税征收情况后，认为本国的土酒、洋酒税率均较低微。1946年国民党二中全会做出提高奢侈品税率的决议，以"胜利以后，复员建设，需用浩繁，为充裕库收，平衡收支"为理由，将国产酒类税率提高为80%，洋酒、啤酒率则提高至100%（抗战时洋酒和土酒税率为60%）。1946年8月，国民政府公布《国产烟酒类税条例》，酒类税税率按照产区核定完税价格征80%。

第三节　新中国成立后的酒政

中华人民共和国成立之前，在当时的解放区曾实行过酒的专卖。1949 年中华人民共和国成立后，仍然实行对酒的国家专卖政策。但在不同的历史时期，由于社会经济环境的不同，因而采取了不同的措施。主要的管理机构也发生了一些变化。

一、专卖制度的建立和演变

1949 年 10 月至 1952 年 12 月，新中国成立初期的酒政承袭了民国时期的一些做法，行政管理由财政部税务总局负责。

1950 年 12 月 6 日，财政部税务总局、华北酒业专卖总公司在《关于华北公营及暂许私营酒类征税管理加以修正的指示》中，"决定对公营啤酒、黄酒、洋酒、仿洋酒、改制酒、果木酒等均改按从价征税。前列酒类其所用之原料酒精或白酒，应以规定分别征税"。酒精改为从价征收，白酒按固定税额，每斤酒征收 2.5 斤小米。

1951 年 1 月，中央财政部召开了全国首届专卖会议，明确专卖政策是国家财经政策中的一个组成部分。同年 5 月，中央财政部颁发了《专卖事业暂行条例》，对全国的专卖事业实行统一的监督和管理。规定专卖品定为酒类和卷烟用纸两种。专卖事业的行政管理由中央财政部税务总局负责，还组建了中国专卖事业总公司，对有关企业进行管理。专卖品以国营、公私合营、特许私营及委托加工四种方式经营，其生产计划由专卖事业总公司统一制定。零销酒商也可由经过特许的私商承担，其手续是零销酒商向当地专卖机关登记，请领执照及承销手册，零销酒商凭执照和承销手册向指定专卖处或营业部承销所承销之酒，其容器上必须有商号标志，并粘贴证照，限在指定区域销售，不许运往他区。对违章违法行为也制定了处罚办法。

1951 年 7 月 28 日，财政部税务总局又决定从 1951 年 8 月 16 日起，一律依照货物税暂行条例规定的酒类税率从价计征。除白酒和酒精仍在销地纳税外，其他酒类一律改为在产地纳税。

第一个五年计划时期（1953—1957 年，即一五时期）的特点是酒的专卖在商业部门的领导下进行。

在这一时期，为改变专卖行政机关与专卖企业机构在全国范围内不统一的混乱局面，商业部拟定了《各级专卖事业行政组织规程（草案）》，报请政务院审查颁发。各级专卖事业行政机关的设置情况如下。

中央设专卖事业总管理局，归中央人民政府商业部领导。大区设专卖事业管理处，受大区商业管理局及专卖事业总管理局的双重领导。省（盟）设省（盟）专卖事业管理局，受省（盟）商业厅及大区专卖事业管理处的双重领导。直辖市设专卖事业管理处；专区及省辖市设专区、市专卖事业管理局；县（旗）设县（旗）专卖事业管理局。

直辖市、专区及县的专卖事业都受当地政府及上级专卖事业管理机构的双重管理。各级专卖行政机关和各级专卖企业机构合署办公。

为保证专卖制度的严格执行，中国专卖事业总公司制定了《商品验收责任制试行办法》，规定酒类的收购单位必须设专职验收人员，对较大的酒厂设驻厂员，小厂或小酒坊配设巡回检验员，包干负责。收购单位是负责酒类商品检验和保证酒质的第一关。中国专卖事业总公司还制定了《包装用品管理试行办法》《酒类、卷烟、烟叶、盘纸、铝纸仓库保管制度》。

1953年2月10日，财政部税务总局和中国专卖事业总公司对酒类的税收、专卖利润及价格作出新规定。白酒、黄酒和酒精的专卖利润率定为11%，其他酒类为10%；专卖酒类依照商品流通税试行办法规定，应于出厂时纳税；用酒精改制白酒，暂按一道税征收。

1954年6月30日，中国专卖事业总公司发布了《关于加强调拨运输工作的指示》，白酒和黄酒各大区公司可按地产地销的原则，根据既定的购销计划，结合产销实际情况，研究确定大区内的调拨供应计划，并使省市之间通过合同的约束，完成调拨任务。全大区购销计划不能平衡时，上报总公司研究调整，在全国调拨计划内确定大区与大区之间的调拨，双方大区公司根据计划签订具体的供应合同。酒精和国家名酒为计划供应之商品，由总公司掌握，统一分配。

1958年，随着商业管理体制的改革和权力的下放，除了国家名酒和部分啤酒仍实行国家统一计划管理外，其他酒的平衡权都下放到地方，以省（市、区）为单位实行地产地销，许多地方无形中取消了酒的专卖。

对于酒精改制白酒，究竟是由生产企业（归原食品工业部管理）配制，还是由销售企业（归商业部管理）配制，曾有所反复。1957年食品工业部制酒局、供销总局与中国专卖事业总公司城市服务部先后联合通知一些省市，决定由酒的工业生产部门设立酒精配制白酒的试点，虽然酒质有所改进和提高，但由于配制后的酒精度较原酒精度要低，故运输费用较高，在贮运过程中，酒质易发生变质，故1958年第二商业部糖业烟酒局和轻工业部（原食品工业部）供销局发布了《关于改变酒精配制白酒的方法的联合通知》，改由商业部门进行兑制。

1960年的下半年起，中央提出了"调整、巩固、充实、提高"八字方针，国务院于1963年8月22日发布了《关于加强酒类专卖管理工作的通知》，强调必须继续贯彻执行酒类专卖方针，加强酒类专卖的管理工作，并对酒的生产、销售和行政管理、专卖利润收入和分成办法等作了具体规定。

1961—1965年，酒类生产和酒类销售各司其职。酒类的生产由轻工业部归口统一安排，其他任何单位和部门，不经省、自治区和直辖市人民委员会批准，一律不得自行酿造。自办的小酒厂和非工业部门办的酒厂，按照1962年12月30日国务院发布的《工商企业登记管理试行办法》进行登记，根据归口管理、统一规划的原则，各地对现有酒厂进行整顿。所有酒厂生产的酒，必须交当地糖烟酒公司收购、销售。

酒类销售和酒类行政管理工作，由各级商业部门领导，具体日常工作由糖烟酒公司负责。在酒的销售方面，批发由糖烟酒公司经营；零售由国营商店、供销合作社以及经过批准的城乡合作商店、合作小组和其他一些代销点经营，除此以外，任何单位或个人，一律不得私自销售。关于各级专卖事业管理局和糖烟酒公司的设置，采取一个机构、两块牌子的办法，既负责行政管理，又负责企业经营。

1966—1976年多数地区酒类专卖机构被撤销，人员被调走或下放到农村或基层，酒的专卖管理工作处于无人过问和无章可循的状态。但在当时的大环境下，酒的生产和销售工作都处于较为严格的国家计划控制之下，酒类的生产和流通秩序还是较为正常。这也是在当时低的生产力水平，低消费水平下的一种宁静。

1966 年 3 月 21 日，商业部和对外贸易部下达了《关于对旅客携带或邮递进口非商品性酒类免征专卖利润的通知》，决定对旅客携带或邮递进口非商品性酒类免征专卖利润。

二、 20 世纪 80 年代以来的酒政

1. 改革开放时期的酒政

新中国酿酒工业在前三十年，发展较为缓慢，改革开放后，尤其是从 1980 年之后发展尤为迅速。出现了各行各业办酒类的浪潮，国家对酒业的管理面临着许多新的问题，酒类管理难度加大。尤其是在原有的轻工业部管理酒类生产，商业部管理酒类流通的体制下，国家一级的管理机构如何设置，如何运作，当时开展了探索。其间，许多新的管理措施相继出台。

（1）对酒类专卖事业管理工作的加强 国务院于 1978 年 4 月 5 日批转了商业部、国家计委、财政部《关于加强酒类专卖管理工作的报告》，该报告对酒类的生产、销售、运输管理，酒厂的原料加工、酿酒、专卖利润以及偷漏税、欠缴专卖利润等违法情况，都作出具体规定。

对于酒类生产，该报告要求现有的酒厂，产销全部纳入计划，新增设国营专业酒厂，必须经过省级主管部门审查，并同有关部门协商，按照统一规划、合理布局、有利生产、有利销售的原则，经过省级工商行政管理局批准，才能组织生产。当时的人民公社以下集体所有制单位办的小酒厂必须坚持不准用粮食酿酒的原则，对于农场、畜牧场和部队、机关、团体学校等，以批准留用的饲料粮和加工副产品下脚料为原料酿酒的车间，须经县级专卖部门和工商行政管理部门审查，批准后方可酿酒。所产的酒不得自行销售，须全部交当地糖烟酒公司收购。对于酒的销售和运输也有具体的规定。

酒类专卖机构仍按原有的规定加以充实加强，县级以上的商业部门设立糖烟酒公司，这一机构同时又是专卖管理局，既负责企业管理，又担任专卖管理，县以下的专卖管理工作，可在各县专卖管理局的指导下，由工商行政管理所兼管，税务所协助。

（2）对散装白酒加浆降度的规定 20 世纪 50 年代，实行由商业部门（酒类批发部门）负责对酒类生产的散装酒进行加浆调度，虽有节省运力、节约资金的积极作用，但酒的质量及酒的特色难以保证。1987 年 10 月 31 日，商业部和轻工业部发出《关于由生产单位解决散装白酒酒度的通知》，规定：散装白酒的加浆调度工作原则上由生产单位进行；流通环节均不再用酒精配制白酒。散装白酒出厂前都要经过化验，并定期送卫生防疫部门检验，符合质量标准才能出厂。

（3）酒类卫生管理 20 世纪 80 年代开始，我国的酒类生产开始全面而迅速发展，生产企业不再仅局限于轻工行业，有的生产单位，不严格履行登记注册手续和卫生检验工作，致使许多不符合国家食品卫生标准的酒流入市场，直接危害人民的身体健康。1981 年颁发了国家标准 GB 2757—1981《蒸馏酒及配制酒卫生标准》，规定用酒精作配制酒或其他含酒精饮料时，所用的酒精必须符合蒸馏酒的卫生要求；所用的添加剂必须符合食品添加剂使用卫生标准。1982 年、1986 年和 1990 年，国家有关部门都对酒类卫生的管理作出明确规定。1990 年10 月，卫生部修订了《酒类卫生管理办法》。

（4）酒类价格的调整 1981 年，国务院决定提高酒价，而在此之前，酒价和其他商品

价格一样基本不变。1982 年 10 月 7 日，国家物价总局、商业部和轻工业部下达了《关于调整部分酒价的通知》，适当提高部分地方名酒的价格。1987 年 7 月之后，名优白酒的价格普遍放开。这次调价幅度较大，有的国家级名优酒，每 500mL 从数十元升至百元以上。

（5）酒税征收　1983 年 6 月 13 日，财政部发布了《关于加强酒税征收管理的通知》，当时酿酒用粮分为数种，有的是日常用粮，有的是饲料用粮，有的是国家统一定价的粮食，而有的则是议价粮（价格稍高于国家定价粮），于是规定：

用日常用粮酿酒的按 60% 的税率征税，用饲料粮酿酒的按 40% 的税率征税。对于用议价粮酿酒，由于议价粮价格较高，如仍按 60% 的税率征税，实际加重了许多生产企业的负担，同时也减少了税收收入。故对于用议价粮酿酒的，有一定幅度的减税。但有的地方为了本地的利益，减税幅度过大。故规定，减税后的税率由不得低于 30% 改为 40%。1984 年 6 月 15 日，财政部（84）财税字第 165 号文规定，对企业用议价粮或加价粮生产的白酒、黄酒，减按 30% 税率征收工业环节工商税；对企业用议价粮或加价料生产的啤酒，按 29% 税率征收工业环节工商税。

对于酒税征收和范围，按照国家的统一规定，白酒征税时，瓶装酒可扣除包装部分的费用后再征税（瓶子、瓶盖、瓶盖内塞和商标签等费用不计入征税范围），而对于黄酒、啤酒，一律按照带包装的销售价格征税。有些酒厂酒的出厂价较低，由商业部门实行价外补贴，对于补贴价款，也应并入销售收入的征税范围。1988 年 7 月 28 日名酒提价以后，审计署审工字（1989）36 号文规定：新老差价作为提价收入，按规定征收专项收入和各种税收。

（6）关于对寄售进口洋酒、啤酒、饮料的管理　1991 年 5 月 8 日，国务院办公厅在回复经济贸易部《关于开展寄售洋酒、啤酒、饮料业务有关问题的请示》的函文中指出：继续由经济贸易部对寄售进口洋酒实行严格管理，今且除寄售进口外，一律不再批准进口洋酒。对啤酒、饮料的进口，应建立起相应的管理制度，防止多渠道盲目进口。洋酒、啤酒、饮料的寄售进口业务，继续由中国粮油食品进出口总公司统一经营，其他单位不得经营。口岸收购站收购个人免税携带入境的洋酒、啤酒、饮料，须全部销售给中国粮油食品进出口总公司或受其委托的有寄售经营权的单位，不得自行在国内市场销售。国务院办公厅还同意适当降低寄售洋酒、啤酒、饮料的进口关税，产品税同时也做适当调整。

（7）生产许可证制度　2005 年 9 月 1 日起，国家对生产重要工业产品的企业（包括白酒生产企业），实行生产许可证制度。

2005 年，国家发展和改革委员会发布了《产业结构调整指导目录》（2005 年本）；2011 年和 2013 年，分别对其进行修订和修正，将新增白酒生产列入限制类目录。2019 年 10 月 30 日，修订发布了《产业结构调整指导目录》（2019 年本），将原有"白酒生产"从"限制类"条目中删掉。这意味着，自 2020 年 1 月 1 日起白酒产业将不再是国家限制性产业。

2006 年，国家颁布了《白酒生产许可证审查细则》（2006 版）。2010 年 8 月，国家质检总局发布《食品生产许可审查通则》（2010 版），规定了食品生产企业的必备条件，并在《关于调整部分食品生产许可工作的公告》中规定，将规模以上（即年销售额 500 万元以上）白酒生产企业的生产许可审批工作由国家质检总局组织实施调整为由各省级质量技术监督部门组织实施，许可证有效期为 3 年。2016 年 8 月国家食品药品监管总局发布新的《食品生产许可审查通则》（2016 版）。2019 年出台《白酒生产许可审查细则（修改稿）》。2020 年 1 月公布新的《食品生产许可管理办法》（2020 版），规定由县级以上地方市场监督管理部门负责本行政区域内的食品包括酒类生产许可监督管理工作，有效期为 5 年。2021 年 12 月 15 日，国家市场监督管理总局发布《白酒生产许可审查细则（征求意见稿）》，该细则将白酒类别进一步细分为白酒和白酒原酒两大品种，强化对制曲环节的审查，强化白酒的溯源。

（8）推荐性认证　除了基本的生产许可证，为了区别不同白酒的质量，我国还实行推荐性认证制度。2020 年发布的《中华人民共和国认证认可条例》（2020 年修订版）第三十六条规定：国务院认证认可监督管理部门确定的认可机构，独立开展认证认可活动。除国务院认证认可监督管理部门确定的认可机构外，其他任何单位不得直接或者变相从事认证认可活动。其他单位直接或者变相从事认证认可活动的，其认可结果无效。

2.《中华人民共和国酒类管理条例》的相关内容

在 1963 年的国务院《关于加强酒类专卖管理工作的通知》中，曾规定由轻工业部归口统一安排酒的生产，酒类销售和酒类的行政管理由各级商业部门领导，具体日常事务由糖烟酒公司负责。这就造成了我国酒类产销管理体制的分散，再加上有关的法规、规章不健全，酒的生产企业除了轻工企业外，其他部门如农业部门、商业部门等都可进行酒类的生产；在流通领域，原先制定的由商业部门负责收购、批发的机制也受到一定程度的破坏，国家对酒的产销无法进行统一有效地管理，一些人大代表和政协委员建议重新实行酒类专卖。

1991 年第三季度，由国务院法制局、轻工业部和商业部共同起草了《中华人民共和国酒类管理条例》（草案），报送国务院审议，该管理条例的主要内容是：酒业实行归口管理，即轻工业部管理酒类生产，商业部管理酒类流通。

设置国家酒类管理机构，统一全国酒类产销管理。中央一级的酒类管理机构由国务院授权，省级酒类管理机构由各省、自治区、直辖市政府自行授权设置。以现有的商业部门的酒类专卖事业管理局为基础来建立酒类专卖管理机构或建立全国酒业总公司，对全国酒类商品实行产供销统一协调管理。但在国务院对是否设立全国性的酒类管理机构还没有做出最后决定的情况下，考虑到各地现实和立法后能切实可行，决定按国务院第 129 次总理办公会议精神和现行体制，在中央一级实行归口管理，即轻工业部是国务院酒类生产归口管理部门，商业部是国务院酒类流通归口管理部门。并规定了轻工业部和商业部的主要职责。

酒类生产发展管理方面突出了国家计划对酒业生产的指导和管理。

酒类的生产发展由轻工业部和省、自治区、直辖市政府按照国家产业政策和市场需求统筹规划，合理安排，列入国家产品计划的酒类产品，其年度和长远规划指标，由计划部门综合平衡后纳入国民经济发展规划和年度计划。

关于酒类生产企业的基本建设的技术改造项目，凡限额以上项目，由国家计委会同工业部审批，限额以下的项目，由省计委或受委托的省级以下计委会同同级酒类生产管理机构审批，并报轻工业部备案。

禁止个体工商户以营利为目的酿造、配制各种含酒精的饮料。

酒类生产实行许可证制度，企业必须取得酒类生产许可证后，才可从事酒类生产，并规定了企业取得酒类生产许可证所必须具备的条件。酒类生产许可证的颁发，按照国家有关工业产品生产许可证管理法规的规定执行。

《中华人民共和国酒类管理条例》（草案）在酒类流通管理方面所作的规定主要内容有：

酒类销售实行经营许可制。企业必须取得酒类经营许可证，方可从事酒类批发或者零售，并规定了取得酒类批发经营许可证所必须具备的条件。取得酒类生产许可证的酒类生产企业准许销售本厂产品，但不得经营其他企业的酒类产品。

计划内的国家名酒由轻工业部和商业部联合下达收购调拨计划，其他酒类产品由商业销售单位与酒类生产企业实行合同收购。国家名酒由酒类流通管理机构指定的零售单位挂牌销售。

对于酒类生产和流通的管理，《中华人民共和国酒类管理条例》也作出详细规定。

3. 《酒类流通管理办法》的制定及废止

2003 年，国家经济贸易委员会下发了《关于进一步加强酒类产销管理规范酒类产销秩序的通知》，该通知要求各地经贸管理部门要强化对酒类批发和零售环节的管理，加强对集贸市场、批发企业和零售商贩的监督检查，严肃查处经销假冒伪劣的违法行为，从源头上遏制假冒伪劣产品进入市场。2005 年 6 月，国务院下发《中华人民共和国工业产品许可证管理条例》，规定生产酒类商品必须实行许可证制度。

为规范酒类流通秩序，促进酒类市场有序发展，维护国家利益，保护酒类生产者、经营者和消费者的合法权益，2005 年 10 月 19 日商务部第 15 次部务会议审议并通过了《酒类流通管理办法》，规定酒类商品的流通实行备案登记制及流通溯源制。

2016 年 11 月 3 日，商务部发布第 4 号商务部令《商务部关于废止部分规章的决定》，决定废止 16 件规章，2006 年 1 月 1 日起实施的《酒类流通管理办法》（商务部令 2005 年第 25 号）也位列其中。至此，实施十多年的我国唯一一部针对酒行业的专门法规被正式废止。《酒类流通管理办法》的废止，并不意味着酒类流通监管处于监管空白。《食品安全法》（2021 年修订）、《产品质量法》（2018 年修订）、《关于进一步加强白酒质量安全监督管理工作的通知》等法律法规涵盖了酒类监督管理的内容，适用于酒类的流通监管。

第四节　酒类政策发展趋势

一、酒类立法及其争论

在社会主义市场经济条件下，应不应该、能不能够实行国家垄断模式的酒类专卖是新时期国家酒类立法争论的核心问题。一种观点认为：立一个管理法，或者依据现有的法律法规，齐抓共管，综合治理，就可达到规范酒类市场的目的。这样既符合市场经济原则的要求，又符合国情现状和发展方向，不必实行酒类专卖。另一种观点认为：实行酒类专卖，可通过国家垄断、宏观调控，充分发挥酒类高利高税的效能，为国家扩大积累资金，这种管理模式，是对市场经济的必要补充，符合国情现状，是进行酒类管理的最好选择。产生两种不同观点的主要根源在于对酒类专卖与市场经济等问题的认识和理解。

部分人坚决反对酒类专卖，他们的主要观点是：

1. 酒类专卖不合时宜

持这种观点的人认为，酒类专卖不适合国情现状和发展方向。从深层次分析和研究看，可以归纳为如下几个问题。

一是对酒类专卖合理性的怀疑。酒类专卖的本质是垄断，只有经过国家允许的少数人才能从事酒类产销经营活动，这等于剥夺了多数人从事酒类产销活动的权利，在社会主义市场经济时代，垄断和限制酒类经济活动不合理。

二是对切身利益的担心。实行酒类专卖的重要目的之一就是征收酒类专卖利润，财政对酒类利益独占。为此，必然会引起一些人对自身利益的关切。酒类企业担心增加负担，地方政府担心无利可图。酒类专卖利润上缴国家，虽然收的是酒民钱，但地方的资金总量中有一部分归中央财政，或多或少对地方经济繁荣是有影响的，地方政府无利可图，自然没有积极性。

三是对酒类专卖的误解。一说到酒类专卖，人们就会想到计划经济时期的酒类专卖。那个时期，国家经济基础薄弱，形势艰难，酒类专卖为国家积累了大量资金，支持国家经济建设，通过酒类专卖的调控，限制了无益消费，确保资源的合理配置，使国家渡过难关，功不可没。社会主义市场经济条件下的酒类专卖是依法专卖，不再实行人治；不再是国营企业的垄断，实现了各种经济成分的平等；是国家调控市场，市场引导企业，企业根据市场自主经营、自我决策、自负盈亏、自我发展；企业与社会功能脱离，不再进行商品分配，不再担负保障供给，充当蓄水池的作用。总之，市场经济条件下，酒类专卖除了对酒类垄断，对市场宏观调控、征收酒类专卖利润和必要的价格措施外，一切管理手段都会按照市场经济规则办事，再也不会回到计划经济时期的酒类专卖，也绝不影响市场经济的发展。

四是各省市的地方酒类专卖给社会造成了一些影响。地方立法只能根据本地情况作出相应规定，管理形式、管理手段、管理重点各不相同，可以说差异化较大，既不统一，又不规范。地方立法的目的只能维护地方利益，存在着市场垄断、地方割据、阻碍流通、向企业收取不合理费用等诸多弊端，干扰了社会主义市场经济的发展，影响了酒类专卖的声誉和形象。

五是担心酒类专卖会对市场经济造成不利影响。中国市场经济起步较晚，需要为市场经济制造强大声势，树立鲜明的形象；需要在群众中形成强势的认同感，推动市场经济的发展。酒类专卖与市场经济的管理模式相左，酒类专卖又是计划经济时期的重要经济政策，群众印象深刻，担心酒类专卖会给市场经济造成不利影响。

六是认为从社会发展方向的角度看，酒类销售终有一天会取消专卖、放开经营，现在不专卖更好。征缴酒类专卖利润是社会再分配的一种方式，它不是针对全体公民的强制行为，而只是酒民的一种情愿行为，于情于理，无可挑剔。但它与酒民争利，是一种剥夺，是一种不公平，只能是一种短时期的政策。放开酒类，让利于民，让市场机制调节酒类产销，比专卖政策进步。

2. 酒类专卖"多余论"

持这种观点的人认为，酒类产品只是一种食品，国家的食品卫生法、产品质量法、税法、价格法、工商法、消费者权益保护法、刑法等很多法律都涵盖了对食品的管理，对酒类同样适用。只要加大执法力度，各部门齐抓共管，综合执法，就可以管好酒类市场，没有必要进行酒类专卖立法。

3. 酒类专卖"教条论"

持这种观点的人认为，我国现在实行的是社会主义市场经济，法律要为市场经济服务，立法要符合社会主义市场经济规则。酒类市场存在的问题，只能按市场规则自行处理；企业过多、生产能力过剩，只能靠优胜劣汰法则解决；酒价过低不如矿泉水，只能听之任之；制假售假案件，只能加强检验和制裁；酒税流失、偷税漏税只能依法征管；粮食浪费，只能靠企业上设备、改进工艺和管理。损失多大，代价多高，都会交市场经济学费的，毫不心疼。一切都要泰然处之，这样才能使市场经济发育成熟。

有人主张酒类专卖，他们认为酒是人们日常生活中销量很大的嗜好性消费品。实行高利高税，并不影响人们的生活水准，是国家扩大资金积累的很好财源；酒是直接入口的饮品，酒类的质量，直接关系到酒民的身体健康甚至是生命安全；酒可醉人，不当饮酒可使人失去理智和自控，是肇事和社会治安的祸根之一；酒的主要原料是粮食，耗量较高，其发展关系到社会资源的配置。正因为如此，古今中外，一直都把酒当成特殊商品加以管理。自汉武帝天汉三年（公元前198年）初榷酒以来，酒类专卖不仅为历朝历代所重视，而且世界很多国家也学习和借鉴这一管理手段，用酒类专卖为国家聚财、调控经济、管理市场。美、日、德、韩等许多市场经济发达的国家都在实行（或实行过）酒类专卖，甚至比酒类专卖更为严厉的酒类管制。说明酒类专卖与市场经济并无矛盾，并不影响市场经济的发展。

二、世界卫生组织与中国酒类管理制度发展

世界卫生组织（WHO）对"有害使用酒精饮品"的定义：对饮酒者本人、他人或整个社会造成损害的行为，包括损害健康和造成负面的社会后果。常见的酒精饮品包括：啤酒、葡萄酒、烈性酒，以及含有酒精的果酒、用粮食酿制的酒等。

WHO指出，有害使用酒精是导致全球健康状况不佳的主要风险因素之一；有害使用酒精被列为世界上导致早亡和残疾的第三大风险因素。有害饮酒导致神经精神障碍和其他非传染性疾病，如增加患心血管病、肝硬化以及各种癌症的风险。

过度使用酒精不仅有害健康，同时还给社会带来多重危害，应采取必要的行动，包括制定相关的国家政策，减少过度使用酒精，主要的措施有：

1. 减少酒类产品的可获得性

政府通过专卖的方式控制酒类的生产、销售和价格。政府监管私营酒类市场的运营。对酒类零售的控制，包括在酒吧和餐馆销售的现场消费以及以瓶装或罐装销售的非现场消费。减少酒精制品的销售点和酒精制品的销售时间及天数可以减少酒精相关事故。

2. 提高酒类的价格和税收

酒类产品价格的升高导致酒类消费的减少，降低相关的危害。征收酒税作为一种很好的调控策略，可极大地降低饮酒相关危害的发生率，弥补酒类相关危害所带来的损失。税收和价格机制对于降低酒类的市场需求、减少其相关危害是非常重要的。

3. 控制饮酒环境

饮酒对健康或社会危害的大小受饮酒者的身体状况或饮酒环境影响（饮酒的场所和酒后的环境）。各种限制公共饮酒环境的措施在不同的时期均采取过，包括使用玻璃饮酒器具。在强制执行及政策的支持下，拒绝为喝醉的人或未成年人提供酒类对于降低酒后驾驶或暴力危害是有效的。

4. 限制酒类营销

变相的酒类广告对饮酒者的行为有影响。传统媒体的酒类广告、电影中插入的酒类促销内容以及品牌商品等，可以显著影响年轻人饮酒行为的有无和轻重。在市场上，酒类广告出现的频率越高，年轻人就越有可能继续增加饮酒量；那些较少接触广告的人则倾向于减少饮

酒量。最为广泛使用的控制酒类销售的方式是限定最低购买或饮酒年龄。对未成年人实施禁酒制度的有效性取决于执行力度的大小，最经济有效的方式是强制销售者执行。

三、酒类政策发展趋势

改革开放以后，农业得到迅速发展，粮食丰收，出现富余。全国酿酒用粮由国家计划分配改为由企业向市场自行采购，酿酒用粮全面放开，于是全国各地酒类企业如雨后春笋般层出不穷，酒类管理的重心也从专卖管理转向产销管理。

酒类市场的放开，扩大了产量，缓解了供需矛盾，但在由计划向市场转轨的过程中也产生了许多弊端。小酒厂数量众多，产品质量低，资源严重浪费，行业内部恶性竞争，多数企业处于亏损边缘，假冒行为影响行业、企业形象，散装酒处于无序、无政府管理状态，假酒事件时有发生，酒厂偷税漏税，国家税收收入大量流失。

目前，全国还没有酒类管理的专门法律法规，商务部《酒类流通管理办法》作为部门规章，法律层次较低，强制力度不够，使得酒类市场监管存在盲点，且已废止。在《食品安全法》中将酒类质量安全问题纳入了食品安全范畴。

为促进酒类市场规范经营，针对酒类管理制定专门的法规，加强酒类商品的质量管理，避免酒类市场的无序竞争，实行酒类销售许可证制度，提高酒类生产流通企业的准入门槛，加强市场监管及明确监管主体，加大对企业国内国际市场开拓力度，明确酒类产销主管部门。加快确立酒类立法的基本思路和原则，提出既符合国情与行业发展现状，又具可行性的建议，进一步推动酒类立法进程，完善行业管理体系，提高管理水平，这有利于维护、引导酒类行业有序竞争。

🔍 思考题

1. 通过本章学习，试述历史上酒类管理办法对今天的借鉴意义和价值。

2. 课后自行搜集资料，关注当下酒类管理中的热点问题，并用所学知识进行分析。

3. 根据个人兴趣，自行搜集资料，试述某一具体国家的酒类管理制度，并阐述其对中国的借鉴意义。

第四章

CHAPTER

酒具及酒器文化

饮酒须持器。酒具、酒器不仅是饮酒的器具，而且成为艺术品，具有艺术鉴赏的价值。中国酒具、酒器文化与酒文化一样历史悠久，千姿百态。"非酒器无以饮酒，饮酒之器大小有度"，中国人历来讲究"美食不如美器"。饮酒时，不仅讲究对象、环境、时令等，而且十分讲究酒具、酒器的精美与适宜。不同的场合，不同的用途，不同的等级，所用的酒具、酒器皆有所不同。

第一节　古代酒具及酒器

《汉书·食货志》中称酒为天之美禄，也就是大自然赐给人类的优美享受。俗话说"好酒若有美器配，常人也能品千杯"，好酒与美器相得益彰，更能增加饮酒之乐，而造型独特、风韵殊异的酒具、酒器，更是人类文明的具体表现。中国酒具、酒器种类甚多，其制作之精、产量之丰，少有匹敌。

一、酒具、酒器概述

中国酒文化源远流长，酒具、酒器的发展也是种类繁多、异彩纷呈，形成了一道独特的风景线。

1. 酒具

中国酒具的发展与中国酒的发展史密不可分。中国酒类产品大致分为两种：一种是发酵酒，另一种是蒸馏酒。发酵酒是水果和粮食发酵得来的果酒和粮食酒，而蒸馏酒则是将这些水果或粮食发酵而成的酒醅或酒醪，再经蒸馏所制成。根据制酒技术，中国古代的酒具大致可以分为发酵器具、澄滤器具、蒸馏器具等。

2. 酒器

酒器的种类划分有多种，如从制品原材料来讲，可分为陶制品酒器、青铜制品酒器、瓷制品酒器、漆制品酒器、金银制品酒器、玉制品酒器、水晶制品酒器、玻璃制品酒器、动植物制品酒器、塑料制品酒器等。

上述酒器制品并不是偶然产生的。每种酒器制品的产生，都是与时代的经济发展水平和工艺水平相关联的。在远古时代，饮食没有专门的器皿。所谓"上古污樽而抔饮，未有杯壶制也"。"污樽而抔饮"意思是在地下凿坑，以贮雨水或河水，用双手掬捧着喝。后来人们在渔猎过程中用不泄水的贝壳、瓠瓢，或动物的头盖骨及动物的角作饮器。据专家考证，距今约50万年前的北京周口店中国猿人遗址中"鹿的头骨有些是由角根将角裁去，有的稍有存留，吻部和脑底部也都去掉了。从石器打击的痕迹可以看出，如此做法，是用头盖骨作为杯，其情状显然可见。"在这样的时代，当人们偶然发现和初始认识自然发酵野果酒时，想必贝壳、头盖骨、角等原始皿，也就是最初的酒器。《诗经·周颂·丝衣》提到的"兕觥其觩"中的兕觥，是用犀牛角制成的一种酒杯。《南史》中记载的虾头杯，"盖海中巨虾其头甲为杯也"，大致都是原始酒器的遗风。

到了原始社会，由于社会生产力低下，所需要的各种器皿也只是陶制品。至于其他各种制品的酒器，同样是受当时生产力和经济发展水平所制约。青铜制品的酒器，只有进入奴隶社会，到了商周时期才出现，并有条件促使其继续发展。漆制品的酒器，也只能在两汉时期盛行，瓷制品的酒器，在隋唐以后才盛行，乃至于发展。玻璃和塑料制品的酒器，只有在近现代才得以盛行和普及。此外，玉、水晶和金银等材质酒器，均属于高档产品。从奴隶社会到封建社会，多用于上层人物宴席之上。这些千姿百态的酒器，就文物价值来讲，有一定的传世价值，无论哪种酒器，都反映了劳动人民伟大的创造力。这也是酒文化不可忽视的一个重要方面。

从酒器的用途来讲，大致可分为三类，即盛酒之器、温酒之器、饮酒之器。在中国漫长的酒文化史上，虽然经历朝代的更替，酒器的种类并没有什么变化。随着社会的发展，酿酒业的发达，人们用酒数量大增，体积较小的盛器已经满足不了社会的需求。总体上讲，酒器是由简陋的装饰逐步朝向高级的、多彩多姿的方向发展，每一种类型的发展，都反映了当时生产力的发展。

(1) 盛酒之器 中国古代盛酒的酒器，是非常讲究的，不仅名目繁多，而且样式新颖，堪为历代王朝之珍品，迄今仍有相当大的文化价值。据不完全统计，从名称来讲，经发掘出土文物证实，有尊、觚、彝、罍、瓿、斚、卣、盉、壶等名目繁多的酒器。不仅如此，每一盛酒器的体形，都有自己独特的外貌和引人注目的风采，乃至每一盛酒器的表面，都饰有精美的花纹和饕餮纹，艺术价值极高。

上述器皿不单单是盛酒之器，实际上也是精美的艺术装饰品。即这种器皿并不只是为了盛酒之用，很大程度上是用于装饰和欣赏。有了这些器皿，不仅显示了主人的高雅风貌，无疑也显示了帝王将相和有产之家的豪富。但是，随着社会的发展，到了近现代，随酿酒业的发达，用酒数量大增，盛酒之器向着体积大的桶和方便实用的酒瓶发展，过去美观而多姿的盛酒器皿就变成历史文物进入了博物馆。

(2) 温酒之器 温酒之器在出土文物中尚未多见，一般来讲有两种，即盛酒之器中的斚、盉。这两种器皿是一身兼二用，既是盛酒的器皿，又是温酒的器皿。后来又把过去盛酒器皿中的壶，也发展为温酒的器皿了。但是，古代酒壶与当代的酒壶并不完全相同，当代酒壶的制作多是瓷制品或锡制品，不仅形状简单，而且使用起来也极为方便。所谓温酒酒器即今天烫酒的酒壶。

（3）饮酒之器　在古代，觥、觯、瓠、爵、角等器皿都是饮酒之器。它们的造型和工艺，与盛酒酒器、温酒酒器大致相同，都有较高的保存价值。由陶制品到青铜制品、瓷制品，以及各种原材料制作的饮酒酒器，发展到盏、盅、杯等现代形状的饮酒器皿。就文化艺术价值来讲，当代使用的饮酒器，远远不如古代饮酒器那样有保存价值，但就其使用和普及来讲，已远远超过了古代。

二、古代酒具

要了解我国古代酒具，就必须要了解我国古代的酿酒技术。从龙山文化遗存的大量陶制贮酒和饮酒器尊、罍、盉等可以推知，这一时期我国酿酒技术已经较为发达。概括而言，从有酒器为证的龙山文化时期开始，数千年来，我国酿酒历史大致可分为三个阶段。

1. 第一阶段——酿酒生产的萌发和兴起

这一阶段从史前龙山文化到秦汉时期。人类从开始学会农业生产起，就懂得把成熟的谷物收藏起来，以备食用。但由于当时收藏条件简陋，谷物经常受潮发芽发霉，这种发芽发霉的谷物，形成了天然的曲蘖，遇水后淀粉受谷芽和微生物的作用引起糖化和酒化，就出现了自然的谷物酒。这必然启示人们模仿，人们通过这种自然现象的观察，经过反复模仿，在不断实践的基础上，终于懂得和掌握了制造人工曲蘖的方法，并用于酿酒。也就是说，这一阶段的曲蘖是不分家，是混合在一起的。所以，《淮南子》所载："清醠之美，始于耒耜"不无一定的道理，说明酿酒的起源与农业生产有密切的关系。相传我国在夏禹之时已有甘美浓烈的酒了，但当时的酒精度很低。

《礼记·月令》中记载："仲冬之月，乃令大酋，秫稻必齐，曲蘖必时，湛炽必洁，水泉必香，陶器必良，火齐必得，兼用六物，大酋监之，勿有差贷。"其中说到了酿酒的时间、原料、糖化发酵剂、水质、发酵用的器具和发酵温度。从文字记载和出土的文物来看，这一时期酿酒的基本过程有谷物的蒸煮、发酵、过滤、贮酒。经过蒸熟的原料，便于微生物的作用，制成酒曲，也便于被酶所水解，发酵成酒，再经过滤，滤去酒糟，得到酒液（也不排除制成的酒醪直接食用）。因此，这一时期主要的酿酒工具包括以下几种。

（1）蒸熟物料所用的陶鼎　粮食蒸熟后更易于发酵转化，我们的祖先早就发现了这个秘密，因此，蒸煮物料所用的陶鼎是酿酒过程中一个重要的工具。陶鼎一般为夹砂陶，器形大多为圆形，深腹，圆底或平底，带有圆柱形或扁片形的三足，有的有双耳，带盖。

（2）发酵用的大陶尊　1979年，在大汶口文化墓葬中发掘到大量酒器、酒具。尤其引人注意的是一套组合酒具，包括酿造发酵所用的大陶尊、滤酒所用的滤缸、贮酒所用的陶瓮和用于煮熟物料所用的陶鼎，还有各种类型的饮酒器具100多件。据分析，墓主生前可能是一位职业酿酒者。

这件大陶尊是大汶口文化晚期的重器之一，高59.5cm、口径30cm，口大，腹深，但是底部却是尖的。胎质为夹砂陶，较粗糙；外表呈灰色，遍饰蓝纹，在腹的上部刻画一组图像，上为圆圆的太阳，下是五座山峰相连的山脉，中间的图案似漂浮的云形，又像是一弯新月。由于其体大底尖，轻易搬动不得，更不能单独立起来使用，推测可能是埋在地下的酿酒缸。

（3）滤酒所用的滤缸　古酒陈酿过程中是米汁相浆，混合杂成，酒体显得十分浑浊，饮用时糟渣连带，有碍口感，因此有必要进行过滤处理，加工成不含糟渣的清酒，这种趋势在仰韶文化遗址（公元前5000年—公元前3000年）中已见端倪。而周文顺、徐宁生在《河洛文化》中指出："在大汶口文化遗址中，多种形式滤缸的出土无疑为酿酒的存在提供了最好的注脚，它们大小不一，容量各异，浅者做滤缸，深者可兼作酿缸。"在发掘到的陶缸壁上还发现刻有一幅图，据分析是滤酒图。

目前，发现最早的酿缸实物出现在陕西临潼的白家村遗址。这种酿缸呈深筒状，大口，有的还带有矮小的三足，底部开有明显的孔洞，作为滤酒的出口，其时代距今已有七千年以上。

（4）贮酒所用的陶质容器　经过过滤的清酒液最终会装到容器中存放，这样的大型容器包括缸、瓮、尊、瓵、壶、枋等。

2. 第二阶段——酿酒发酵技术的新阶段

从西汉繁荣开始，我国古代酿酒发酵技术步入了新的阶段。这一阶段主要有四个特征：一是这时期酿酒工艺实现了一个重大革新，即以曲代蘖，初步形成了我国酿酒技术在世界酿酒中的独特体系；二是由于工艺上新的突破，出酒率得以迅速提高，生产规模空前扩大；三是产品质量，主要在酒精度上，达到了应有的高度，但仍没有出现蒸馏酒；四是在总结生产实践基础上，出现了酿酒发酵科学理论的雏形。

由于以曲代蘖后的有利效果，酿酒生产规模扩大，产酒率提高，又可以用粗粮甚至野生植物酿酒，于是酿酒者增加，总产量上升。例如，西汉末"以二千五百石为一均，率开一庐以卖"；而西汉初"通邑大都，酤一岁千酿"。两相比较，前期规模就相形见绌了。

山东诸城凉台出土的汉代画像石上有一幅庖厨图（图4-1），描绘的就是当时的酿酒情景：一人在捣碎曲块，旁边有一口陶缸应为曲末的浸泡，一人正在加柴烧饭，一人正在劈柴，一人在瓵旁边拨弄着米饭，一人负责曲汁过滤到米饭中去，并把发酵醪拌匀的操作。有两人负责酒的过滤，还有一人拿着勺子，大概是要把酒液装入酒瓶。下面是发酵用的大酒缸，都安放在酒垆之中。酒的过滤大概是用绢袋，并用手挤干，过滤后的酒放入小口瓶进一步陈酿。

图4-1　汉代庖厨图

唐宋时期，中国酿酒工艺中已经普遍应用加热防腐的方法，以达到消毒保质的效果。主要有两种方法：煮酒和火迫。煮酒是靠蒸汽烹热，火迫则以慢火烘烤，目的都一样，要让酒（过滤后的酒，还存在有一定种类和数量的微生物）在封贮过程中不再继续发酵，通过加温灭菌，防止酒质变坏，使之保存较为长久的时间。

这一点在《北山酒经》中记载得比较详细，该书下卷《火迫酒》一节讲：取清酒，三五日后，根据酒的多少再取瓮一口，先洗刷干净，用火烘干。在瓮底旁钻一小孔，用柳屑子塞住，注酒于瓮，另入黄蜡半斤，用油单纸将瓮口封严。找一处不通风的干净小屋，置瓮其中，下垫数层砖块，四周围炭，然后点火加热。经过七日，便可取出酒瓮，再过七日即能饮用。取酒时，用细竹竿裹少许棉絮，慢慢抽塞子，以器承之，再用棉头蘸除瓮底的杂物。

另有《煮酒》一节称：凡煮酒，每斗入蜡二钱，竹叶五片……置于甑中（第二次煮酒不用先前的汤，要新取冷水来做），然后点火，待酒香弥漫，酒液溢出倒流时，揭盖观察，若酒液滚沸即可。灭火良久才能取下，置于石灰中，切忌频繁移动。

图 4-2　西夏黑釉剔花大罐

由以上还原的酿酒过程可以推测使用到的酒具与第一阶段几乎无异，主要有蒸熟物料所用的陶鼎，发酵用的大陶尊或陶缸，过滤用的滤缸，贮酒所用的容器，以及后期煮酒和火迫蒸酒过程中使用的器皿陶瓮或陶甑。香港收藏家杨永德收藏的西夏黑釉剔花大罐很有可能就是制作火迫蒸酒时使用的酿酒具（图4-2）。

3. 第三阶段——蒸馏酒的出现

蒸馏酒的出现是这一阶段的标志。关于蒸馏酒出现的时间，学界争论不一，还没有完全确切的说法。有一种说法是元代时出现蒸馏酒，即高酒精度的烧酒，也是目前最常见的白酒。李时珍在《本草纲目》卷二十五中有一段记录："烧酒非古法也，自元时始创其法，用浓酒和酒糟入甑，蒸令汽上，用器承取其滴露"。每当一项技术或设备出现，往往成为生产力前进的里程碑。因此，蒸馏设备的出现是蒸馏酒出现的必要前提。蒸馏器的使用不但提高了酒精度，更重要的是提供了新的生产方法。

元朝朱德润有一篇《轧赖机酒赋》，描写了当时的蒸馏器和蒸馏方法："观其酿器，嵩钥之机。酒候温凉之殊甑，一器而两圈，锅外环而中洼，中实以酒，仍械合之无余。少焉，火炽既盛，鼎沸为汤。包混沌于郁蒸，鼓元气于中央。薰陶渐渍，凝结为炀；瀹渤若云，蒸而雨滴；霏微如雾，融而露瀼。中涵既竭于连煨，顶溜咸濡于四旁。乃泻之以金盘，盛之以瑶樽。"这段文字生动再现了蒸馏器设计的基本原理，是利用酒成分沸点和冷凝的"温凉之殊"。作为蒸馏器的甑，其结构分为"两圈""锅外环而中洼"，外是冷却器，中是汽管。酒汽入管经冷却成液，故"中实以酒"设备切合很密致。至于方法，关键要把握温度。"少焉，火炽既盛"就是讲火候，待酒醅出蒸汽以"混沌"之态鼓入汽管，火候就适宜了。"薰陶渐渍"指酒汽凝结成酒滴了。

考古发掘的蒸馏工具，最早可追溯到商代，只是并没有发现用于蒸馏白酒的记录和证据。下面列举部分考古发掘中的蒸馏工具。

商代青铜汽柱甑（图4-3）出土于妇好墓，呈圆形盆状，敞口，沿面有凹槽一周，可与它器吻合，腹附双耳，凹底。甑内正中竖立一圆筒形透底汽柱，柱顶作四瓣花朵形，中心呈苞状凸起，周身有四个瓜子形镂孔。汽柱稍低于甑口；器高15.6cm，口径31cm，重4.7kg。

图4-3　商代青铜汽柱甑

与其他通常用作普通蒸制食物的甑不同，考古学家推测该汽柱甑可能是用于蒸制流质或半流质食品，更有可能是蒸馏酒的器具。

1956年，上海博物馆从废铜中捡出一套汉代青铜蒸馏器（图4-4）。该蒸馏器由一甑一釜组成，甑和算呈网格状，在其上方从甑壁上斜伸出宽2.6~2.9cm的一周分隔板，隔板的内侧（下方）形成一个"储料室"，外侧（上方）形成承滴汇流槽，有一圆形管从槽底通向甑外，甑与釜以子母口对接，釜肩有一圆形注管。甑与釜各有一对圆环捉手。甑上有聚集蒸馏液的排流管，釜上有加注蒸馏液料的小管。

1975年，安徽天长县黄泥乡汉墓中也出土了一件几乎一模一样的青铜蒸馏器，而且还有原配甑盖，盖为圆顶，周边有槽，槽上有一沟，可以释放冷却水，是现存年代最早而又完好无缺的青铜蒸馏器。

图4-4　汉代青铜蒸馏器

虽然考古学家根据出土的蒸馏工具推测蒸馏酒可能起源于东汉，但是四川汉代画像砖"酿酒图"中未见到蒸馏装置，只是一幅酿酒或卖酒的图景。东汉的众多酿酒史料中，也没有找到任何有关蒸馏酒的踪影，缺乏文献资料的佐证，因此这种观点并没有被广泛接受。

1975年12月，河北省青龙县西山咀村南金代遗址的窖穴中出土了青铜烧锅。该烧锅由上下两个分体组合而成，上件为冷却器，下部有一排水口，用于冷热水的置换；下件为蒸锅，在酒槽上部有一出酒口，用以排出酒蒸汽冷凝后汇入酒槽的酒。这是目前发现我国最早的蒸酒制酒工具，从发酵制酒蒸馏分离得高酒精度的烧酒，是我国制酒技术上的一个飞跃。

1998年8月被发现的水井街酒坊遗址（图4-5），原为成都全兴酒厂的曲酒生产车间。挖掘现场发现了10余处不同时代的酒窖、晾堂、灶坑、蒸馏器基座、灰坑、路基、木柱及柱础、墙基等遗址，并出土了大批瓷器、陶器残片、兽骨及其他遗物。从发掘出土的物件分析，当时已形成完整的酿酒技艺：经窖池发酵老熟的酒醅，酒精含量还非常低，需要经过进一步蒸馏和冷凝，才能得到酒精含量较高的蒸馏酒。在传统的固态发酵法白酒生产中，采用俗称"天锅"的设备来完成蒸馏、冷凝任务，一般是在炉灶上放一口"地锅"，安置甑桶和"天锅"冷却器，再配以冷凝管道和承接容器（遗址发掘出土的有石盛酒器）。通常在甑桶内装入发酵成熟的酒醅，用灶火加热进行蒸馏。同时，在"天锅"内注入冷水，并不断更换，使汽化的酒精遇冷凝结成液体，从而达到提升酒精含量和形成白酒香味的目的。

图4-5　水井街酒坊遗址

2002年6月，江西省进贤县李渡酒厂在厂区内进行厂房改造时，发现一个面积约1500m²，距今约800年前的特大古代烧酒作坊遗址（图4-6）。发掘出的遗址包含有横跨元、明、清至近代的炉灶、晾堂、酒窖、蒸馏设施、墙基、水沟、路面、灰坑等，从考古角度完全能说明中国古代烧酒生产的工艺流程。

图4-6　元代烧酒作坊遗址

遗址中的水井位于场地内，便于取水，同时遗址内还分布有水沟，方便排水；晾堂宽敞，利于通风且干湿度适中，既有利于地面培菌，又便于操作；炉灶由于灶基较大，甑的容量也很大，故酒精度高，酒质好；烟道设在灶膛两侧，除排烟外，还可以减少热损失，使热能得以充分利用。

三、古代酒器

1. 古代酒器发展简史

由于酒在中国古代社会中扮演着重要的角色，所以酒器也就备受重视，地位尊崇。也正是由于其作用特殊，古代酒器种类繁多，形态各异。

学者们一般把我国古代酒器的发展历史分为五个阶段。

（1）第一阶段　新石器时代至夏代，流行陶制酒器，以鬶、盉、杯、壶、罍、爵为主要器类，出现铜、漆酒器。

（2）第二阶段　商代至西周，流行青铜酒器，主要器类有爵、鬶、觚、斝、壶、尊、彝、罍、瓿等。此外，也有使用陶酒器的，如商代晚期以陶觚、爵为主的酒器组合，还有原始瓷尊、瓷觚、漆鬶和象牙杯等。

（3）第三阶段　东周至秦汉，以青铜酒器和漆器酒器并重。青铜酒器主要有壶、鉴、缶、尊、罃、钟、钫等，另外还有著名的青铜合卺杯；漆酒器主要有耳杯、樽、卮、扁壶、钫、鬶。青铜酒器和漆酒器的消长关系是青铜器逐渐衰微，漆酒器日益兴盛。另外，还有少量金、银、玉、瓷、玻璃、象牙等酒器，器型多属杯、卮、壶之类，陶酒器仍有存在。在这一时期，还出现了各种娱酒器，主要有箭壶、骰子等。

（4）第四阶段　魏晋至隋唐时期，瓷酒器日渐发达，包括有壶、尊、各式酒杯、注子、温碗等，玉酒器逐步繁荣，主要是耳杯、杯盏等。除瓷酒器和玉酒器主领风骚外，金、银酒器也羽翼渐丰，争奇斗艳，器型主要以壶、盏、杯为大宗，漆酒器迅速败落，黯然失色。

（5）第五阶段　宋元至明清时期，瓷制酒器普及，主要器形有经瓶、梅瓶、执壶、温碗、高足杯、压手杯等，金、银、玉酒器光彩不减，器型主要是饮酒器和注酒器，如杯、盏、执壶等，除此之外，还有温酒器和娱酒器等，如金温酒锅和箭壶。玻璃酒器在清代虽有所发展，却仍不为大众所奢望，器型主要是酒杯。

2. 古代酒器的造型与装饰艺术

饮酒是生活中一种高层次的物质和精神享受，所以酒器在造型和装饰上比其他饮食器具要精致得多。几乎从酒器一出现，人们就十分注意酒器的造型和装饰。

早在新石器时代，便有了仿造动物形象而制作的肖像形酒器，如仰韶文化的鹰形陶尊、人形陶瓶，大汶口文化的狗形和猪形陶鬶，良渚文化的龟形和水鸟形陶壶等，均生动逼真，别有情趣。新石器时代陶酒器在装饰上也颇为讲究，或绘以色彩瑰丽的彩色花纹，或雕刻神秘奇怪的动物或几何纹图案。用高岭土制作的白陶鬶，洁净坚实，雅致宜人；而经特殊工艺烧造的黑陶罍，黑亮如漆，光鉴照人；蛋壳陶杯，胎薄体轻，鬼斧神工，堪称瑰宝。

商周时期以青铜器为大宗，其他酒器如陶酒器、原始瓷器、象牙器和漆器则为辅助。商周时期的青铜酒器，谱写了青铜雕刻艺术史上的辉煌篇章。

首先，肖像形青铜器取材广泛，造型优美，但凡生活中常见的动物，如马、牛、羊、豕、虎、象、兔、鸮、鸳，甚至日常罕见的动物造型，都被用作青铜尊的铸仿原模，而且模仿准确，刻画细腻，惟妙惟肖。驹尊生动活泼，羊尊清纯吉祥，豕尊雄浑奇健，虎尊威猛壮观……兽形铜觥，则往往融合多种动物于一体，亦兽亦鸟，神奇诡秘。著名的虎食人铜卣，不仅人兽逼真，而且内涵丰富，把青铜雕塑艺术发展到表现社会现象乃至故事情节的高度。

其次，商周青铜酒器的装饰艺术更是丰富多彩。商代晚期和西周初年，青铜酒器上的花纹图案务求精细繁复，不惜工本，从平面装饰到立体装饰，花样迭出。其中著名的龙虎尊和四足方体盉等，成功地运用了阴刻、浅浮雕、高浮雕及圆雕等多种艺术形式，使之豪奢华丽，堪称一绝。图案以狞厉诡秘的饕餮（以龙为主体）为大宗，一派严肃规整之气，极少轻松活泼之风。西周后期的青铜酒器，则由继承商代和西周初年的艺术成就，逐渐转向追求活泼明快，流畅奔放之艺术效果的新风尚。几何形花纹异军突起，陕西出土的颂壶把这种崭新的艺术风格发挥得淋漓尽致。到东周时期，图案更加具象，有的直接附加与实际存在的动物完全一样的饰件，如河南省新郑的莲鹤方壶上的鹤鸟，就与真的鹤鸟无异。东周至秦汉的青铜酒器，不但承袭了商代和西周时期流行的肖形铜器的习惯，而且也继承了西周青铜装饰艺术的新格调，图案内容倾向世俗化，建筑、人物、鸟兽、花卉等皆在表现之列，且已具象化。

东周及秦汉时期的漆酒器，在花纹图案方面有独到的艺术成就。有的花纹描绘细致，栩栩如生，有的似行云流水，优雅畅快，而其色彩的调配，则力求对比鲜明，豪爽热烈。还有瓷器具，由于制作质量较差，被称为"原始瓷"。较为成熟的瓷酒器产生于汉代，造型浑厚凝重，釉色沉而不浮，花纹疏朗典雅。汉代以后的瓷酒器，造型由雄浑转秀丽，由凝重到灵巧；釉色千变万化，似玉类冰；图案内容丰富多彩，典雅的贴画、奔放的舞蹈、醉人的诗篇、脍炙人口的典故、生动活泼的动物，都可成为装饰图案。釉彩方式各不相同，有釉上彩、釉下彩、青花、斗彩，五光十色，让人目不暇接。

唐宋金、银酒器，开创一代新风，一派大国盛世气象，生活气息浓厚。造型略显单一，重视器体上的图案花纹，如花卉鸟兽，情趣盎然；驰马射猎，场面壮观；人物故事，形象生动。在艺术风格上追求豪华与典雅，凡龙、凤、龟、鱼、天马、神鹿、孔雀、鸳鸯、鹦鹉、鸿雁、牡丹、莲花，都是金、银酒器装饰图案的突出主题，一派祥和、富足和强盛之气，充分体现了大唐盛世的社会状况。

元明清时期，主要以瓷酒器和金、银酒器为主，大国精神渗透其中。上层社会饮酒者所用的瓷器和金、银器，有的诗文墨彩，高尚典雅，有的金玉珠宝，极尽奢华。平民百姓的酒器则平素无华，表现出百姓恬淡和无争的心态。

3. 古代酒器概况

（1）史前酒器　早在公元前 6000 多年的新石器文化时期，已出现形状类似于后世酒器的陶器。随着酿酒业的发展，饮酒者身份变化等原因，使得酒器从一般的饮食器具中分化出来。酒器形状质量的不同，往往成为饮酒者身份高低的象征之一。专职的酒器制造者也应运而生，因制造过程温度差异，造型艺术的不同，需求功能的区别等，使得陶酒器呈现多样化的发展趋势，而且几千年来一直沿袭至今。

陶酒器，从陶色上可分为彩陶、灰陶、红陶、白陶、黑陶等；器形有壶、尊、鬶、盉、罍和蛋壳黑陶杯等。新石器时代不同地区的考古学文化之间差异较大，地方特色均较浓厚，表现在陶酒器的器形和组合上也各不相同。山东地区以背壶、兽形鬶、彩陶盉、磨光黑陶罍、圆底大口尊、蛋壳黑陶高柄杯、带盖高柄杯、蛋壳彩陶碗等为代表；中原地区以长颈陶鬶、陶盉、单柄杯、高领尊等为代表，斝、爵也已开始萌芽；以崧泽文化和良渚文化为代表的东南地区多以长颈陶鬶、肖形陶盉、禽鸟纹双耳壶为代表。另外，在西北地区和长城沿线地区出土的酒器，彩绘陶酒器十分丰富，酒器形态多以罐、壶、杯为主，具有极为浓厚的地方色彩。

除了陶酒器之外，该时期很有可能还有竹木类酒器、兽角器和植物果实的硬壳（如匏），甚至还有以动物头型做成的酒器等。因为它们的材质不易保存，经过数千年的侵蚀，早已回归大自然了。

史前时期总的生产力水平较为低下，美酒对于一般平民来说是一种不可多得的奢侈品，而较为精美的酒器也多出现在大型墓葬中。如大汶口墓地第十号墓中出土的两件装饰华丽的彩陶背壶，是大汶口文化中仅见的酒器；带酒神陶纹的大尊口出土于山东莒县凌阳河第十七号墓，该墓是一座大型墓葬，还随葬一百六十五件陶器，其中温酒和斟酒器有鬶十四件、盉五件、喝酒器镂孔高柄杯四十六件、高柄杯三十六件，这两种高柄杯均按一定顺序密密麻麻地压在墓主人的身上。这些现象反映出史前时期人们对酒的重视和珍爱，以至于这些文化中最具辉煌光亮的创造物都与酒密不可分，制作难度大、造型精美的器物，几乎都是酒器。富有的人生前以拥有最多的酒器为荣，死后也要尽可能多地把它们带在身边，以期在另一个世界中也能豪饮狂喝，斗强争富。

史前时期的酒器虽然经历了风雨岁月的洗礼，但是与整个动态的中国酒文化史相比较，还只能说是"初入酒乡"。史前时期的整个酒器家族，虽也盛、温、斟、饮齐全，但器形上似乎还没有完全脱离大自然，显得淳朴可爱，散发着泥土的气息。

下面是史前酒器的几个典型代表。

大汶口文化兽形灰陶鬶（图4-7），1974年出土于山东省胶州市三里河遗址，泥质灰陶，兽首前伸上昂，双耳立耸，张口露齿，双目前视，体较肥，四肢粗壮，从后部看，应有尾，现已残失，尾下有凸圆形肛门及雄性生殖器，背上有圆柱形器口，口后有环形宽带鋬，两侧饰锯齿纹。整个造型合理美观，是三里河遗址出土陶器中较精美的一件。

山东地区出土的史前陶鬶，残片上偶有残留水垢，可以看出，陶鬶可能是一种温酒器，温完酒之后，则可直接斟入饮酒器中。因此说，陶鬶可能具有温酒和斟酒两种功用。这件兽形灰陶鬶可能是一种以斟灌为主，兼具温酒功能的酒器。

图4-7 大汶口文化兽形灰陶鬶

鱼鸟纹葫芦瓶从陕西省临潼县姜寨遗址出土（图4-8）。泥质红陶，口部呈杯状，器身瘦长，小平底，造型类似一只葫芦，腹部两侧各附一耳，耳上穿有一小孔。通高29cm，口径3.5cm，底径6.5cm。口部遍涂黑彩，颈部以下用黑彩绘有复杂的鸟纹和鱼纹组合图。在腹部的两边，各绘上下两组鸟纹，鸟均只绘头部。上部的鸟头被圈在一个方框内，头上方有一

图4-8   仰韶文化鱼鸟纹葫芦瓶

带倒刺的弧线，嘴朝向杯口；在鸟嘴的下方，绘有一个鱼头，鸟似在啄这个鱼头。下侧的鸟也在一个方框内，嘴朝向瓶底。

葫芦形瓶是仰韶文化的代表性器物之一，大多用细腻的陶土塑造而成，外表多呈红色，也有个别的是泥质黑陶。造型多样而美观，器身分两部分，上大下小，形似口小腹大的葫芦。葫芦瓶在史家类型的遗址中均有出土，且数量庞大，仅次于钵，说明其是日常生活中最常用的一种器物。推测它可能兼具盛器和饮器两种用途，即可装水装酒，也可用来喝水饮酒。腹部深而大，便于装东西；口部小而圆，便于饮用；器身上下部分之间有向内凹的细腰，有些在下腹部还有两耳，便于捉握和携带，以便随时品尝。所以，古人总是把葫芦和葫芦形的器物与酒联系到一起。商代的甲骨文中的"酒"字是一个类似于葫芦的图案，后世的道士和仙人的腰间往往系着一个酒葫芦，葫芦不仅是酒器，而且还成了一种法器。

（2）夏、商、周酒器   夏、商、周三代时期是我国古代礼制的成熟期，也是中国古代礼制最为规范的时期。"礼以酒成"，无酒不成礼，因此，夏、商、周时期也是我国酒礼最复杂、酒与政治结合最为紧密的时期。伴随着酒礼制度，酒器也迅速发展，青铜酒器也就成为夏、商、周三代青铜文明中最为辉煌的文化。

夏王朝继承了原始社会数千年的酒文化积淀，又进一步发展了酒文化。夏朝的酒器主要是陶器和青铜器，少数为漆器，器形有陶觚、爵、尊、罍、鬶、盉、铜爵、斝和漆觚等。

商朝酒器发展较快，品类迅速增多，以陶器和青铜器为主，少量原始瓷器、象牙器、漆器和铅器为辅。器形有陶觚、爵、尊、罍、鬶、盉、斝，铜觚、爵、尊、罍、卣、斝、盉、瓿、方彝、壶、杯子、挹等。原始瓷器主要为尊，象牙酒器仅为杯子一种，漆器保存不好，可辨器形者有漆觚和杯子等。在商王武丁的妻子妇好墓出土的近200件青铜中，各种酒器就占了70%，而且大多是成双成组的，其中包括体态生动的鸮尊，纹饰精美的觥觥等。

西周早期酒器无论器类和风格都与商代晚期相似，中期略有变化，晚期变化较大，但没有完全脱离早期的影响，仍以青铜器为大宗，原始瓷器略有发展，漆酒器品类较商代前期为多。在北京房山琉璃河西周燕国贵族墓地中出土的漆罍、漆觚等酒器，色彩鲜艳，装饰华丽，器体上镶嵌各种形状的蚌饰，是我国目前所见最早的螺钿漆酒器，堪称西周时期漆酒器中的珍品。

东周时期的酒器中，漆器与青铜器并行发展。青铜酒器有尊、壶、缶、鉴、扁壶、钟等，漆酒器主要有耳杯、樽、卮、扁壶，另有少量瓷器、金、银器，陶酒器较少见，已经逐渐退出历史舞台。

夏、商、周三代的酒器以青铜酒器为主，种类繁多，造型奇特。当时的酒器不仅仅是一般日用品，还是重要礼器，是礼制文化的体现，青铜器的纹饰、造型和铭文对后世的书法和雕刻艺术带来了重大影响，是中国古代文化艺术史的重要组成部分。

表4-1为商朝时期青铜器酒器种类。

表 4-1　　　　　　　　　　　　　商朝时期青铜器酒器种类

类别	名称	图示	说明
煮酒器	斝		烹煮器，在祭祀、宴飨中作温酒器，是一种礼器
	爵		下部有三足，既是煮酒器，也是温酒器，也可用作斟酒器
盛酒器	壶		酒壶，从远古到现在，一直被人们用来盛酒，长颈大腹
	方彝		彝的形状单一，都是方形的，上方有屋顶型的盖子
	觥		觥是一种牛角杯，一般是鸟兽形
饮酒器	觚		觚是饮酒器也是礼器，样式和今日的玻璃杯相似

续表

类别	名称	图示	说明
饮酒器	觯		和觚一样,既是饮酒器也是礼器;有的有盖,腰腹粗大,器身为圆筒形
	杯		杯可作饮酒器、盛羹器、盛水器,多为圆形或椭圆形
贮酒器	罍		大型贮酒器
	瓶		瓶、壶、杯自古至今都是我们使用的器皿

下面是夏、商、周时期酒器的典型代表。

图4-9　二里头文化黑陶象鼻盉

黑陶象鼻盉（图4-9）1984年出土于河南省偃师的一座墓葬,泥质灰陶,顶部似象头,眼、鼻、口皆形象齐备,长长的鼻子用作器流。宽带状鋬,连接器顶与器腹。长颈,广肩,下腹急收,假圈足较高,小平底。通体磨光,颈、肩、腹和足饰有多周凹、凸弦纹和指甲线纹。这件象鼻盉制作精致,是历年来二里头文化诸遗址出土文物中罕见的。

与这件黑陶象鼻盉共出土的陶器还有十件,皆精工制作,不同凡响。其中,有六件酒器,有饮酒器陶觚两件,陶爵一件,斝灌器封顶盉一件,象鼻盉一件,盛酒器胆式壶一件。这套酒器,盛、斟、饮功能齐全,堪称二里头文化时期平民使用的"酒器全家福"。

四羊方尊（图4-10）是商代晚期青铜酒礼器,祭祀用品,是中国仍存商代青铜方尊中最大的一件,其每边边长为52.4cm,高58.3cm,质量34.5kg,长颈、高圈足,颈部高耸,四边上装饰有蕉叶纹、三角夔纹和兽面纹,尊的中部是器的重心所在,尊四角各塑一羊,肩部四角是四个卷角羊头，羊头与羊颈伸出于器外，羊身与羊腿附着于尊腹部及圈足上。同时，方尊肩饰高浮雕蛇身而有爪的龙纹，尊四面正中即两羊比邻处，各一双角龙首探出器表，从方尊每边右肩蜿蜒于前居的中间。

图4-10 商代四羊方尊

据考古学者分析，四羊方尊是用两次分铸技术铸造的，即先将羊角与龙头单个铸好，然后将其分别配置在外范内，再进行整体浇铸。整个器物用块范法浇铸，一气呵成，鬼斧神工，显示了高超的铸造水平，被史学界称为"臻于极致的青铜典范"。

（3）秦汉至南北朝时期酒器 公元前221年，是中国历史上关键的一年。这一年，嬴政统治下的秦国完成了先后翦灭东方六国的战略，从而结束持续数百年的诸侯纷争割据局面，一统天下。中国酒文化史也随之揭开了新的一页。

自秦汉至南北朝时期，是中国古代历史上较为复杂的一段时期。连年战争造成的动荡不安的时局，使人们的思想极为活跃，使得魏晋南北朝时期成为继东周之后的又一个思想开放的高潮期。南京市西善桥东晋墓中出土的刻砖壁画《竹林七贤图》，将这一时期嗜酒文人的神态描绘得惟妙惟肖。此时的诗文、绘画、雕塑、建筑等都发生了很大的变化，这些变化在秦汉至魏晋南北朝时期的酒器上，表现得尤为深刻。

秦汉时期，大体承继了东周遗风，青铜酒器和漆酒器并重发展，北方更着重青铜酒器，如中山靖王刘胜墓中出土的大量青铜酒器，镶金错银，嵌入绿松石等，极尽奢华；南方则更着重漆酒器，如马王堆一号汉墓出土的大批漆器，彩绘鲜艳，花纹飘逸洒脱，富有神秘感，堪称漆酒器中的极品。除青铜酒器和漆酒器外，还有少量金、银、玉、瓷、玻璃、象牙等酒器，陶酒器仍有存在，多为大型贮酒器，如刘胜墓中出土的大陶酒海。

到了西汉末年和魏晋时期，青铜酒器逐渐衰微，漆酒器日益兴盛。从酒器的装饰艺术风格来看，青铜酒器对东周遗风继承较多，但也已向活泼实用的方向发展，尤其纹饰制作偏向于纪实和具象性，神秘感减弱。如满城汉墓中出土的鸟篆文铜壶、青铜合卺杯和嵌琉璃铜壶等酒器，错金镶银，珠光宝气，极尽富丽华贵之能事。漆酒器则有较多的创新，尤其是花纹装饰方面，大多倾向于使用单纯的艺术性或图案性的线条来构绘图案，与生活好像还有一段距离，如长沙马王堆一号汉墓出土的漆画钟、漆画钫和耳杯等，皆绘以飘逸洒脱的线条构图，并无实际意义，似乎仅给人一种意念性的感觉。在这些酒器上皆有记铭其用途，与墓中出土的遣策恰合如契，均为两汉时期漆器的代表之作。

魏晋南北朝时期，由于连年战争，社会财富积累较少；在当时老庄思想的影响下，面对国家现状而无能为力的众儒生们逃避现实，饮酒清谈，常为"散发裸身之饮"。他们并不过多地讲究酒器的华丽与否，只要有酒即可，"惟酒是务，焉知其余？"竹林七贤之一刘伶的酒赋名篇《酒德颂》说："捧罂承槽，衔杯漱醪，奋髯箕踞，枕曲藉糟，无思无虑，其乐陶陶。"正是当时儒生清饮的真实写照。在这样的社会背景下，薄葬之风盛行，就连王室、皇戚也不敢过分违背潮流。因此，考古发掘中很少有名贵精美的酒器出土。但从仅有的一些酒器来看，魏晋南北朝时期基本以瓷酒器为主，器形包括壶、尊、杯、注子、温碗等，如后发掘出土的鸡首壶、瓷扁壶、青瓷莲花尊、飞鸽瓷杯等皆具明显的时代特征。除瓷酒器外，还有少量玉酒器，但漆酒器迅速败落，风采不再。总的造型风格越趋生活化，如 1975 年冬在河北赞皇县发掘的北朝东魏李希宗墓中出土的一套酒器，包括盛酒、温酒和饮酒三种功能的酒器，均做工精良，小巧玲珑，明显为家庭实用型酒器；又如北齐范粹墓出土的胡腾舞扁壶，将生活味十足的胡腾舞形象塑造在酒器之上，颇有开创之功。但在装饰图案上也不乏蕴涵着飘逸洒脱之风，不拘一格之气，颇有"竹林七贤"之味，也可代表这一时代的新风尚。

下面是秦汉至南北朝时期酒器的典型代表。

西汉青铜合卺杯（图 4-11）于 1968 年出土于河北满城西汉中山靖王刘胜之妻窦绾墓中。合卺杯，是古代婚礼上用来喝交杯酒的专用杯子。此杯是两个高足铜杯的联合体，杯为圆形，通高 11.2cm，浅腹，高足上部呈竹节状，下部为喇叭口形。在二杯之间，有鸟兽各一。鸟在上，长颈，口衔玉环，双翅伸展，腹与二杯连接，鸟足立于兽背上。以错金、嵌绿松石为主要装饰方式。每件杯腹外壁及高足上镶嵌大小圆形和心形绿松石十三颗，鸟身上也嵌两颗绿松石。这件特殊的青铜酒器造型生动活泼，结构对称平衡，装饰华美瑰丽，当为刘胜与窦绾的结婚纪念物，体现了西汉初年人们重视喝交杯酒的思想观念，是一件极为罕见的艺术珍品。

1972 年漆耳杯出土于湖南长沙马王堆一号汉墓中。马王堆一号汉墓中共出土 90 件形状相同、大小各异的漆耳杯。其中，有 50 件题款为"君幸食"，40 件题写"君幸酒"。"君幸酒"杯（图 4-12）均为木胎斫制，椭圆形，侈口，浅腹，月牙状双耳稍上翘，平底。内壁朱漆，外表黑漆，纹饰设在杯内及口沿和双耳上。这 40 件耳杯可分成大、中、小三种型号。中型杯有 20 件，杯内红漆衬地，上绘黑卷纹，中心书"君幸酒"，杯口及双耳以朱、赭二色绘几何云形纹，耳背朱书"一升"，器形线条圆柔，花纹流畅优美；大、小型杯各 10 件，大杯无花纹，小杯两耳及口沿朱绘几何纹，大小杯皆有"君幸酒"字样，大杯耳背朱书"四升"。

图 4-11　青铜合卺杯

图 4-12　君幸酒漆耳杯

四神温酒炉（图 4-13）出土于陕西省西安市东郊国棉五厂西汉墓，全器由耳杯、炭炉和底盘三部分组成。炉身上部为椭圆形，四壁雕镂四神：两侧壁为朱雀、白虎，两端壁为青龙、玄武。炉口长 12.3cm，宽 7.5cm。口沿上有四个支钉，铜耳杯恰好嵌置在支钉上；炉身下部呈长方形，曲柄，炉底有火箅；炉下四足雕成侏儒形，反手共抬炉体；底盘呈圆角长方形，浅腹，无纹饰；曲柄安装在炉体下部，柄长 10.5cm；耳杯为椭圆形口，窄耳微翘；杯炉套合后通高 11.5cm。这套铜器是用来温酒的，把燃烧的炭火放在炉内，杯中添酒，即可加热。四神镂孔可散烟拨火，底箅可通氧助燃，并随时从这里清除炭灰，灰盘是专门接盛灰渣的。其设计科学、卫生、方便、实用。

秦云纹高足玉杯（图 4-14）呈青色，高 14.5cm，杯身呈直口筒状，上层饰有柿蒂、流云纹，中层勾连卷云纹，下饰流云、如意纹。足似豆形，豆的腹部刻有丝束样花纹，玉杯上方与下方均有水银沁，余下多为黄香沁及铁锈斑。为秦代罕见的佳作。此类高足玉杯，普遍流行于两汉时期，如西汉南越王墓中出土的承盘高足玉杯，和洛阳出土的三国时期魏国的白玉酒杯，在形制上与这件高足玉杯极为相似。这件秦代的云纹高足玉杯就是它们的鼻祖。

图 4-13　四神温酒炉　　　　　　　　图 4-14　云纹高足玉杯

（4）隋唐酒器　经过隋唐长达三百余年的统一，在中国古代文化中形成了自己独有的特色。此时的酒文化也得到了长足的发展，并形成了以瓷酒器为主，金、银酒器为辅的新历史时期。

隋王朝仅仅 37 年历史，还受到修建运河、农民起义的影响。但这个时期出现了"乳白釉""茶沫釉"瓷器，乳白釉，润泽光亮，白中泛黄，是隋朝酒器一大发明。同时也生产出了配套的酒器，如考古出土的隋朝文物就有瓷罐，罐上扣一碗，罐旁有一个小圆杯，这应该就是一套完整的可以自斟自饮的酒器。目前，对隋朝的大墓发掘不多，出土成套酒器更少。1957 年，在陕西西安发掘的隋朝李静训墓中出土了一批精美酒器，像"双身龙耳白釉瓶""金扣玉杯"和"高足金杯"等给人一种清新挺拔的美感，代表了隋朝酒器制作工艺的最高水平。

唐王朝是我国历史上的三彩酒器、瓷酒器和金、银酒器发展的黄金时代。在这一时期，新创制了一种令世人为之惊叹不已的酒器品类——唐三彩。唐三彩是由酱黄、浮白、葱绿三种颜色组成，兼有翠蓝，给人一种既典雅淳朴又艳丽鲜明的美感。用唐三彩工艺烧制出来的"三彩凤头瓷壶"（图 4-15），是具有施绿、黄褐、白等色彩的彩色釉。瓷壶凤头形壶口，凤眼微睁，嘴含宝珠，腹体成杏仁形。

唐朝瓷器中，青瓷和白瓷酒器也颇负盛名。这个时期，青瓷生产进入了一个全新阶段。当时有些地方

图 4-15　三彩凤头瓷壶

出产青瓷极负盛名，分别是今浙江余姚的越州窑、秘色窑，今浙江金华的婺州窑，今安徽淮南的寿州窑，今湖南湘阴的湘阴窑，还有今广东潮安的潮安窑与今江西车城的车城窑，由此可以看出当时瓷业的繁荣。在北方，随着定窑和邢窑两大窑场的出现，唐朝瓷器进入了一个全新的阶段，白瓷制品在这一时期的酒器中大量出现。有人赞颂唐朝白瓷"大邑烧瓷轻且坚，好似美玉天下传。君家白碗胜霜雪，急送茅斋也可怜。"可见唐朝白瓷的制作工艺已经达到相当高的水平。

唐朝的酒器形状变化也很大，椭圆形的杯子被圆形酒杯所取代，而且以瓷器居多。由于唐朝社会经济有了高度的发展，除瓷制品酒器之外，还出现了用金、银制成的酒器。金、银酒器器型丰富，有金杯、金碗、金铛、银杯、银碗、银铛、银盘、银执壶、银羽觞等。以"歌舞伎八棱金杯"为例（图4-16），金杯为八棱形敛口，曲壁、平底，下接外展圈足，杯腹以棱面做成男子浮雕，神态自然生动，指垫两侧各作浮雕状的老人头像，深目高鼻，长髯下垂，有波斯人的长相特色，可看出当时唐朝与世界的交流和相互影响。

现在仅考古发现的金、银酒器还有"仕女狩猎纹八瓣银杯"（图4-17）"狩猎纹高足银杯""镀金牛首玛瑙杯""圈足银杯""平底银杯"，另外还有"掐丝团花金杯""银花鸟纹八棱杯""银花鸟纹高足杯"等。

图4-16　歌舞伎八棱金杯　　　图4-17　仕女狩猎纹八瓣银杯

玉制品一直被中国人民所喜爱，而且玉制酒器对于酒来说，会有一些特殊的口感作用，让酒液更加清冽甜美。唐朝诗人王翰的著名诗句"葡萄美酒夜光杯"中所提到的夜光杯，应该就是用祁连山的玉石琢成的酒杯。直到现在祁连山下的甘肃酒泉仍然盛产夜光杯，成为海内外游客所珍爱的纪念品。

（5）宋辽金元酒器　北宋仍继承了隋唐酒文化的遗风，无论酒器的造型，还是酒器的装饰纹样和饮酒风俗都有所传承，如瓷酒器完全占据酒器的主要领地，官窑、定窑、汝窑、钧窑、哥窑五大官窑以及景德镇等中外知名的窑址，都生产了大批精美的瓷质酒器。其中定窑以白釉、黑釉和酱釉为主，给人以古朴厚重之感；钧窑以玫瑰紫、海棠红为主，色彩鲜丽，给人以清新高雅之感。宋代烧造的瓷器大多以仿夏商周铜器繁复古朴的造型为主，哥窑与弟窑烧制的"冰裂"技术，给人以新奇自然的美妙感受。中外驰名的江西景德镇瓷制酒器，以其规模、种类和技术而成为现代小国瓷器的代名词。器型主要有经瓶、杯盏、温碗注子和倒装壶等。其中倒装壶为前代所未见，是宋代首创之酒器。

在宋代"武功不足，文治有余"的特殊背景下，人们比以前更着重于"穷理尽性"。因此，酒器的造型与装饰，以及饮酒的风俗也与当时的诗词书画一样，不再注重大气、粗犷、慷慨，而是更加着重准确、细腻、韵味以至于新巧，颇有"伫倚危楼风细细""淡烟流水花屏幽"的感觉，如汝窑盘口酒瓶的莹润，"绿如春水初生日，红似朝霞欲生时"的钧窑酒器，官窑的紫口铁足，哥窑的"百级碎"酒器，"粉似玉、白如雪"的定窑执壶和景德镇的影青窑酒器等，皆具鲜明的时代特征，为宋代酒器的代表。

宋代瓷质酒器中现存具有代表性的有江西婺源发现的"影青圆腹瓷杯"，登封窑产的"珍珠地双虎纹瓶"（图4-18）以及"成州窑白釉剔花梅瓶""景青莲瓣形温壶""耀州窑青瓷葫芦形执壶"等。

图4-18　珍珠地双虎纹瓶

明人高濂《燕闲清赏笺》中感叹"宋人制玉，发古之巧，形后之拙，无奈宋人焉"。此时，宋代玉制酒器非常精美。南宋绍兴二十一年（公元1151年），清河郡王张浚向高宗进献了42件玉器，其中就有玉素钟子、玉花高足钟子、玉枝梗瓜杯、玉瓜杯等玉制酒器。

宋代金、银制的酒器也大为发展，不仅上层社会使用大量的金、银酒器，甚至普通的酒楼也有银制的酒器。南宋割地赔偿金人的银酒器多达万两，其中有银瓶、银杯、双鱼银耳杯、梅花形银盏、莲花形银盏等。

辽金等少数民族过着游牧式的生活，其文化也如逐水草而居的生活一样，是不稳定的。开始时适合游牧生活的酒器颇为显眼，如龙把鸡冠壶、葫芦形倒装壶、银马镫壶以及各种瓷扁壶等；后来被汉文化所同化。辽金墓葬中出土的各种瓷质酒器有如青花凤首执壶以及各类经瓶、温酒、注子等，都与宋代瓷酒器风格有较大的延续性，并在此基础上有所发展。

元朝在制瓷方面有突出的贡献，不仅在唐宋制瓷基础上有所提高，其釉彩明亮，瓷器描金，还烧制出了"青花"瓷器（即蓝花），如安徽歙县发现"白釉描金高足杯""卵白釉高足杯"，安徽安庆出土"葵花形瓷盏""淡青釉盏"，河北内丘发现"细白瓷杯"，江西乐安出土"青釉高足杯"，杭州市发现"印白釉高足杯"等。代表这一重要时代特点的景德镇窑出现了空前的繁荣，创烧出了诸如高温颜色釉瓷、卵白釉瓷和成熟青花等新品种，不但釉彩明亮，而且还采用了描金技术，在中国瓷酒器发展史上具有重要地位。除此之外以诗文词句装饰酒器的现象也颇为普遍，大大丰富了酒文化的内容。

当时，具有代表性的瓷质酒器还有"青花八棱执壶"（图4-19）"白釉莲瓣式酒杯""玻璃莲花盏托""青花八棱海水龙纹瓶""玉铁雕桃形杯""玉龙纹活环尊"等。

（6）明清酒器　明清时期，随着商品经济的发达和酿酒产业的兴盛，酒器生产发展很快，是瓷制品酒器发展的鼎盛时期。明初制瓷业以永乐、宣德年间最为兴盛，不论数量还是质量，都达到了前所未有的高度。江西的

图4-19　青花八棱执壶

景德镇发展成为陶瓷业的烧制中心，所烧制的各种白釉、青花瓷器以及酒器，不仅畅销国内，还出口到很多国家，是对外贸易的主要商品，让很多西方国家通过景德镇的瓷器而认识和了解了中国。在制瓷技术上，永乐和宣德年间有很多新的创造。制瓷业的分工已经相当精细，犹如今天的流水线作业。就一件成品酒器的工序来讲，就有澄泥、印坯（又称造坯）、过利、打圈、绘画、过锈、入匣、满窑、拱烧等分工，其中制坯成型一项就要经过七道工序。精细的手工制作，使瓷器精美异常。"斗彩""五彩""冬青"等烧制工艺都负有盛名。"斗彩"由斗绿、红、蓝、黄四种颜色组成，以斗绿、红两种色调为主，给人以赏心悦目的感受。"五彩"和"冬青"等产品，也都别具特色。

明代中期，出现了一种新工艺，即景泰年间创世的"景泰蓝"。景泰蓝制品多为帝王将相、高贵显达用作餐具和酒器，成为中国古代酒器发展史上的奇葩。

图4-20　明成化斗色高士杯

明成化年间，制瓷业有了前所未有的发展，所烧各式酒杯更是技高一筹，被人称为"成窑酒杯"。此时的青花瓷器也颇为引人注目，尤其所绘图案与中国古代绘画艺术融为一体，给人以清淡典雅、明暗清晰的感觉。青花酒器传世颇多，如"成化斗色高士杯"（图4-20）、"葡萄纹杯""人物、山水、兰草杯"，最为名贵。成化年间生产的瓷器，种类繁多，艺术价值很高，有的名为"灰堆杯"，在杯上描绘了折枝花果；"高烧银烛照红妆"，一娉婷美女举灯看海棠红艳；"鸡冠杯"有牡丹盛放，有小鸡母子戏耍觅食。还有"秋千杯""龙舟杯"等多种式样，各有千秋。

除了瓷质酒器外，明代的帝王显贵们对金、银酒器和玉酒器依然钟情不减，爱意有加。明定陵中出土的万历御用金托玉爵杯、金箭壶、合卺玉杯，以及山东明鲁王墓出土的莲花白玉杯，均为明代酒器佳品，就连万历帝孝靖皇后棺内也随葬金温酒锅一只，可见当时人们对饮酒养生之道的重视。

清朝的商品经济有了进一步的发展，特别是康乾时期，社会经济恢复发展很快，各种手工作坊和手工工场的规模不断扩大。作为制瓷业来讲，当时瓷窑很多，几乎可以遍布全国各地。除唐时六大青瓷产地和宋代五大名窑不断地恢复和发展以外，广东石沟窑也崭露头角，卓然而立。其中"景德一镇，僻处浮梁，邑境周袤十余里……绿瓷产其地，商贩毕集；民窑二、三区，终岁烟火相望，工匠人夫不下数十余万，靡不藉瓷资生。"各项工序中的分工之精密远超明代，如画坯工因"青花绘于圆器，一号动累百千，若非画技相同，必致参差互异，故画者只学画而不学染，染者只学染而不学画，所以一其手而不分其心。画者、染者各分类聚处一室，以成其画一之功。"正因为有如此精细的操作水平，人们才制作出来精美瓷器，使之成为人类的瑰宝。

瓷器有"青花""斗彩""冬青""粉彩""珐琅彩""软彩""硬彩""古铜彩"等。色调变化繁复，绚丽多彩。在红、黄、蓝、白、黑这些颜色当中，黄中有柠檬黄、蛋黄、土黄；蓝中有霁蓝、浅蓝、翠蓝；红中有霁红、紫红、玫瑰红、豇豆红；白中有鱼白、蛋白、灰白、草白；黑中有紫黑、灰黑、鹭黑等，确实达到了万紫千红、美不胜收的地步。

康熙官窑产的"青花十二月盅"，盅色近乎于透明，上绘代表各个月所开的鲜花，如三月桃花，六月荷花，九月菊花，腊月梅花等（图4-21）。同治年间青窑产的"粉彩梅鹊餐具"，以及"黄地粉彩开光海棠式茶托"等都是精美上品。现代保存完好的清朝玉制酒器很多，具有代表性的有"玉三羊尊""玉龙耳活环瓿""五龙纹觥""磨花玻璃杯"等。

图4-21　青花十二月盅

金酒器从古代到清末一直是上层社会的专用品，现在保存下来的清朝的金制酒器有很多，其中以"金嵌珠紫花杯盘""金錾龙纹葫芦式执壶""金嵌珠宝'金瓯永固'杯"等最为著名。

清朝的瓷、金、银、玉等质地的酒器有一个明显的特征——极多仿古器。如清宫御用的双耳玉杯、龙纹玉觥、珐琅彩带拖爵杯、铜彩牲耳尊、各类瓷尊、双贯耳瓷壶和天蓝彩双龙耳大瓶等，皆为仿古酒器。清朝仿古酒器盛行，可能与康熙、雍正、乾隆三位皇帝嗜古有关。

明清时期，作为中国文化一个重要分支的酒文化仍然在继续发展，作为酒文化载体的酒器也以其固有的强势，向世人展示着它不朽的艺术内涵和辉煌成就，也许这正是中国酒文化的魅力所在。

第二节　现当代酒具及酒器

一、酒具、酒器的现当代发展

现当代酿酒技术和生活方式对酒具、酒器产生了显著的影响。进入20世纪后，由于酿酒工业发展迅速，流传数千年的自酿自用的方式正逐渐被淘汰，产生了现当代的酿酒工厂。

现当代酒具、酒器，主要包括贮酒容器有桶、罐、坛、缸、池、箱、瓶等；饮酒器有壶、杯等。

桶：作为贮酒用，主要为葡萄酒和啤酒使用，为木制或金属制。

罐：大多为金属制。近代贮酒向大罐发展，容量已达百吨以上，主要用在啤酒、葡萄酒、白酒方面。还有代替瓶装的小罐容器，是用在啤酒和低度饮料酒的包装上的，制作材料用马口铁、铝或铝合金焊接或冲压制成。

坛：大多为陶制。黄酒均采用坛装贮存，也用作散装白酒零售暂贮容器。大坛容量22.5~25kg，小坛2.13~2.25kg。

缸：也为陶制。容量比较大，作为黄酒、白酒生产贮存容器，一般容量有250、350、500kg等多种。

池：多数用钢筋水泥建筑。为配合大容器贮酒，已在白酒等酒种上取得了广泛使用。

　　箱：大多是木材所制，主要用在白酒贮存方面。后因为木材紧张有逐渐被淘汰的趋势，目前所用较多的替代物是瓦楞纸箱。

　　瓶：酒瓶是酒类销售包装容器，它必须能方便贮运、销售、使用，是现当代主要的酒器，形式种类繁多，材料以玻璃和瓷器最为普遍。

　　壶：又称镟子或注子。用金、银、铜或瓷等制成，可作盛酒或温酒器皿。现当代广泛采用的是陶瓷酒壶，由于它密封不严，易于挥发酒气，所以不能长久盛酒，只是在宴会时盛酒使用。

　　杯：又称盅，为饮酒器皿。现当代的酒杯造型多样，制作原料多数为玻璃和陶瓷，也有用金、银、不锈钢、景泰蓝、玉雕等制成。

　　至于"饮什么酒用什么杯"，一般在我国还没有严格要求，只有在重要宴会场合才有粗略区分。讲究酒杯分类并非完全为了排场，也有科学道理，如白酒酒精度高，饮量少，杯型也要小些。啤酒酒精度低，饮量大，杯型就要大些，但由于杯大也要考虑拿用，所以啤酒杯有耳比较合适。香槟酒酒精度也低，是节日欢庆宴会之用，为了观赏美酒清纯的色泽和连珠上涌的气泡，多为广口、足长、新月形的透明玻璃杯。白兰地香气浓郁，碰杯时有清脆响声，增添欢庆愉快气氛，所以采用口小于杯身的郁金香形杯。

　　现当代的酒器通常使用的材质是玻璃和陶瓷。

　　玻璃，在古代中国被称为琉璃、陆璃、颇璃等。我国早在西周时代就掌握了玻璃的融制技术，到春秋战国时期已经出现各种花纹精美、品质纯净的单色或彩色玻璃珠之类的饰品。汉代时玻璃吹制技术从罗马传入我国，能够制造一些器皿。唐宋时期，能够制造玻璃瓶、杯、罐等容器。明代大量生产玻璃制品销往南洋各地，并用半透明玻璃质涂在金属铜胚上，烧制成举世闻名的景泰蓝珐琅器。清代以前的玻璃器物大多是以工艺品问世的，真正作为包装的玻璃器直到清代后才逐渐出现。

　　我国使用玻璃瓶装酒，首开先河的是烟台张裕葡萄酒公司。这家公司是由南洋爱国华侨张弼士先生创办的，已有百余年历史。他们生产的"白兰地""雷司令"等产品在国际上都有名气。他们使用的玻璃瓶为传统的手榴弹造型，酒标精美，注有"1892年"字样，标志着张裕公司已经走过了百余年的辉煌岁月，也标志着我国用玻璃瓶包装酒类产品有着百余年的历史。

　　现代技术的进步，使玻璃瓶增加了许多品种，如水晶瓶、磨砂瓶、瓷质玻璃瓶等。在制作上采用玻璃抛光、玻璃彩饰、玻璃贴花、玻璃移花、玻璃喷花、玻璃印花等先进工艺技术。玻璃瓶的造型也日趋多样化：有造型酷似竹节的竹节瓶，装上黄酒，透过晶莹的玻璃呈现出竹子的本色，给人一种返璞归真的美感；不倒翁瓶，瓶身似花瓣，瓶底圆球形，轻推摇晃不倒，好似一醉汉，情趣盎然；塔瓶，以上海东方明珠塔为原型制作而成，高高耸立，象征着国际化大都市的繁荣；水井坊玻璃瓶，瓶底有凹进去的六个平面，每个平面为一幅古典图画，分别是杜甫草堂、武侯祠、合江亭、水井烧坊、望江楼、九眼桥，制作别致有趣，彰显地方特色。

　　使用玻璃制作酒器成本低廉，可以有效降低酒的销售价格，一度是中国酒类市场的包装主流。但是，随着市场经济的兴起，逐渐富裕的消费者转而开始追求高品质、高端化的白酒产品。酒瓶的包装成本越来越被弱化，材质、外观和档次考究逐渐成为中国酒类考量的重要因素，尤其是白酒包装成为了优先考虑的因素。而陶瓷酒瓶，尤其是极具中国传统特色的艺术陶瓷酒瓶，在观赏性方面的美学优势要远远大于玻璃瓶和塑料瓶。因此，陶瓷酒瓶凭借这种包装优势，开始受到越来越多消费者的青睐。陶瓷酒瓶制作成本高，具有一定的艺术价值，另外制作陶瓷产品的原料属于非可再生资源，因此陶瓷酒瓶在收藏市场受到收藏者的喜爱。

二、设计文化、审美文化与现当代酒器

中国悠久的酿酒历史和发达的酿酒技术，形成了中国源远流长的酒文化。酒业的发展也带动了酒包装的设计和生产，从最初的土罐、陶罐，发展到青铜器、漆器、瓷器、金、银器，到今天的优质陶瓷酒器、磨砂玻璃器、水晶瓶……发生了一系列的变化。

为了适应市场需求，激发消费者的购买欲，当代酒企还把大量的精力集中在酒类销售包装容器和饮酒器皿的设计与创新上。酒企从材质、造型、色彩、审美文化各方面综合考虑，旨在设计符合大众需求的酒器，提升酒产品的文化价值，增加销量。

与国外的酒瓶酒器相比，中国酒瓶独具特色，在设计上，综合考虑材质、造型、色彩、书法图案、历史典故、神话传说等方面，有着丰富的文化内涵和独特的艺术审美魅力。

1. 独具东方神韵的陶瓷酒器

国外酒瓶普遍使用玻璃瓶、水晶瓶，很少有陶瓷酒瓶。中国的酒瓶材质除使用玻璃瓶外，陶瓷瓶占了很大的比例，成为中国酒瓶的一大特色。

陶瓷材料的出现在中国具有悠久的历史，早在原始社会就出现了陶制容器，到唐宋明清时期，陶瓷酒器呈现繁荣气象且居于主流地位，到了近现代，由于新材料新技术的出现，酒瓶的设计开始运用玻璃为主要材质，但同时也采用了大量的陶瓷，承载着传统文化的内容。

作为一种酒容器的材质，陶瓷具有抗氧化、耐久、耐酸、环保、无毒、致密性强等特性，同时具有一定的透气性，在陈酿过程中对酒有很好的催陈效果。陶瓷的渗透性小，密封性能良好，耐腐蚀性强，可以避免酒的挥发和化学反应，加上陶瓷导热慢，可以保持适当的酒温，以一种恒温的状态可使白酒长期贮存而不变质。上釉陶瓷还有造型典雅、釉面光滑、便于拭洗等优点。陶瓷可以是工艺严谨的设计产品，也可以是风格独特的艺术作品。因为陶瓷材质本身的优良属性，注定它是一种完美的酒包装形式，同时，陶瓷本身的灿烂文化内容也注定它会是一种成功的文化载体。用陶瓷承载中国酒的文化特色，势必提升中国酒的艺术品位，凸显中国酒的文化价值，从而以包装设计的方式促进中国酒产业的发展。

陶瓷类容器设计蕴含了传统文化意味，体现了当代设计审美观念。陶瓷系列酒器是在长期的社会发展过程中被创造出来的器物，既是当时人们工艺的呈现，也是当时文化精神和审美理想的载体。正是这一属性，使得陶瓷以一种包装容器承载中国酒文化成为可能。现代酒的陶瓷容器以现代艺术设计的观念为切入点，挖掘中国传统文化资源，结合陶瓷酒类容器造型发展要素，将传统的文化观念注入陶瓷容器设计中，提升中国酒产品的形象。通过陶瓷容器设计赋予中国酒更多的人文内涵，形成丰富的文化内容。

2. 造型奇特传神的酒瓶雕塑

国外的酒瓶大多是圆柱形、方形、椭圆形等，造型较为简单，而中国酒瓶的造型新奇多样，内涵丰富，百花齐放。商周时期青铜器中的肖形酒器如牛尊、虎尊、兔尊、鸭尊……形象刻画细致入微，精准传神，唐代的金、银酒器追求豪华典雅，酒器上装饰龙、凤、龟、鱼、天马、神鹿、牡丹、莲花等造型，彰显大唐盛世的富足。

　　抛开彰显古人智慧和文化传承的造型各异的古代酒器不谈，我国现当代酒器的造型也呈现百花齐放的生动局面。如贵州安酒有一款酒瓶，造型为傩戏脸谱，运用五官的局部变形、眼窝加深、眼球突出、剑眉上挑、厚唇紧闭、头上长角等夸张手法，表现出原始、粗犷、神秘的美；太白醉酒瓶的造型为太白抱着酒杯立在酒坛旁边，双眼微闭，似乎在吟咏诗句，把李太白洒脱狂放的个人特征表现得淋漓尽致；炎帝神农酒瓶，是炎帝神农氏的一尊塑像，手持稻穗，身背摇篮，凝视远方，表现了农耕文化开创者的精神面貌；沱牌生肖酒瓶一套，用12 个陶瓷瓶雕塑成 12 种动物属相，采用写意手法，美在似与不似之间。现当代酒器的造型，归纳起来有下列几种。

　　（1）仿古酒器的造型　　例如五粮液的酿神系列产品的酒瓶造型采用了三星堆青铜人像的造型元素，通过对青铜人面像五官的夸张变异特点的描摹，用拟人化的设计手法将酒瓶设计出了青铜人像的庄重、威严的神态，好似千年的巴蜀酿酒故事也被生动呈现了出来；水井坊的陶瓷酒器的设计模仿了三星堆出土的陶盉的造型和材质，表现了巴蜀地区悠久的饮酒酿酒历史；2004 年，茅台融入中国千年酒文化，推出 10 款"青铜器系列茅台酒"，将远离 2000多年的青铜礼器与享有国酒之尊的茅台进行千年嫁接，首创性地将茅台瓷瓶的功能与青铜器的古典造型合二为一，以创新产品的模式升华了中国酒文化。

　　（2）动物造型　　如龙、象、龟、虎、鱼、鸡、羊、狗、马、凤凰等。

　　（3）名人塑像造型　　如炎帝、舜帝、李时珍、李太白等。

　　（4）古典人物造型　　如红楼 12 钗、水浒 108 将、卓文君、西施、八仙等。

　　（5）民俗吉祥物造型　　如长命锁、八卦图等。人们常常寄情于酒，用酒表达自己内心的喜乐和欢愉之情，而酒瓶作为包装是最直接传递这些信息的视觉形式。国窖 1573·国礼运用了中国传统吉祥物红灯笼作为酒瓶的造型设计，红瓷瓶身上印有寓意吉祥富贵的花纹，显得十分富丽华贵和至高尊崇，这样的设计以特有的艺术魅力激发人们内心积极热烈的情感反响，仿佛能感受到酒瓶传递的浓浓情意。

　　（6）名胜景点造型　　如长城、华表、张家界金鞭岩、贵州红岩天书、杭州西湖三潭印月石塔、湖南韶山滴水洞等。

　　（7）生活用具造型　　如背篓、水车、土车、乒乓球拍、麻袋等。艺术大师黄永玉先生所设计的"酒鬼"陶瓷酒瓶堪称经典。麻袋造型的酒瓶是黄先生根据湘西民族风情设计的，他用紫砂陶将柔软的麻袋凝固起来，以土黄的釉色，结合麻袋的方格纹理。麻袋的形态暗示酒是粮食之精华，产生一种源于生活的亲切感，唤起思乡的怀旧之情，同时兼具古朴粗犷的湘西文化特色。

　　（8）乐器造型　　如小提琴、琵琶、大鼓、芦笙、萨克斯等。

　　（9）军事用品造型　　如土炮、步枪、手雷、子弹头等。五粮液的一个三国酒系列，其瓶盖采用古国使剑柄的造型并加以提炼，瓶身通过对古剑鞘夸张变异的描摹，巧妙地将酒瓶设计出古剑威严凌厉的神态，好似千年的三国文化也生动地浮现在眼前。三国酒产品运用了消费者容易辨识和理解的巴蜀视觉符号，烘托出了巴蜀意境，不仅丰富了巴蜀文化资源，而且对巴蜀文化进行了传承和发扬。

　　（10）古代钱币造型　　如裤币、铜钱、刀币等。

　　（11）现代派造型　　以似是而非的造型，在像与不像之间表现一种创新的思维。

　　中国酒瓶的丰富性、多样性、艺术性，构成了中国酒瓶的艺术特色。

3. 丰富的色彩符号的运用

包装的色彩符号是最具有视觉刺激和最富有情绪感染力的符号。中国白酒包装最常见的颜色是红色、金色、白色、蓝色等，多蕴含喜庆、吉祥、尊贵等寓意。

大红色的"红高粱酒"陶瓷瓶，表现我国西部地区民族的热情奔放、刚强庄重；纯白色的"白沙液"瓶，使人联想到纯洁清澈，仿佛看到透明洁净的白沙水在汩汩流淌；"洋河大曲"选用了国际上堪称"东方蓝宝石"的我国青瓷作为酒器，显得典雅庄重；"土家年酒"为橙色陶瓶，使人联想到夕阳，感到温暖，给人以欢乐的气氛；红花郎的瓶型经过105道工艺精心打磨，特别引进英国低温红，24K沙金烧花，24K亮金压边，瓶型线条流畅柔美，张弛有度，纯正红色，既含蓄又奔放，完美表现了红花郎酒的非凡品味；水井坊的箐翠酒因为融入了竹炭萃取的酿酒工艺，为表现其蜀南竹海的选材和竹文化背景，包装外壳和酒瓶底内凹处采用了翠竹的绿色，在表现酒品柔和净爽特质的同时，也利用色彩和竹叶的纹样，表现了特有的巴蜀竹文化。

4. 荟萃百家手笔的包装书画

中国酒瓶是中国书画家大显身手的地方。书画为酒瓶添彩，酒又给书画增添了浓香的氛围。现当代的酒器设计通常集酒艺、酒史、陶艺、瓷艺、绘画、书法、诗词、雕刻、民俗等于一体，具有丰富的人文精神。

在中国酒包装上，可以看到很多名人名画。如宋河粮液的纸质包装盒上是幅《清明上河图》，细腻的工笔描绘了北宋晚期汴京都市的繁荣。"齐工酒"是纪念国画大师齐白石而酿制的一种白酒，包装盒上印着齐白石的一幅《蟹酒图》，还有齐白石的一首诗，简练传神的笔画，透露了艺术家独特的风采。

艺术大师黄永玉先生所设计的"酒鬼"陶瓷酒瓶包装盒上有黄永玉的一幅画《酒鬼画》，并配有诗："酒鬼背酒鬼，千斤不嫌赘，酒鬼喝酒鬼，千杯不会醉。酒鬼出湘西，涓涓传万里。"这种乡土气息浓郁的酒瓶设计，给酒厂带来了丰厚的经济效益。

许燎原先生在中国白酒包装设计领域占据重要地位。他设计的系列酒瓶繁简相合、拙熟相生，无不体现他对传统文化的领悟以及对天人合一的人文精神的表达。由他设计的舍得酒的酒瓶包装，从传统书法入手，两个书写体的舍得，一"舍"守其褐，一"得"占其白；褐白两色将酒瓶平分，以太极的构图形式变通运用于酒瓶的立体造型中，体现了中国画的知其白守其黑的境界。材质采用了质朴的紫砂陶，更显示出"天地有大美而不言"的朴素的道家审美观。黑中有"舍"，白中有"得"，又是一种人生在世，能屈能伸，知进知退的博大胸怀的体现。

5. 汇集典故传说中的丰富内涵

浏览一下中国的酒器设计，有许多是和历史典故、神话传说联系在一起的，把老百姓熟悉的故事、家喻户晓的民俗风情淡淡地融进酒中，装饰在酒瓶包装上，从而使酒香更醇，更接近生活，让饮者感到亲切和快乐。

煮酒的酒瓶，是仿古尊造型，腰身略细，嵌有两只云朵式耳提，瓶壁上刻有曹操和刘备对饮图，还用隶书刻上曹操煮酒论英雄的名句："夫英雄者，胸怀大志，腹有良谋，有包藏宇宙之机，吞吐天地之志也！"此瓶釉色金黄，古色古香，更衬托着英雄豪气。

"女儿红"酒的命名，是取江浙一带流传的民间故事：传说是女儿刚生下来时，父母要酿一坛好酒埋于地下，待到女儿长大成人，出嫁时把酒挖出来招待宾客以示吉祥。圆球形的青瓷酒瓶，大红颜色的包装盒显得喜庆和谐。

"桂花酒"酒瓶上，绘有吴刚捧出桂花酒的图像。灵感来源于神话传说：月中有桂，树高五百丈，下有一人名吴刚，因学仙有过，谪令伐树。可这是一颗仙树，即砍即合，这是一种永无尽头的处罚。吴刚并不老实，偷偷把树上的桂花摘了下来酿成了美味醇香的桂花酒。

望着黑色粗犷的"水浒"酒瓶，使人想起梁山好汉大碗喝酒、大口吃肉的豪放，想起打虎英雄武松，倒拔杨柳的鲁智深；看到红楼梦酒瓶，让人想起酒香四溢的大观园，妩媚娇艳的十二钗……美酒酿造更赋予浓浓的时代文化，为酒增色，使酒更醇。

6. 科学性创新和文化创意在现当代酒器中的体现

设计作为一种文化活动，是生活方式与生活理想的表达。同时，设计也反映了技术与工艺的发展。现如今去繁从简的环保设计理念越来越深入人心，酒瓶造型也开始从语意的角度加入绿色元素并兼顾到审美需求。许燎原先生自创的白酒品牌"无一物"，取自六祖《坛经》，其整体造型清秀隽美、宛若水晶，瓶身上的山水纹理尽显意境，并运用烫镭射银的技术将许氏书法印作品牌文字，瓶身为玻璃喷涂的珠光黑色瓶。许先生设计的这一系列酒瓶体现了极具韵味的东方主义，将酒瓶自身最原始的形式展示于消费者面前，由简约走向极致，使环保理念和极简主义观得以充分展现。

同样，许燎原先生为四川沱牌酒厂设计的"至尊舍得"酒的容器包装，吸收消化了明代青花天球瓶的造型要素，分别对瓶的口部、颈部与肩部进行了再加工处理，使瓶型更加美观大方，同时也相应增加了内部容量。在造型上重视各部分之间的关系，比例适度，形体之间既有对比又有协调，使其形式更加完美。在装饰上采用传统高档青花瓷技法，金地蓝花的整体面貌以传统祥瑞图案装饰。在技法上采用了难度极高的纯手工浮雕金工艺，更是使用纯度高达99.9%以上的黄金以显尊贵。"至尊舍得"酒的容器包装是传统与现代的结合，它以传统青花瓷为本加以设计创新，使酒瓶本身具有较高的艺术与收藏价值。对陶瓷造型艺术元素进行现当代的艺术设计，将文化融入形式，以形式承载文化，使传统的陶瓷造型艺术在现当代酒类包装设计中再次焕发蓬勃生机。

现当代酒器的设计中蕴含并传承了优秀的中国传统文化，结合企业的酿酒技艺、地区地理特征、地域文化特征、文化理念等进行技术和文化创新，以彰显企业文化，迎合消费者需求，是中国现当代酒文化的一个重要组成部分。

🔍 思考题

1. 说出自己最喜爱的酒器设计，并阐述理由。
2. 铝制酒器是否属于古代常用的饮酒器具？为什么？试述古代常用酒具、酒器材质。
3. 我国首开先河使用玻璃瓶装葡萄酒的公司是哪一家？并简述其发展历程。

第五章 CHAPTER

酒的礼俗

5

酒在几千年的传承中形成了独特的酒礼习俗，给酒印刻上深深的文化烙印。古语有云："非酒无以成礼。"酒礼是关于饮酒的礼仪、礼节，饮酒礼俗具有多重文化意义。这些风俗习惯内容涉及人们生产、生活的许多方面，其形式生动活泼、千姿百态。酒礼，至今仍是人们广泛探讨的一门学问。

第一节　古代饮酒礼俗

一、古代饮酒礼俗的产生和发展

在我国古代，酒被视为神圣的物质，酒的使用，是庄严之事，非祀天地、祭宗庙、奉佳宾而不用。随酿酒业的普遍兴起，酒逐渐成为人们日常生活的饮品，酒事活动也随之广泛，并经人们思想文化意识的丰富，使之程式化，形成较为系统的酒风俗习惯。这些风俗习惯内容涉及人们生产、生活的许多方面，其形式生动活泼、姿态万千。我国悠久的历史，灿烂的文化，分布各地的众多民族，酝酿了丰富多彩的民间酒俗。

饮酒作为一种食文化，在远古时代就形成了一个大家必须遵守的礼节。有时这种礼节还非常烦琐。但如果在一些重要的场合不遵守，就有犯上作乱的嫌疑。又因为饮酒过量，便不能自制，容易生乱，制定饮酒礼节就很重要。明代的袁宏道，看到酒徒在饮酒时不遵守酒礼，深感长辈有责任，于是从古代的书籍中采集了大量的资料，专门写了一篇《觞政》。这虽然是为饮酒行令者写的，但对于一般的饮酒者也有一定的意义。

我国古代饮酒有以下一些礼节。

主人和宾客一起饮酒时，要相互跪拜。《礼记·曲礼》说"侍饮于长者""长者举未釂，少者不敢饮。"意思是说陪侍尊长喝酒，尊长举杯未干，年少的就不敢喝。

古代饮酒的礼仪有四步：拜、祭、啐、卒爵。就是先做出拜的动作，表示敬意；接着把酒倒出一点在地上，祭谢大地生养之德；然后尝尝酒味，并加以赞扬令主人高兴；最后，仰杯而尽。

在酒宴上，宾主之间，则是客客气气，有节有度；主人敬客人酒称"酬"，客人回敬主人酒称"酢"；敬酒时总要说句类似祝您长命百寿的话语，所以敬酒又称"为寿"，普通为寿以三杯为度。客人之间相互也可敬酒（又称旅酬），有时还要依次向人敬酒（又称行酒）。敬酒时，敬酒的人和被敬酒的人都要"避席"，起立，普通敬酒以三杯为度。"卒爵"，也就是"干杯"，这是古人的礼。因为古酒淡薄，干杯不算难事。而干杯，今人每说先干为敬，但古人却是后干为敬。

《礼记·玉藻》说，君子饮酒，饮了一杯，表情肃穆恭敬；饮了两杯，显得温雅有礼；饮了三杯，心情愉快而知进退。这是筵席上礼节的分寸，因为如果酒过三巡犹然不止，量浅的人难免失态。《左传》记载，晋灵公赐赵盾饮酒，埋伏甲兵要攻杀赵盾，赵盾的贴身侍卫提弥明察觉阴谋，急忙登阶入堂，说："臣侍君宴，过三爵，非礼也。"于是扶出赵盾逃难。可见三爵是礼，过了三爵，就可以不受礼节约制而纵饮为欢了。所以曹植诗《箜篌引》说："乐饮过三爵，缓带倾庶羞；主称千金寿，宾奉万年酬。"仪礼中的饮酒，最后也有"无算爵"，意思是说，能喝多少就喝多少，不必计较杯数了。因此《论语》说孔子的饮酒观是"唯酒无量，不及乱。"孔子的意思是只要不酒后失态惹是非，酒爱怎么喝都可以。由以上可见，酒简直成了礼的附庸，虽然也有"无算爵"的豪纵和孔子"唯酒无量"的达人之观，但多半是儒者的自我设限。

敬酒时，敬酒人和被敬酒的人，都要避席起立，席间往往有歌舞助兴。这些古礼堪称源远流长，迄今不衰。《仪礼》中，《乡饮》《乡射》《大射》《燕礼》四篇，都有工歌、笙奏、间歌、合乐、无算乐等节目。也就是说，在礼仪进行饮酒之际，有乐工唱歌、演奏笙曲、唱歌笙曲间隔上场和交响乐大合奏等的演出。无算乐是对无算爵说的，即纵饮为欢之时，音乐也随着尽情地演奏。而宾主筵席，酒酣耳热了，也要继之以舞蹈。

《项羽本纪》记载鸿门之宴，范增要项庄入内敬酒，然后剑舞，趁机杀刘邦于座中。项庄对项羽说："君王与沛公饮，军中无以为乐，请以剑舞。"这时和刘邦约为婚姻的项伯，看情形不对，也拔剑起舞，"常以身翼蔽沛公"，以致项庄始终无法下手。项家叔侄这场武舞，所借的题目正是筵席间助兴为欢。

二、饮酒礼俗及其功能

酒可释怀，酒可示恩，酒可避祸，还可以借酒消除异己。在不知不觉中，简单的饮酒礼俗，充当了政治斗争的媒介和导火索，充分展现了酒礼酒俗的社会功能。

1. 以酒释怀

韩延寿初到颍川，因颍川豪强众多，民众聚朋结党，不好管理，延寿欲更改之，教以礼让，恐百姓不从，乃历召郡中长老为乡里所信向者数十人，设酒具食，亲与相对，接以礼仪，人人问以谣俗，民所疾苦，为陈和睦亲爱、消除怨咎之路。延寿通过饮食放松大家的戒备之心，在宴饮交谈之中获悉民情，同时得到地方长老们的认同和协作。曹操、刘备青梅煮酒论英雄，虽然两人各有各的心思，互相怀疑和芥蒂，但在共饮的时刻，曹操也说出了自己的心里话，今天下之英雄唯使君和操耳。吕布辕门射戟之前备下酒宴，邀请刘备、纪灵，以图和解两军之间的争斗。虽然解决纷争的本质因素不是酒，但酒至少起到缓和气氛的作用。

2. 以酒示恩

用酒来赏赐，是上层统治者笼络下级，施恩示德的常用手段。在鸿门宴上，项羽见樊哙威武勇猛的样子，略有好感，则与斗卮酒，以示对其的欣赏与喜爱。汉初，封赏未定，高祖在张良的建议下急先封雍齿，以示群臣。于是上乃置酒，封雍齿为什邡侯；而急趣丞相御史，定功行赏。群臣罢酒，皆喜曰：雍齿尚为侯，我属无患矣。封侯而置酒，定功而后行封，看来汉代的封赏仪式是要大摆酒宴，昭告全臣的。齐王（刘肥）献上城阳郡为公主汤沐邑，并尊公主为王太后。吕后喜许之，乃置酒齐邸（诸侯王驻京师之地），乐饮，罢，归齐国置酒于齐邸，自然是吕后对齐王的承认与宠爱的表现。汉武帝时，苏武出使匈奴被扣留，单于想尽办法使其投降，后来李陵降匈奴，单于得知他和苏武曾经是朋友，于是使陵至海上，为武置酒设乐希望通过美酒的诱惑和朋友的劝说使苏武降于匈奴。《汉书·王吉传》记载：（昌邑）王贺虽不遵道，然犹知敬礼吉……使谒者千秋赐中尉牛肉五百斤，酒五石，脯五束。汉光武帝曾愍（窦）融年衰，遣中常侍、中谒者即其卧内强进酒食。两汉朝廷给一些功德卓越的官吏赐酒，一方面表示礼遇贤良，另一方面也是恩宠激励的表现。循吏秦彭每春秋飨射，辄修升降揖让之仪。乃为人设四诫，以定六亲长幼之礼。有遵奉教化者，擢为乡三老，常以八月之酒肉以劝勉之。童恢对吏人有犯违禁法，辄随方晓示。若吏称其职，人行善事者，皆赐以酒肴之礼，以劝励之。两位地方官用礼制教化手段，赐以酒食来鼓励百姓遵礼行善。两汉期间皇帝曾多次赐民大酺，另外对鳏寡孤独也屡有赐酒，这也是朝廷笼络百姓，调和阶级矛盾的常用手段。

3. 以酒避难

饮酒属于正常的行为，但是过量饮酒或沉迷于酒不好，众所周知饮酒过量容易误事，酗酒的人给别人的感觉是消极享乐、自我克制力弱，难成大事。陈平曾因为受高祖之命捉拿樊哙，樊哙的妻子吕媭（吕后的妹妹）记恨在心，多次向吕后进谗陈平为相治事，日饮醇酒，戏妇女，吕后听了，没有生气，反而窃喜。曹参为丞相的时候，日夜饮醇酒，下级官吏及宾客见他不务正事，纷纷来劝说，结果至者，参辄饮以醇酒，间之，欲有所言，复饮之，醉而后去，终莫得开说，以为常。陈平、曹参的酗酒都和吕后当政有关，当时吕氏权倾朝野，一些支持刘氏的老臣都不得善终，而他们两位正是跟着高祖打天下的开国之臣，吕后当然是很留意他们的政治趋向。为了自保，他们就用酒来做迷雾弹，以酗酒之名来自污其身。

4. 以酒除异

在残酷的政治斗争中，酒还是消灭异己的特殊工具。鸿门宴就是这方面的先例，范增本想借此宴杀死刘邦，却因为项羽的妇人之仁和刘邦部下的勇敢智慧而失败。成帝时的辅政大臣上官桀与霍光有矛盾，欲反，乃谋令长公主置酒请光，伏兵格杀之。鸩酒也常常是消灭政敌的有力武器。吕后曾多次用鸩酒，仅《史记》上记载的就有对赵王如意和齐王刘肥的两次毒害。武帝去世留下遗命让霍光等三位大臣辅政，卫尉王莽的儿子王忽表示怀疑，说武帝去世时他就在身边，没看到有什么遗命。霍光很生气，狠狠责备了王莽，王莽为了自己的政治生涯，竟然鸩杀了自己的儿子。

第二节　节日饮酒礼俗

中国人一年中的几个重大节日，都有相应的饮酒活动，如端午节饮"菖蒲酒"，重阳节饮"菊花酒"，除夕夜饮"年酒"。在一些地方，如江西民间，春季插完禾苗后，要欢聚饮酒，庆贺丰收时更要饮酒，酒席散尽之时，往往是"家家扶得醉人归"。

一、春节

春节俗称过年。汉武帝时规定正月初一为元旦；辛亥革命后，正月初一改称春节。春节期间要饮用屠苏酒、椒花酒（椒柏酒），寓意吉祥、康宁、长寿。

"屠苏"原是草庵之名。相传古时有一人住在屠苏庵中，每年除夕夜里，他给邻里一包药，让人们将药放在水中浸泡，到元旦时，再用井水兑酒，合家欢饮，使全家人一年中都不会染上瘟疫。后人便将这草庵之名作为酒名。饮屠苏酒始于东汉。明代李时珍的《本草纲目》中有这样的记载："屠苏酒，陈延之《小品方》云：'此华佗方也'。元旦饮之，辟疫疠一切不正之气。"饮用方法也颇为讲究，由"幼及长"。"椒花酒"是用椒花浸泡制成的酒，它的饮用方法与屠苏酒一样。梁宗懔在《荆楚岁时记》中有这样的记载，"俗有岁首用椒酒，椒花芬香，故采花以贡樽。正月饮酒，先小者，以小者的岁，先酒贺之。老者失岁，故后与酒。"宋代王安石在《元旦》一诗中写道："爆竹声中一岁除，春风送暖入屠苏。千门万户曈曈日，总把新桃换旧符"。北周庚信在诗中写道："正旦辟恶酒，新年长命杯。柏吐随铭至，椒花逐颂来"。

二、端午节

端午节又称端阳节、重午节、端五节、重五节、女儿节、天中节、地腊节。时在农历五月五日，大约形成于春秋战国之际。人们为了辟邪、除恶、解毒，有饮菖蒲酒、雄黄酒的习俗。同时，还有为了壮阳增寿而饮蟾蜍酒和镇静安眠而饮夜合欢花酒的习俗。最为普遍及流传最广的是饮菖蒲酒。据文献记载，唐代光启年间（公元885—888年），即有饮菖蒲酒事例。唐代殷尧藩在诗中写道："少年佳节倍多情，老去谁知感慨生；不效艾符趋习俗，但祈蒲酒话升平"，后逐渐在民间广泛流传。历代文献都有所记载，如唐代《外台秘要》《千金方》，宋代《太平圣惠方》，元代《元稗类钞》，明代《本草纲目》《普济方》及清代《清稗类钞》等古籍书中，均载有此酒的配方及服法。菖蒲酒是我国传统的时令饮料，而且历代帝王也将它列为御膳时令香醪。明代刘若愚在《明宫史》中记载："初五日午时，饮朱砂、雄黄、菖蒲酒、吃粽子。"清代顾禄在《清嘉录》中也有记载："研雄黄末、屑蒲根、和酒以饮，谓之雄黄酒"。由于雄黄有毒，现在人们不再用雄黄兑制酒饮用了。对饮蟾蜍酒、夜合欢花酒，在《女红余志》、清代南沙三余氏撰的《南明野史》中都有记载。

三、中元节

中元节俗称施孤、七月半。中元节有放河灯、焚纸锭祀祖、祭祀土地的习俗。时在农历七月十五日，部分地区在七月十四日。中元节原是小秋，有若干农作物成熟，民间按例要进行祀祖，用新米等祭供，向祖先报告秋成。因此，每到中元节，家家祭祀祖先，供奉时行礼如仪。祭祀祖先和土地就少不了酒，诗词中对中元节饮酒的记录较多，如范仲淹的《中元夜百花洲作》中道"西楼下看人间世，莹然都在青玉壶。""一笛吹销万里云，主人高歌客大醉。客醉起舞逐我歌，弗舞弗歌如老何。"

四、中秋节

中秋节又称仲秋节、团圆节，时在农历八月十五日。宋太宗时，正式确立农历八月十五日为中秋节，《东京梦华录》中曾记录过北宋汴京中秋节的盛况，而《梦粱录》则记载了南宋临安中秋节的热闹景象。在这个节日里，无论家人团聚，还是挚友相会，人们都离不开赏月饮酒。文献诗词中对中秋节饮酒的反映比较多，《说文·酉部》记载："八月黍成，可为酎酒"。五代王仁裕著的《天宝遗事》记载，唐玄宗在宫中举行中秋夜酒宴，并熄灭灯烛，月下进行"月饮"。韩愈在诗中写道："一年明月今宵多，人生由命非由他，有酒不饮奈明何？"到了清代，中秋节以饮桂花酒为习俗。据清代潘荣陛著的《帝京岁时记胜》记载，八月中秋，"时品"饮"桂花东酒"。

五、重阳节

重阳节又称重九节、茱萸节，时在农历九月初九日，有登高饮酒的习俗，始于汉朝。宋代高承著的《事物纪原》记载："菊酒，《西京杂记》曰：'戚夫人侍儿贾佩兰，后出为段儒妻，说在宫内时，九月九日佩茱萸，食蓬饵，饮菊花酒，云令人长寿'。登高，《续齐谐记》曰：'汉桓景随费长房游学'。谓曰：'九月九日，汝家当有灾厄，急令家人作绢囊，盛茱萸，悬臂登高山，饮菊花酒，祸乃可消'。景率家人登，夕还，鸡犬皆死。房曰，'此可以代人'。"自此以后，历代人们逢重九就要登高、赏菊、饮酒，延续至今不衰。明代医学家李时珍在《本草纲目》一书中提到，常饮菊花酒可"治头风，明耳目，去痿，消百病""令人好颜色不老""令头不白""轻身耐老延年"等。因而古人在食其根、茎、叶、花的同时，还用来酿制菊花酒。除了饮菊花酒外，有的还饮用茱萸酒、茱菊酒、黄花酒、薏苡酒、桑落酒、桂酒等酒品。历史上酿制菊花酒的方法不尽相同。晋代是"采菊花茎叶，杂秫米酿酒，至次年九月始熟，用之"，明代是用"甘菊花煎汁，同曲、米酿酒。或加地黄、当归、枸杞诸药亦佳"。清代则是用白酒浸渍药材，而后采用蒸馏提取的方法酿制。因此，从清代开始，所酿制的菊花酒，又称之为"菊花白酒"。

六、其他节日

中和节又称春社日，时在农历二月一日，祭祀土神，祈求丰收，有饮中和酒、宜春酒的习俗，说是可以医治耳疾，因而人们又称之为"治聋酒"。宋代李涛在诗中写道："社翁今日没心情，为乞治聋酒一瓶。恼乱玉堂将欲遍，依稀巡到第三厅"。据《广记》记载："村舍作中和酒，祭勾芒种，以祈年谷"。据清代陈梦雷纂的《古今图书集成·酒部》记载："中和节，民间里闾酿酒，谓宜春酒"。

清明节时间在公历4月5日前后。人们一般将寒食节与清明节合为一个节日，有扫墓、踏青的习俗。始于春秋时期的晋国。这个节日饮酒不受限制。据唐代段成式著的《酉阳杂俎》记载：在唐朝时，于清明节宫中设宴饮酒之后，宪宗李纯又赐给宰相李绛酴酒。清明节饮酒有两种原因：一是寒食节期间，不能生火吃热食，只能吃凉食，饮酒可以增加热量；二是借酒来平缓或暂时麻醉人们哀悼亲人的心情。古人对清明饮酒赋诗较多，例如，唐代白居易在诗中写道"何处难忘酒，朱门羡少年。春分花发后，寒食月明前"；杜牧在《清明》一诗中写道"清明时节雨纷纷，路上行人欲断魂；借问酒家何处有，牧童遥指杏花村。"

第三节　交际饮酒基本礼俗

一、饮酒礼仪概述

酒已成为绝大多数聚会和宴请上不可缺少的饮品。人们在饮酒时应遵循酒之礼仪道德，在享受佳酿的同时传承文化。

关于酒德的记载，最早见于《尚书》和《诗经》。儒家思想认为，饮酒者要有德行，不能骄奢淫逸。用酒祭祀敬神，尊老奉宾，都是德行的体现，因此儒家并不反对饮酒。《尚书·酒诰》集中体现了儒家思想，归纳起来有四点："饮惟祀"——只有在祭祀时才能饮酒；"无彝酒"——不要经常饮酒，平常少饮酒，以节约粮食；"执群饮"——禁止民众聚众饮酒；"禁沉湎"——禁止饮酒过度。

二、交际饮酒基本礼仪

1. 入座

饮酒的第一个礼仪环节就是入座。酒桌上的规矩和讲究很多，一般可分为"陪"和"宾"两种人，有陪客还有宾客。入座顺序，一般是长者或者地位尊贵者先入座，其他人依次入座。

2. 倒酒

倒酒，通常可由服务员完成，但在没有服务员的场合，一般由主人亲自为来宾斟酒，表示敬重、友好。倒酒时一定做到要面面俱到，一视同仁，切忌有挑有拣，只为个别人斟酒。如果跳过某人，会令对方尴尬，造成不必要的误会。

倒酒顺序一般是先给长辈和客人，可按顺时针方向，依次斟酒。相应的，客人也要起身或俯身，以手扶杯或做欲扶杯状，以示恭敬。或者用"叩指礼"，即把拇指与食指、中指并在一块，轻轻在桌上扣几下，以示感谢。

倒酒时手中的酒瓶或分酒器一定要拿稳，通常白酒只需要倒八分满即可。一是向对方表示尊敬，表示能喝；二是对方端起酒杯敬酒时不会洒出来。倒酒时，不要把酒杯拿过来，要走到对方身边去倒，这是一种礼貌。在给左边的人倒酒时，用右手拿酒瓶斟酒，反之用左手。

通常客人在喝完第一杯时，可以请附近的人帮他添酒。倒酒时不可将瓶口对着客人，用手持杯略斜，将酒沿着酒杯内壁轻缓地倒入。倒完酒后，应该快速将瓶口盖上，再慢慢竖起，避免瓶口的酒滴到杯子外面。

3. 敬酒

敬酒又称祝酒，是饮酒过程中重要的一环。在正式宴会上，一般由主人向来宾提议，为了某种事由而饮酒开场。敬酒要注意顺序，不要乱敬酒，那样显得不礼貌，也很不尊重主人。一般是按照主人敬主宾、陪客敬主宾、主宾回敬、陪客互敬的顺序敬酒。敬酒一般要站起来，双手举杯。敬酒的时候，千万别一人敬多人，一般是长辈或领导才可如此敬。但反之则可以，比如几个人一起去敬一个人。

4. 干杯

干杯是敬酒时，劝说他人饮酒的方式。有的时候，干杯者互相之间还要碰一下酒杯，所以它又被称作碰杯。当在场的人提议干杯后，应当手持酒杯起身站立。即便滴酒不沾，也要拿起水杯表示。端酒杯与别人碰时，要低于别人的酒杯，这是一种尊重。在喝时，应手举酒杯，至双眼高度，口道"干杯"之后，将酒一饮而尽，或饮适当的量。结束还需手持酒杯与提议干杯者对视一下，表示对敬酒者的感谢与尊重。

三、饮酒礼仪实务

酒是一种具有交际属性和社会属性的生活品，在交际饮酒的过程中，无不体现其社交价值。在饮酒尤其是交际饮酒的过程中，需要注意一些基本事项，例如，碰到需要举杯的场合，切忌贪杯，头脑要清醒，不可见酒而忘乎所以，工作前不得喝酒，以免与人谈话时酒气熏人；交际酒会之间，与会者不要竞相赌酒、强喝酒；忌猜拳行令，吵闹喧嚣，粗野放肆；忌酒后无德，言行失控。无论是历史上，还是在现实生活中，因酒失事或饮酒礼仪失当造成的矛盾冲突，所在多有，甚至不乏因此而丧命败家者。因此，在日常饮酒或交际饮酒中，需要掌握一些通用的基本礼仪。举例如下：

与客人饮酒，应该等领导相互喝完才轮到自己敬。

可以多人敬一人，不可一人敬多人，除非是领导或处尊位者。

自己敬他人，如果不碰杯，自己喝多少可视情况而定；如果碰杯，一句"我喝了，您随意"方显大度，但也不得超出个人能够承受的量。

端起酒杯，右手扼杯，左手垫杯底，自己的杯子要低于对方，自己如果是领导，不要放太低。

如果没有特殊人物在场，敬酒、碰酒最好按时针顺序，不要厚此薄彼。

碰杯，或敬酒时，要有说辞，但不是"打酒官司"。

如果遇到酒不够的情况，酒瓶放在桌子中间，让人自己添酒。

他人在揼菜时，千万不要转酒桌中间的圆盘，领导揼菜时转盘是酒桌上大忌。

第四节　少数民族饮酒礼俗

中华民族大家庭里，有56个民族和部分虽未独立识别但却共荣共存的少数民族。尽管生活在祖国大地上的回族等民族，因宗教禁忌和文化传统，对酒抱持的态度与其他民族有所不同。但是，在大多数民族中，酒都是常见的日常生活品。如生活在东北地区的满族，生活在西南地区的苗族，生活在北方大草原的蒙古族，生活在青藏高原的藏族，都有着悠久的酿酒历史和酒文化内涵。了解各少数民族的酒文化和饮酒礼仪，有着一定的现实意义。

一、满族

满族多好饮，酒量颇大，尤喜烈性白酒。家中来客，由长辈陪侍，晚辈不同席，年轻媳妇侍立在旁，斟酒点烟，端菜盛饭。由主人给客人斟第一杯酒，喝酒用小盅，客人喝酒要杯杯留底儿，俗称"留福底"，预祝主客富足美满。

宴宾时主人家男女更迭起舞，一人唱酒歌，众人和。主人敬酒时，如客人比主人年长，主人长跪敬酒，客人饮毕，主人方起身；如客人比主人年轻，主人站着敬酒，客人微屈膝而饮。妇女敬酒，礼节相仿，客人可以象征性表示即可；酒如果沾唇，必须一饮而尽，否则妇女长跪不起，直到客人饮完。

满族过去议亲，媒人必须到女家连续去三次，女家方肯表态，以示"好事多磨""贵人难求"。媒人每次去时至少要带一瓶酒，所以有"成不成，三瓶酒"之说。满族在孩子满月之后，择日为孩子起名。当天，有钱人家要摆酒设宴，款待宾朋；没钱的人家，也得简单聚餐小酌。孩子周岁生日时，举行"抓周"仪式，家人欢宴畅饮。女儿长大出嫁，生了头胎后，抱孩子回娘家，把锁带解下来，叫做"改锁"。回娘家改锁时，婆家要送两头猪，两坛酒，两斗黄米。

满族建房，在上最后一根大梁时，房主要往大梁上浇酒。

二、蒙古族

蒙古族好饮酒，男女都喜饮奶酒。且有大碗喝酒的豪侠风度，"每饮必烂醉而后已"。

蒙古族有客来必是热情款待，宴饮必备各种酒，献上纯净的马奶酒和各种肉、乳食品。主人和客人必须畅饮，"男女杂坐，更相酬劝不禁"，"客饮若少留涓滴，则主人更不接盏，见人饮尽则喜"，"必大醉而罢"。他们认为，"客醉，则与我一心无异也"。来客后，不分主客，谁的辈分最高，谁坐在上席位置。客人不走，家中年轻媳妇不能休息，要在旁听候家长召唤，随时斟酒、添菜、续菜。

蒙古族接待客人讲究礼节，欢迎、欢送、献歌、献全羊或羊背等都按礼仪程序进行，程序中都要敬酒或吟诵。一般敬酒礼仪如下：敬酒者身着蒙古族服装（头饰、蒙古袍、腰带、马靴），站到主人和主宾的对面，双手捧起哈达，左手端起斟满酒的银碗，献歌；歌声将结束时，走近主宾，低头、弯腰、双手举过头顶，示意敬酒；主宾接过银碗，退回原位；主宾不能饮酒的，要再唱劝酒歌或微笑表示谢意，以右手无名指沾酒，敬天（朝天）敬地（朝地）敬祖宗（沾一下自己的前额），施礼示敬或稍饮一点儿；主宾饮酒毕，敬酒者用敬酒时的动作接过银碗，表示谢意；向主宾敬酒完毕，按顺时针方向由下一位客人敬酒或按主人示意敬酒。

对尊贵的客人用"德吉拉"礼节：主人手持一瓶酒，酒瓶上糊酥油，先由上座客人用右手指蘸瓶口上的酥油抹在自己额头，客人再依次抹完；然后主人斟酒敬客。客人要一边饮酒，一边说吉祥话，或唱酒歌。

待客时主人经常要唱敬酒歌敬酒，唱一支歌客人要喝一杯酒，使之不能拒绝。蒙古族认为让客人酒喝得足足的，才觉得自己心意尽到了，所以主人家从老到少，轮流向客人敬酒，客人不喝下去，主人就要一直唱下去，直到客人喝下为止。

蒙古族过小年时祭火，在灶前摆酒等供品；点一堆柴草，把黄油、白酒、牛羊肉等投入火堆表示祭祀；过年时要专摆酒肉祭祖。

蒙古族农历八月举行马奶节，开幕时主持人首先向蒙医敬献马奶酒和礼品。赛马之后，众人向骑手们欢呼，敬献马奶酒。

蒙古族婚礼时，至少举行三次宴会，婚礼主要在女方家举行。喜日的前一天，新郎与伴郎、主婚人、亲友、歌手等到女方家。女方家邀请自己家亲友来参加"求名宴"；晚间女方家又设新娘离家前的"告别宴"，新郎、新娘、嫂子和姑娘们坐一席；到次日早晨，婚礼结束，宾客准备告辞，娘家在门口备酒席一桌，给每位客人敬"上马酒"三杯，客人干杯后方可启程。

蒙古族人在结交知己朋友时，双方要共饮"结盟杯"酒，用装饰有彩绸的精美牛角嵌银杯，交臂把盏，一饮而尽，永结友好。

蒙古族无论狩猎回来，还是放牧休息，牧民们燃起篝火，烧烤猎肉，和着悠扬的马头琴，举杯饮酒，豪歌劲舞。著名的蒙古族《盅碗舞》多是在宴席之上酒酣兴浓之际由舞者（女子）即兴表演。舞者双手各捏一对酒盅，头顶一碗或数碗，舞蹈时头不摇，颈不晃，双手击打酒盅，甩腕挥臂，旋转舞蹈，刚柔相济，舒展流畅。

三、朝鲜族

朝鲜族在家中喝酒的时候，一般晚辈不能在长辈面前饮酒，除非长辈要晚辈在其面前喝酒，则需要晚辈双手将酒杯接过，立刻转身将酒饮下，而后向长辈表示谢意。

在传统节日春节中，朝鲜族人们都要吃"岁酒"，过春节在他们口中称作"岁首节"。"岁酒"与平常的白酒不同，它是用桔梗、防风、山椒、肉桂等多种名贵中药材作为添加物，有点像汉族的"屠苏酒"（二者配方有所不同）。饮用此酒可以给家人带来长寿的益处，同时有辟邪的寓意。

朝鲜族在农历正月十五的时候，还要喝"耳明酒"，喝上此酒，则预示着耳聪之意。一年没有得耳病，就可以经常听到开心的事情。

在过端午节的时候，他们会准备打糕和黏米饭，据古书记载："惟端午节则异常盛大，必休息三日，饮酒食肉。其稍富者，并有打糕为食、杀狗佐酒者。"

汉族过中秋节的时候，朝鲜族称为是过"秋夕节"。他们会在院子的桌子上面放一个大水盆，为了观赏到十五中秋圆月，而且还要欣赏到水中倒映的月亮。过节时候，会用新米做新打糕，杀牛宰鸡，非常隆重。观赏天上圆月之时，全家人开心地载歌载舞，饮酒作欢。

在结婚的时候，新郎首先给新娘敬酒，酒杯用托盘托着，上面撒满彩丝或者青红丝，色彩缤纷，希望新人以后的生活可以丰富多彩，新娘行跪拜礼接酒，然后再敬酒给新郎。等新郎给新娘的家人致辞后，身边的伴郎会让人将酒菜收起来，送到新郎的家中，首先是拿到祠堂去祭祖先，然后再将酒菜让家里人吃完，这样的礼仪可以显示出朝鲜族有着祭祖而且敬老的传统风俗。

在东北地区的朝鲜族，若有人去世，就会有朋友或者亲属过来吊唁。不论男女，都各自带来一瓶酒，在逝者的灵前祭奠一杯，再庄严地叩三个头，表示自己的悲伤之感。在逝者进棺之前，丧家人还要摆一次酒席，招待来吊唁的客人们。

四、苗族

苗族，是一个发源于中国的国际性民族，其历史悠久，在中国古代典籍中，早就有关于五千多年前苗族先民的记载，苗族的先祖可追溯到原始社会时代活跃于中原地区的蚩尤部落。

他们有一种非常独特的饮酒方式称为"喊酒"，饮酒的时候，大家先各自随意喝，当主人端起酒杯，给大家敬酒的时候，开始传换手中的酒，第一个人将自己的酒传给第二个人，第二个人传给第三个人，就这样依次传下去，最后一个人的酒传给了第一个人，然后大家站起身来，弯腰搭背，围成一个大圆圈，其中一个人放声大喊"哟，哟，哟"，尽兴之时，第一个开始传酒的人就灌第二个人，第二个人就灌第三个人，依次灌酒，一轮酒灌完之后，大家互相喂着美味的肉，第一个人将肉塞进第二个人嘴中，第二个人将肉塞进第三个人嘴中，依次下去，然后大家接着饮酒，这样的饮酒方式与众不同，大家还互相拉着对方的耳朵饮酒，俗称"喊酒"。

过传统节日的时候，当然是要有美酒的陪伴。正月初一，苗族人有着爬花杆的习俗。当太阳还没有升起的时候，在一个开阔的山坡上设花山场，立起一根花杆，以预示吉祥的意思。吃完早饭以后，全村寨的人会穿上美丽的民族服装，摆上盛大的宴席，一起聚在花山场，由主持人举杯向苗族同胞们敬酒和祝福。花杆顶部有一壶葫芦酒，第一个爬上去喝此酒的就是冠军。

若有人去世，丧家的亲朋好友会带一些酒肉、大米以及香烛物品来吊唁死者，表示对丧家的安慰以及对死者的怀念，丧家会办酒席来招待前来的亲朋好友。

五、傣族

饮酒是傣族的一种古老风俗，在明代就有咂酒之俗，酒已成为宴客必备之物。近现代以来，饮酒更是普遍嗜好，男子早晚两餐多喜饮酒少许，遇有节庆宴会，必痛饮尽醉而后快，且饮酒不限于吃饭时，凡跳舞、唱歌、游乐，必皆以酒随身，边饮边歌舞。所饮之酒，系家庭自酿，傣族男子皆善酿酒，全用谷米酿制，一般度数不高，味香甜。也有度数较高的，如西双版纳迦旋寨出产的一种糯米酒，酒精度在 60% vol 以上，酒味香醇，倾入杯中，能起泡沫，久久不散，称为堆花酒，远近驰名，被誉为"十二版纳"之佳酿。

傣族人有"吃小酒"的习惯，就是在男女订婚的时候，男方挑着酒菜去女方家请客。当客人散去后，男方由三个男伴陪同和女方及女方的三个女伴，摆一桌共同用餐。"吃小酒"讲究吃三道菜：第一道是热的，第二道要盐多，第三道要有甜食，分别表示火热、深厚和甜蜜。

六、哈尼族

哈尼族是一个古老的少数民族，主要分布在滇南地区，包括红河哈尼族彝族自治州、西双版纳傣族自治州、普洱市和玉溪市。哈尼族有很多别名，比如"爱尼""布都""多尼""叶车"和"阿木"等，也是一个十分懂礼仪的民族，有自己民族特色的歌曲和舞蹈，无论过什么节日都会有美酒的陪伴。

哈尼族热情好客，当有客人来，就会拿出自家酿造的酒，此酒十分的醇香美味，俗称

"焖锅酒"。哈尼族人待客十分真诚，他们讲究食多量大，客人吃得越多，表示对主人越尊重。哈尼族人喜欢边喝酒边欢唱名歌《花恋》，增加热闹的氛围，若客人要告辞之时，有的主人会送上当地的特产粑粑、酥肉和豆腐圆子等食物。

"阿巴多"节日是男女方表示互相喜欢、互相爱慕的酒节，一般在农闲的时候举行，一般二十人左右，男方邀请女方参加，一半是男生，一半是女生，一对男女配对而坐，酒桌上面摆满了各式各样的菜肴，其中还放一只公鸡（上面放着两枚鸡睾丸和一只活螃蟹），小伙子和姑娘们互相敬酒，互相对歌，宴会会持续到第二天早晨，姑娘临走时候，小伙子则送给她们糯米饭和肉，并且约定下一次聚会的时间。

哈尼族男女订婚的时候，男方要送一壶好酒，而且上面封贴着红纸，将这壶好酒送给女方的父母，称之为"小酒"，也称作"喜欢酒"，如果女方父母接受了男方送的这瓶"小酒"，就表示同意男方娶自己的女儿了。

秋收之前，哈尼族都会举办一次隆重的"新谷酒"仪式，家家户户都准备丰盛的饭菜，喝上新谷酒，预祝五谷丰登，人畜平安。每家人从自家的田里割一些已成熟的谷把，倒挂在堂屋后方山墙上部的篱笆沿边，目的是希望来年风调雨顺，庄稼年年可以丰收，然后将谷粒剥下，有的炸成谷花，有的不炸直接倒入酒瓶内泡酒喝，这样的酒就是"新谷酒"，无论老少都会喝上几口这样的酒，而且大家都要在宴席上面吃得酒足饭饱。

"离别酒"指的是，若有人去世了，丧家的亲朋好友会带上大米、鸡肉、猪肉和酒水等一些物品前来吊唁，而且，丧家还要请一位巫师过来给死者灌酒，客人们需要各自饮杯中的酒水，以表示和死者离别。

七、佤族

水酒是云南临沧地区佤族人民最喜爱的一种饮料，在风调雨顺、五谷丰登的岁月，佤族人不仅逢年过节要酿造水酒，就是平日家家户户也酿有水酒，以备宾客登门。客人走进佤族同胞的竹楼，村寨长者、干部和凑热闹的孩子便络绎不绝地前来看望，顿时坐满竹楼，主人便抬出水酒。这种水酒是先洗净粮食，用甑蒸熟，然后倒入簸箕中，打散，等温度降下时，以酒药拌均匀，再放在竹篮里，服芭蕉叶封严。两三天后，待酒药发酵，取入缸中，以麻袋捂紧缸口，发酵老熟而成。

八、瑶族

湖南的瑶族朋友常用自家酿的"瓜箪酒"来招待客人，其装酒的容器是一种有把的瓠瓜，这种瓜称为瓜箪。有时候，他们也会用自家酿造的"蜂蜜酒"来款待远方来的贵客。现在瑶族所酿造的酒大多是米酒了。

在广西瑶族酒俗中，有一种特别的酒称作"吼却酒"，"吼却"指的是"进门酒"和"出门酒"，当客人进屋后，主人准备好一碗酒站在门后，见到客人进屋之时，将手搭在客人的肩上，笑着说："吼却咯。"意思就是请客人喝酒，于是便将酒碗递到客人嘴边，客人开心地回答："穷东吼，穷东吼却。"意思是"我喝，我全喝光！"

客人在主人家酒足饭饱之后，会与主人辞别，则主人还需请客人喝上一碗"出门酒"，这个酒是一定要喝的，不然客人再来主人家的时候，就要被主人重罚三碗酒了。客人离开之前，会从主人家门后的一酒葫芦里面倒点酒出来，盛往自己的酒器中，表示到主人家做客十分的高兴，而且也希望主人与客人之间的友谊会天长地久。

在有些地区的瑶族，有着"三关酒"的独特酒俗，一般是主人迎接集体客人，若单个的客人除非十分的尊贵才能享受到主人的盛情款待，客人来临之时，主人会在门外设三道酒关，客人们在每一道酒关的时候都需要喝下两杯酒，过了三道关之后，才可以到宴席边和主人一起享用美酒佳肴。

如果在家宴上面的话，主人会给客人敬上一碗"血浆酒"，此酒是在兑酒的时候加些牲畜的鲜血，一般由寨子中德高望重的长者敬酒，客人喝完手中的血浆酒之后，会将空杯斟满米酒，然后等长者说完祝福的话之后，客人们会按照一个方向将手中的酒递给邻座的人，各人都喝邻座的酒，此酒便是"磨米酒"，之后，长者再给客人敬酒，客人便一饮而尽，接着，长者会将几串肉递到客人嘴边，让客人吃完递给他的肉，客人吃完肉，还需要唱歌答谢长者，也要将酒肉塞给长者吃，以表示自己的感谢之意，宴席气氛十分欢快。

九、藏族

藏族人普遍爱饮酒，但绝不酗酒。酒对藏族而言是喜庆的饮料。

藏历新年，藏族家家都要喝青稞酒以示庆祝。初一，天刚亮，家庭主妇就把八宝青稞酒"观颠"（一种加有红糖、奶渣子、糌粑、核桃仁等煮物的青稞酒）端到家中每个人的被窝前，让其喝了才起床，以示新年一开始就丰衣足食，步步吉祥。

唱酒歌是藏族饮酒的一大特点。每逢重大场合（如婚宴、村寨聚饮等）敬客人酒时，要先擎着酒杯唱酒歌，歌词多为即兴之作，内容都是赞颂、祝福之词。藏族善用比喻来表达感情。唱酒歌时，身子要伴着节奏舞蹈，杯中的酒却绝不许洒出。客人有时也要唱酒歌回敬，此唱彼和，气氛十分热闹，把宴会推向高潮。

酒在藏族婚仪中有重要的作用。在青海安多藏区，提亲时必带去"雅叙酉仓"（提亲酒）。女方如若允婚，则须邀请村里长者和媒人一起喝"订婚酒"。一旦饮了此酒，便算正式订婚，不能再许嫁他人。结婚之时，更要准备大量的青稞酒以宴飨送亲者和来宾。迎亲者则要在途中设"迎亲酒"。新娘离开娘家前要喝"辞家酒"。婚宴中主客尽兴同饮"庆婚酒"，高唱酒歌，跳舞，欢腾通宵达旦，一直要热闹三天。其间新娘要向宾客轮流敬酒。其他藏区的婚礼仪式有的与此不尽相同，但酒在其中的作用却大致一样。

藏区东部许多地方都盛行"喝咂酒"，尤以黑水人"喝咂酒"最讲究。每遇年节和家中有大事要请人"喝咂酒"时，先由主人烧开一大铜锅水，放在火塘边保温；再将一坛酿好的未加过水的酒放在客位的火塘边，插入两根细竹管。客人到齐后，先请其中最年长的坐于酒坛前，领头诵经，用手指蘸拨点酒洒向四方；然后，请另一位年长者与他同坐在一起，各含一根竹管吸饮。这时主人在旁边慢慢地将一瓢开水从上渗入酒坛。开水经过发酵的酒粮渗到坛底发酵，便成了酒。竹管插在坛底，故能只饮到酒而不会吸进糟。二人饮完后，以年龄顺序另请二人到坛边吸饮，主人继续向坛内冲开水。一般情况下，每二人饮完一瓢水即离开，换上别人。这样依次轮流下去，最后连两三岁的小孩也要去喝上几口。轮完一遍，又从头开始；直至一坛酒淡而无味后，才又换上一坛。每个与会的人不论有无急事，都必须喝过三次后才能离去，否则就是很不礼貌的行为。这种轮流喝咂酒的宴饮，一般规模都较大，小则三五十人，多则一百多人，夜以继日方能饮过一巡。三巡下来，往往要两三天，在饮酒过程中，未轮到的和已喝过的便围着火跳锅庄。跳累了，唱渴了，也该轮到喝咂酒了。喝完咂酒疲累尽消，又有精神跳锅庄了。饮酒与歌舞紧密相连的藏族酒文化是其民族特色，在这里展现无余。在康区藏族中也有只插一根麦管或竹管在坛内喝咂酒的，人们依次将酒坛传递给相邻者轮流吸饮。也有在坛中插上多根麦管，好几个人围着酒坛同饮的。

十、其他少数民族

达斡尔族主要聚居在内蒙古自治区和黑龙江省，少数居住在新疆塔城市。"达斡尔"意即"开拓者"。达斡尔族是有着悠久历史和文化的民族，具有内涵丰富、风格独特的民俗文化。例如，在结婚时，送亲的人一到男方家，新郎父母要斟满两杯酒，向送亲人敬"接风酒"，这也叫"进门盅"，来宾要全部饮尽，以示已是一家人。随后，男家要摆三道席宴敬请来宾。婚礼后，女方家远者多在新郎家住一夜，次日才走，在送亲人返程时，新郎父母都恭候门旁内侧，向贵宾一一敬"出门酒"。

鄂伦春族年轻人在父母和长辈面前不允许喝酒，不能随意打破约定俗成的礼节。否则，轻者影响人际关系，破坏聚会气氛，重则甚至引发意想不到的事端。鄂伦春族主人敬酒时，必须饮干前两盅，客人回敬主人也是饮干两盅酒。此后，主人和客人才能边谈边饮。在鄂伦春族的婚宴上，新郎和新娘向客人敬的酒，必须喝尽，而且要喝两盅，不能喝单盅，据说喝单盅不吉利。喝酒时，每人都要先用手指蘸一下酒，左右弹三下，表示敬天敬地。

我国除56个民族之外，还有100余个未识别民族或族群。其中有图瓦人、艾努人、八甲人、毕苏人、穿青人、僜人、革家人、格鲁人、顾羌人、克木人、苦聪人、拉基人、莽人、摩梭人、茂族人、普标人、夏尔巴人、布里亚特人、占族、西家人、羿人、者来寨人、阿尔巴津人等。

图瓦人（Tuvas）或译作土瓦人，自称"提瓦人"（Tyiva），是一个渐渐被人们遗忘的民族，主要分布在新疆的禾木喀纳斯。居住在我国新疆的图瓦人大约有两千五百人，主要分布在哈巴河县的白哈巴村、布尔津县的禾木村和喀纳斯村。中国史籍称之为"都波人""萨彦乌梁海人""唐努乌梁海人"等。国外（主要是俄国）旧称"索约特人"（Сойоты，源自Сойон，萨彦人之意）、"唐努图瓦人"等。图瓦人酿造了一种称作"阿尔克"的酒，其原料是牛奶、羊奶，所以也称奶酒。饮酒过程，宾客接过"阿尔克"，要先抿一口，再回敬主人，主人抿一口，再回敬宾客，宾客再一口饮完杯中酒。这是图瓦人传统的敬酒礼仪。

🔍 思考题

1. 谈谈自己家乡的饮酒礼俗。
2. 如何理解民族文化传统对酒文化的影响？
3. 试搜集3~5条古籍中关于酒德的记载，并进行解析。
4. "喊酒"是我国哪个少数民族的饮酒习俗？简述"喊酒"礼俗。

中外名酒文化

就全世界而言，酒是一种使用广泛的沟通与交流的工具，在文化交流中扮演着不可或缺的角色，是重要的文化和精神表征。随着全球化进程的加快，跨国贸易和跨文化交流越来越频繁，我国酒文化也开启了国际传播之路。中西方历史文化发展演进路径不一，导致中西方酒文化既有共性又有差异性。纵览世界酒文化，即是领略一幅色彩斑斓、生动活泼的多彩画卷。

第一节　中外蒸馏酒名酒

一、中国名白酒

我国白酒酿造工艺独特，在世界诸多酒类中独树一帜。中国白酒按产地及其香型划分，主要有以下名酒。

1. 贵州白酒

赤水河的存在，奠定了贵州白酒发展基础的地位。赤水河发源于云贵高原，因为下雨涨水导致紫色泥沙融入河流，使河水呈紫红色而得名赤水河。赤水河沿岸酿酒企业酿造用水多取水赤水河，因此对茅台酒及其下游酿造企业非常重要。早在 20 世纪 70 年代，周恩来总理就批示，从国家层面对其进行保护，上游不允许开采及建设工业企业，不得破坏赤水河环境的生态平衡，一直维持到了今天。从茅台开始，下游的习酒，四川古蔺境内的郎酒，上游不远处的鸭溪窖酒、珍酒和安酒、湄窖也都和这条河流有或多或少的关系。沿河的酱香型白酒酿酒企业多按传统工艺酿造，在每年的九月重阳下沙，开始一个酿造周期的生产。这种生产十分重视当地的环境、季节变化和生态影响，是酿造工艺和自然关系最紧密的酒之一。正是赤水河茅台镇独特的环境因素成就了中国最典范的酱香酒及其酱香型白酒酿造世界核心产区。

贵州的生态环境非常适宜酿造白酒，贵州除善酿酱香白酒外，还有其他香型白酒，如国家老八大名酒之一的董酒（董香型）。1963年，董酒第四次蝉联中国名酒的称号，三次被列为限制出口的技术，"国秘"并非浪得虚名。董酒使用药材极多，达到135种名贵中药材。这些中草药并不是用来浸泡入酒，而是在制造小曲过程中添加进去，对制曲的微生物生长发挥作用，另外，还起一定的保健功能。董酒的香型、质量来自于大小曲制酒，酿造过程整粒高粱不碾碎，窖筑材料非常特殊（包括采用当地黏性大的白善泥等），最后用煤灰泥来封窖，蒸馏也使用独特的串香工艺，这些都来自于当地神奇的祖传技术，酿造酒体香型幽雅舒适，感官独特。董酒清澈透明，酒体丰满、协调，风味独特。贵州除酱香型白酒、浓香型白酒、董香型白酒外，近年创新性地生产了清酱香型白酒，品牌产品为"人民小酒"，该产品兼具酱香、清香白酒风格，口感、风味得到消费者的广泛喜爱。

2. 四川白酒

如果说赤水河成就了贵州酱香型白酒乃至贵州白酒的话，那么长江及其茂盛的上流水系就成就了四川的酒业。从万里长江第一城宜宾的五粮液开始，顺流而下，泸州老窖、剑南春、舍得、水井坊都和长江水系有或多或少的关系。除了水系之外，温暖湿润、四季分明的气候，包括当地称为"红粮"的红高粱在内的各种粮食，以及传统的老窖，形成了四川酒业流行天下的浓香酒体系。唯一例外的当属于郎酒，在香型上，郎酒更接近贵州酒系，属于地道的酱香系统，如果不是因为行政区划的原因，和贵州比邻的古蔺郎酒实在不应该属于川酒，而近乎于贵州酒，不过这也使得川酒体系更为丰满。

因为四川传统酿造技术的精湛，包括香型受欢迎等原因，浓香型曲酒基本上占据了中国酒的主流，占据市场一半以上的份额。浓香酒的特点是"醇香浓厚，甘冽清爽"，饮后回味也很好。浓香型酒在四川有两种酿造方式：一种是以五粮液、剑南春为代表的五粮浓香型，采用跑窖工艺酿造，酒体很丰满；另一种是以泸州老窖、全兴大曲为代表的原窖法生产的单粮香浓香型，以酒体中的窖香浓郁著称。品尝泸州老窖和五粮液主要是要品尝其不同的香气，泸州老窖带有浓厚的陈香味，这种味道和酱味有相似的地方，但是区别也很大，要慢慢体会它的窖香、老陈香、糟香的复合味道，舒适和悠远是其典型特征；而五粮液的香味中更突出陈味、曲香、粮香，略带馊香，有人认为这种味道是浓中带酱，事实上是浓中带陈，是市场上欣赏的流行浓香白酒。虽然同属跑窖法生产，可是剑南春的香味又不同，是带有木香的陈香，与五粮液的风味区别较明显。剑南春位于绵竹县，早年由陕西到这里酿酒的人多，使酿造的酒带上了一些西北风格。

3. 陕西白酒

西凤酒产自陕西省凤翔县柳林镇，这里古称为"雍"，东邻岐山，西接宝鸡，相传西周时期"凤凰集于岐山，飞鸣过雍"。又传说这里是秦穆公的女儿弄玉乘凤飞翔而去之地，所以唐至德年间，这里被改名为"凤翔"。丰富的古传说，说明这里是文化积淀丰厚之地。

相传当地妇女善于用东湖的柳树枝编筐，而柳条筐是储存西凤酒的必备工具。《传统白酒酿造技术》一书里特意提到西凤酒用酒海来储存。这是一种地道的传统容器：用当地的荆条、柳条编成大筐大篓，内壁糊以麻纸，涂上猪血，然后用蛋清、蜂蜡、熟菜籽油等按照一定比例混合制成一种混合黏稠物，作为涂料涂擦在大筐大篓内外壁上，再晾干，称之为"酒海"，这种特殊的储存容器，不仅具备造价低廉、存量大、利于酒的熟化的特点，还具备另外的特点，即：储存过程筐中的成分融入酒体，增加了西凤酒独特的香气，成就了"凤香"。该酒海储酒也被很多北方酒厂所采用，如青海省部分酒企。除了储存容器的特殊，西凤酒酿造过程中还有三个突出特征，使其香味独特：首先，西凤酒用土窖池发酵，窖池每年更新一次，去掉老土换上新土，与泸州老窖等迥然不同，这样其窖香就不露出来；其次，其发酵周期很短，只有10多天，是国家17个名酒中最短的。由于发酵周期短，所以出酒率高，不过其芳香物质并不少，这也是其稀罕处；最后就是选用了高温制曲，可是工艺是浓香工艺，这就使其具备了浓郁而清芬之香，兼备了几种酒的特征。

4. 山西白酒

虽然各地多有生产清香型白酒，但正宗源头的汾酒是最受青睐的。传统的汾酒酿制使用杏花村古井亭井水和申明亭井水，两口井深都不足10m，均属浅层水。其水质清澈透明，甘馨爽净，洗涤时手感绵软，沸煮时锅内不结水垢，用来煮饭不溢锅，村民世代汲食。有古诗云："申明亭畔新淘井，水重依稀亚蟹黄。"用此水酿出之酒，斤两独重。1933年，著名的酿造专家方心芳来到杏花村考察时，曾对井水进行了分析化验，认为杏花村古井水水质极佳，用以酿酒，酒质必良，这也正是汾酒成为名酒的原因之一。对汾酒的品质形成评价也早有记载："人必得其精，曲必得其时，器必得其洁，火必得其缓，水必得其甘，粮必得其实，缸必得其湿，料必得其准，工必得其细，管必得其严。"这其实也是对北方酿酒体系的一个整体概述。以汾酒为基酒制成的"竹叶青"，在国际上也很出名。在历次博览会上，汾酒都是荣获国家级称号的名酒，而酒的香型也被定为"汾型"。经总结，发现汾酒生产的很多特点，比如说用豌豆和大麦、井水踩成生产的大曲，其花色品种非常多，有清茬、红心、二道眉、金黄一条线等（现在为清茬、红心、后火三种）；另外，其大曲中的菌种也非常丰富；地缸则是用石板盖上，不能轻易打开，有一套完整的保温发酵技术体系，该酿造技术体系适宜于北方天气比较寒冷的气候条件下的白酒酿造等。这样酿造出来的以汾酒为代表的北方白酒，虽然微量成分的种类不如浓香型白酒多，但是酒体的乙酸乙酯含量明显高于别的白酒，酒体具有清雅、协调的复合香味特征。

5. 北京白酒

北京白酒主要以二锅头为主，在蒸酒时，需要将蒸馏过程的酒蒸汽经过冷却而成为初始基酒。最先流出的叫"酒头"，最后流出的叫"酒尾"，一头一尾的酒体都因为具有某些缺陷而被舍弃，酒厂多只摘取味道醇厚的"中间段酒体"。

酿制二锅头酒，最讲究的不外乎两点：用水和用料。过去的北京酒厂都在北运河边打井，因井水经多年沉积，特别甘甜。水质重要，水温也重要。二锅头的润料用水，水温都要在90℃以上，一旦水温达不到，淀粉不能充分吸收水分，粮食容易蒸不透而出现生心，出酒量会减少，风味也会产生巨大差异。二锅头酒的酿造原料除了高粱，还需要加粗稻壳，因为它可以增加发酵和蒸馏界面，调整淀粉浓度和酸度，同时吸收酒精、保持浆水，使糖化发酵、蒸馏得以顺利进行。在1949年之前，二锅头酒的酒精度一直保持在68%vol，新中国成立后，其酒精度有所降低，这是当时的调酒师王秋芳做的调整，其目的是让味道更加柔和。

6. 河南白酒

河南的几种名酒虽然也属于浓香体系，因酿造环境没有四川那种湿润炎热的气候，所以生产的酒风味完全不一样。河南汝阳的杜康酒是在原来小烧的基础上形成的，而伊川杜康则吸取了古井贡酒和林河特曲的技术，与四川的技术不太一样，酿造成的酒浓郁，但是入口比较甘；宋河粮液则是在原来的小作坊基础上酿造的，这些河南名酒都比较饱满，按照酒行家的饮用法，特别适合与河南的中州美食相配合，比如鲤鱼焙面、桂花皮肚等。还有张弓酒，也具备河南浓香酒的特征，不烈也不暴。以杜康酒为例，1972 年日本首相田中角荣访华的时候，正好是杜康酒经历几百次试验上市的时候，他点名品尝，结果一时间，杜康酒成为全国名酒。

7. 江苏白酒

据《泗洪县志》记载，泗洪早在中新世时期，是一个有广泛水域，以森林为主的植被地区，后由于地质运动，大量生物沉入地下，长期发酵后，地下水中含有多种微生物，宜作酿造用水。在粮食原料方面，这里盛产豆、麦、高粱等作物；土质又为曲酒生产所用窖池泥之资质。三者相融，便成就了江淮派浓香型白酒的代表之作——双沟大曲。

与双沟大曲并称的江苏名酒，当数"酒味冲天，飞鸟闻香化凤，糟粕落地，游鱼得味成龙"的洋河大曲。号称洋河大曲能令游客"闻香下马，知味停车"，事实上，洋河大曲的产地洋河镇位于宿迁和泗洪、泗阳交界处，居于黄河古道之上。洋河大曲的天然优势在于：紧靠古黄河，多次河水淤积，沙土层较厚，天然水经沙土层过滤，杂质少、无异味，无土腥气，清纯、甘洌；沙土层下是肉红色黏土，这种土中含有一种能产生窖香前驱物质的杆菌，用它做发酵窖池，可以使酒醇、香、甜。

8. 安徽白酒

同为浓香型曲酒，安徽亳州的古井贡酒的特点是醇厚浓郁，挂杯"三口干"。《亳州市志》中载，古井酒产地，现存千年古井一眼，井水清淳，爽口润喉，出杯不溢，置钱不沉。传说建安元年（公元 196 年），曹操曾向汉献帝献"九酝春酒法"。这至少说明了此地水土适宜酿酒，这也是后来有人建议将此酒命名为"曹操酒"的缘故。1963 年全国召开第二届白酒评比会，安徽省对全省优质酒反复遴选，古井贡酒获总分第一，跻身于全国八大名酒之列。

9. 湖南白酒

湖南神奇的地形和丰富的出产，催生了具有特色的名酒。如湖南西部的酒鬼酒。湘西本来有做小曲酒的传统，可是研制团队、生产企业接受了中国传统大曲的精髓，将其巧妙融合在一起，加上湘西地区气候温和，雨水集中，有山区的立体气候特点，特别适合酿造白酒的微生物生长。酒鬼酒生产定级严格，只有最优质的酒才叫酒鬼酒，放在陶坛和当地众多的溶洞中储藏。

二、国外知名蒸馏酒

与我国现行的白酒分类方法不同，蒸馏酒如按原料来分，可分为淀粉类和含糖类两大类别；如按糖化发酵剂来分，可分为三大类。具体如下。

以曲作糖化发酵剂，采用双边发酵技术，使用淀粉质原料酿造，包括中国各类白酒、日本烧酒。

以麦芽作糖化剂，在糖化后加入发酵剂来生产的酒，其酿造技术为单边发酵。西方各国都采用此法生产酒，此类酒液是用淀粉质原料来酿造。如威士忌、伏特加、金酒等属此类。

以糖质为原料，仅加入发酵剂，即可将糖变成酒，此类也属单边发酵技术酿造。包括以果类为原料的各类白兰地（法国科涅克白兰地），以甘蔗为原料的朗姆酒等。

国外著名的蒸馏酒均采用壶式蒸馏设备，进行蒸馏，发酵时糖化、发酵剂分别加入，而中国白酒的酿造是用独特的蒸馏设备，采用甑桶式蒸馏器，以自然培养的大曲作糖化发酵剂。

世界六大蒸馏酒为：白兰地（Brandy）、威士忌（Whisky）、伏特加（Vodka）、金酒（Gin）、朗姆酒（Rum）、中国白酒（Chinese Baijiu）。

1. 白兰地（Brandy）

白兰地这一名词，最初是从荷兰文而来，它的意思是"可燃烧的酒"。从狭义上讲，是指葡萄发酵后经蒸馏而得到的高度酒，再经橡木桶贮存而成的酒。现在我们所讲的白兰地是从英文 Brandy 谐音来的，意思是"生命之水"，是指以水果为原料，经发酵、蒸馏制成的酒。通常，在白兰地酒前面加上水果原料的名称以区别其种类。比如，以樱桃为原料制成的白兰地称为樱桃白兰地，以苹果为原料制成的白兰地称为苹果白兰地。世界上生产白兰地的国家很多，但以法国出品的白兰地最为驰名。而在法国产的白兰地中，尤以干邑地区生产的最为优美，其次为雅文邑（亚曼涅克）地区所产。除了法国白兰地以外，其他盛产葡萄酒的国家，如西班牙、意大利、葡萄牙、美国、秘鲁、德国、南非、希腊等，也都有生产一定数量风格各异的白兰地。

白兰地酒精度在 40%～43%vol，虽属烈性酒，但由于经过长时间的陈酿，其口感柔和，香味纯正，饮用后给人以高雅、舒畅的享受。白兰地呈美丽的琥珀色，富有吸引力，其悠久的历史也给它蒙上了一层神秘的色彩。

2. 威士忌（Whisky）

威士忌酒的起源已不可考，但能确定的是威士忌酒在苏格兰地区的生产已有超过 500 年的历史，一般也就视苏格兰地区是所有威士忌的发源地。公元 11 世纪，爱尔兰的修道士到苏格兰传达福音，由此带去了威士忌的蒸馏技术。1494 年，在苏格兰的书面历史文献中第一次提到了由大麦生产的"生命之水"（Aqua vitae），这被认为是苏格兰威士忌的始祖。1644 年，苏格兰开始征收威士忌酒税。1661 年，英格兰开始在爱尔兰征收威士忌酒税，随后出现了许多私自酿造威士忌的地下酒厂，以大麦和马铃薯为原料。1707 年英格兰和苏格兰议会合并后，英格兰制定了苏格兰威士忌酒税，导致酿酒业的混乱，很多酿酒商把酿酒作坊搬到了山区，转入地下。1823 年，英国国会颁布《消费法》，为合法蒸馏厂营造比较宽松的税收政策环境，同时又大力围剿非法蒸馏厂，从而极大地促进了苏格兰威士忌产业的发展。1831 年，苏格兰引进塔式蒸馏锅，可连续蒸馏，极大地提高了蒸馏效率，从而降低了威士忌的价格，使威士忌更加平民化。

根据原料的不同，威士忌酒可分为纯麦威士忌酒和谷物威士忌酒以及黑麦威士忌酒等；威士忌和红酒一样也在橡木桶中陈化老熟，按照威士忌酒在橡木桶的贮存时间，它可分为数年到数十年等不同年份的品种，根据酒精度，威士忌酒可分为 40%～60%vol 等不同酒精度的威士忌酒。最具代表性的威士忌分类方法是依照生产地和国家的不同，可将威士忌酒分为苏格兰威士忌酒、爱尔兰威士忌酒、美国威士忌酒和加拿大威士忌酒四大类和日本威士忌、其他国家威士忌等。其中以苏格兰威士忌酒最为著名。

苏格兰威士忌（Scotch Whisky）原产苏格兰，用经过干燥、泥炭熏焙产生独特香味的大麦芽作酿造原料，生产制成。其酿制工序为：将大麦浸水发芽、烘干、粉碎麦芽、入槽加水糖化、入桶加入酵母发酵、蒸馏两次、陈酿、混合。苏格兰威士忌在使用的原料、蒸馏和陈酿方式上各不相同，又可以分为四类：单麦芽威士忌（Single Malt）、纯麦芽威士忌（Pure Malt）、调和性威士忌（Blend Whisky）和谷物威士忌（Grain Whisky）。苏格兰威士忌需在橡木桶中贮存3年以上，15~20年为最优质的成品酒，超过20年的质量会下降。成品酒色泽棕黄带红，清澈透亮，气味焦香，带有浓烈的烟味。

酿制威士忌的原料主要为麦类（大麦、小麦、黑麦、麦芽）和谷类（玉米）。威士忌的酿制工艺过程分为六个步骤：发芽、糖化、发酵、蒸馏、陈酿、勾调。

发芽：将去除杂质的麦类或谷类，浸泡在热水中使其发芽，其间所需的时间视麦类或谷类品种的不同而有所差异。一般而言，需要1~2周的时间。待其发芽后，再烘干或使用泥煤熏干，等冷却后再储放大约1个月的时间，发芽的过程即算完成。

糖化：将发芽麦类或谷类放入特制的不锈钢槽中，加以捣碎并煮熟成汁。所需要的时间为8~12h，温度及时间的控制是重要的环节，过高的温度或过长的时间都将会影响到麦芽汁（或谷类的汁）的品质。

发酵：将冷却后的麦芽汁加入酵母菌进行发酵，由于酵母能将麦芽汁中糖转化成酒精，因此在完成发酵过程后会产生酒精度5%~6%vol的醪液。由于酵母的种类很多，对发酵过程的影响不尽相同，因此，各种威士忌品牌都将其使用的酵母种类及数量视为商业机密。

蒸馏：一般而言，蒸馏具有浓缩的作用，因此当麦类或谷类经发酵形成低酒精度液体后，还需要经过蒸馏的步骤才能得到威士忌酒。新蒸馏出的威士忌酒精度在60%~70%vol。麦类与谷类原料所使用的蒸馏方式有所不同，由麦类制成的麦芽威士忌是采取单一蒸馏法。由谷类制成的威士忌酒，则采取连续式的蒸馏方法。

陈酿：蒸馏过后的新酒必须要经过陈酿的过程，使其经过橡木桶的陈酿，吸收植物的天然香气，并产生出漂亮的琥珀色，同时也可逐渐降低其高浓度酒精的强烈刺激感。目前，在苏格兰地区有相关的法令来规范陈酿的酒龄时间，即每一种酒所标识的酒龄都必须是真实无误的。关于陈酿的严格规定，既保障了消费者的权益，更使苏格兰威士忌在全世界建立起了高品质的形象。

勾调：由于麦类及谷类原料的品种众多，因此所制造而成的威士忌有着各不相同的风味，这时就靠各个酒厂的调酒大师，依其经验和本品牌对酒质的要求，按照一定的比例搭配，调配勾兑出与众不同的威士忌。

3. 伏特加（Vodka）

伏特加的名称源于俄文的"生命之水"一词当中"水"的发音"вода"（一说源于港口"вятка"），约14世纪开始成为俄罗斯传统饮用的蒸馏酒。但在波兰，也有更早便饮用伏特加的记录。伏特加酒以谷物或马铃薯为原料，经过蒸馏制成高达95%vol的酒精，再用蒸馏水降度至40%~60%vol，并经过活性炭过滤，使酒质更加晶莹澄澈，无色且清淡爽口，使人感到不甜、不苦、不涩，只有烈焰般的刺激，形成伏特加酒独具一格的特色。因此，在各种调制鸡尾酒的基酒之中，伏特加酒是最具有灵活性、适应性和变通性的一种酒。俄罗斯是生产伏特加酒的主要国家，但在德国、芬兰、波兰、美国、日本等国也都能酿制优质的伏特加酒。

伏特加酒分两大类，一类是无色、无杂味的上等伏特加；另一类是加入各种香料的伏特加（Flavored Vodka）。伏特加酒的酿造方法是将麦芽放入熟化的稞麦、大麦、小麦、玉米等谷物或马铃薯中，使其糖化后发酵，再放入连续式蒸馏器中蒸馏，生产出酒精度在75%vol以上的蒸馏酒，再让蒸馏酒缓慢地通过白桦木炭层，制出来的成品是无色的，这种伏特加是所有酒类中最无杂味的。伏特加酒口味烈，劲大刺鼻，除与软饮料混合使之变得甘冽，与烈性酒混合使之变得更烈之外，别无他用。但由于酒中所含杂质极少，口感纯净，并且可以以任何浓度与其他饮料混合饮用，所以经常用于做鸡尾酒的基酒，酒精度一般在 40%～50%vol。

4. 金酒（Gin）

世界上的金酒名字很多。荷兰人称为 Gellever；英国人称为 Hollamds 或 Genova；德国人称为 Wacholder；法国人称为 Genevieve；比利时人称为 Jenevers；香港、广东地区称为毡酒；台北称为琴酒，又因其含有特殊的杜松子味道，所以又被称为杜松子酒。金酒是在 1660 年，由荷兰莱顿大学（Unversity of Leyden）名叫西尔维斯的教授（Doctor Sylvius）制造成功的。最初酿造这种酒是为了帮助在东印度地域活动的荷兰商人、海员和移民预防热带疟疾病，作为利尿、清热的药剂使用，不久人们发现这种利尿剂香气和谐、口味协调、醇和温雅、酒体洁净，具有净、爽的自然风格，很快就被人们作为正式的酒精饮料饮用。金酒的怡人香气主要来自具有利尿作用的杜松子。杜松子的加法有许多种，一般是将其包于纱布中，挂在蒸馏器出口部位。蒸酒时，其味便串于酒中，或者将杜松子浸于绝对中性的酒精中，一周后再回流复蒸，将其味蒸于酒中。有时还可以将杜松子压碎成小片状，加入酿酒原料中，进行糖化、发酵、蒸馏，以得其味。有的国家和酒厂配合其他香料来酿造金酒，如芫荽子、豆蔻、甘草、橙皮等。而准确的配方，厂家一向是保密的。据说，1689 年流亡荷兰的威廉三世回到英国继承王位，于是杜松子酒传入英国，英文名 Gin，受到欢迎。金酒不用陈酿，但也有的厂家将原酒放到橡木桶中陈酿，从而使酒液略带金黄色。金酒酒精度一般在 35%～55%vol，酒精度越高，其质量就越好。比较著名的有荷式金酒、英式金酒和美国金酒。

5. 朗姆酒（Rum）

朗姆酒是以甘蔗糖蜜为原料生产的一种蒸馏酒，也称为"兰姆酒"。用甘蔗压出来的糖汁经过发酵、蒸馏而成。此种酒的主要生产特点是：选择特殊的生香（产酯）酵母和加入产生有机酸的细菌，共同发酵后，再经蒸馏陈酿而成。朗姆酒也称糖酒，是制糖业的一种副产品，它以蔗糖作原料，先制成糖蜜，然后再经发酵、蒸馏，基酒在橡木桶中储存 3 年以上，再经勾兑而成。根据不同的原料和不同酿制方法，朗姆酒可分为朗姆白酒、朗姆老酒、淡朗姆酒、朗姆常酒、强香朗姆酒等，酒精 42%～50%vol，酒液有琥珀色、棕色、无色等。

朗姆酒可直接单独饮用，也可以与其他饮料混合调制成鸡尾酒饮用，在晚餐时作为开胃酒饮用，也可在餐后饮用。在重要的宴会上是极好的酒饮料伴侣。

朗姆酒的传统酿造方法：先将榨糖余下的甘蔗渣稀释，然后加入酵母，发酵 24h 后，蔗汁的酒精度达 5%～6%vol，之后进行蒸馏，取酒。国外朗姆酒的蒸馏与中国传统白酒蒸馏有一定差异，采用多级多层塔板蒸馏设备。蒸馏过程可以根据不同质量、不同风味进行摘酒，开展等级划分。

第二节　中外葡萄酒名酒

一、中国知名葡萄酒及酒庄

葡萄酿造酒很早就进入了我国酒类的历史，而后，又被单列出来，成为一种有着自己独特味道和文化符号的饮品。

我国古代的葡萄曾叫"蒲陶""蒲萄""蒲桃""葡桃"等，葡萄酒则相应地叫做"蒲陶酒"。在古汉语中"葡萄"也可以指"葡萄酒"。关于葡萄两个字的来历，李时珍在《本草纲目》中写道："葡萄，《汉书》作蒲桃，可造酒，人酺饮之，则酺然而醉，故有是名"。我国是葡萄属植物的起源中心之一。原产于我国的葡萄属植物有 30 多种（包括变种），分布在我国东北、华北北部及中部的山葡萄，产于中部和南部的葛藟，产于中部至西南部的刺葡萄，分布广泛的蘡薁等，都是野葡萄。在元代大一统时期，葡萄酒文化进入鼎盛。《马可·波罗游记》记录了他在元朝政府供职时，见过葡萄园和葡萄酒。在"物产富庶的和田城"这一章节中记载："（当地）产品有棉花、亚麻、大麻、各种谷物、酒和其他的物品。居民经营农场、葡萄园以及各种花园"。在"哥萨城"一节中说："过了这座桥（指北京的卢沟桥），西行四十八公里，经过一个地方，那里遍地的葡萄园，肥沃富饶的土地，壮丽的建筑物鳞次栉比。"在描述"太原府王国"时则这样记载："……太原府国的都城，其名也叫太原府，……那里有好多葡萄园，制造很多的酒，这里是契丹省唯一产酒的地方，酒是从这地方贩运到全省各地。"

中国知名葡萄酒及酒庄如下。

1. 张裕葡萄酒

张裕葡萄酒由清末著名的爱国实业家张弼士于光绪二十一年（公元 1895 年）创立，总部位于山东烟台。据说 1871 年张弼士在雅加达参加法国领事馆的一个酒会，听一位到过中国的法国领事说烟台出产有上好的野生酿酒葡萄。1891 年张弼士因事路过烟台，考察了当地的葡萄种植和风土情况，认定烟台很适合酿造葡萄酒。于是投资 300 万两白银，在烟台种植了 3000 亩（200hm²）的葡萄，创办了张裕葡萄酒公司。

2. 长城葡萄酒

长城葡萄酒有限公司主要产品有干型葡萄酒、甜葡萄酒、加强葡萄酒、起泡酒、蒸馏酒等。以产量来衡量的话，长城葡萄酒是中国最大的葡萄酒企业；长城葡萄酒拥有 1123 亩（约 75hm²）葡萄园，多数位于山东省。长城葡萄酒采用现代化的酿酒技术，生产设备进口自法国、德国和意大利等；产品售往国外 20 个国家或地区，包括美国、德国、英国等，以及国内的绝大多数省区。

3. 王朝葡萄酒

中法合营王朝葡萄酿酒有限公司始建于 1980 年，是中国第二家、天津市第一家中外合资企业。公司从国外引进了具有国际先进水平的葡萄酒生产设备和技术，拥有国际酿酒名种葡萄原料种植基地近 3 万亩（2000hm²），建立了技术开发（科研）中心，有强劲的科技开发能力。公司现生产具有中国地域风格的三大系列 80 多个品种具有欧洲风格的葡萄酒，生产能力为 4 万 t/年，是亚洲地区规模最大的全汁高档葡萄酒生产企业之一。

4. 百利生葡萄酒

北京百利生葡萄酒是近年出现的新兴葡萄酒品牌，倡导"养生红酒"概念。其葡萄酒中融入了中国传统的中医养生成分，是一种草本养生葡萄酒。

5. 怡园酒庄

怡园酒庄（GraceVineyard，山西怡园酒庄有限公司）位于距中国山西省太原市以南 40km 的太谷区。在著名波尔多葡萄酒学者丹尼斯·博巴勒（Denis Boubals）的专业协助下，香港企业家陈进强先生于 1997 年按葡萄园环绕酒庄主体建筑方式创立怡园酒庄。这里具有典型的大陆性气候，四季分明，干旱、雨水少，且日照强烈，昼夜温差大，是种植酿酒葡萄的理想地带。怡园酒庄现有自主葡萄园 1000 余亩（约 67hm²），种植了霞多丽（Chardonnay）、梅洛（Merlot）、白诗南（Chenin Blanc）、品丽珠（Cabernet Franc）和赤霞珠（Cabernet Sauvignon）等酿酒葡萄品种，产能近 3000t 葡萄酒的生产设施，近年来的产量在 150~200 万瓶。

6. 银色高地酒庄

2010 年 4 月，世界著名葡萄酒大师简西斯·罗宾逊在《金融时报》发表《中国葡萄酒的清新酒香》一文，称"中国葡萄酒产业出现的又一颗新星"。简西斯所指的"新星"，正是宁夏的银色高地酒庄。

银色高地酒庄位于宁夏自治区海拔 1200m 的贺兰山东麓，是中国海拔区位最高的酒庄之一；其得天独厚的光照和土地条件使葡萄藤根部更深入泥土，吸收水和矿物质，更适合葡萄栽培。其酿造的葡萄酒融合了法国精湛的酿酒技术，传承了旧世界的葡萄酒风格。

7. 贺兰晴雪酒庄

坐落在贺兰山脚下的宁夏贺兰晴雪酒庄引种法国 16 个品系的酿酒葡萄，种植面积 200 多亩（约 14hm²），拥有地下酒窖 1000m²，年生产葡萄酒 50000 瓶，代表产品为加贝兰干红葡萄酒。从 2005 年开始，每年精心生产的加贝兰干红葡萄酒都分别在不同的国际国内葡萄酒大赛中荣获金奖。加贝兰已得到业界和消费者的肯定和好评。

酒庄葡萄酒的酿造尊重自然，恪守"好的葡萄酒是种出来"的理念，采用法国传统工艺，经法国橡木桶陈酿和窖藏，葡萄酒呈深宝石红色，果香浓郁，高贵雅致，口感具愉悦，酒体饱满，圆润，均衡，持久，体现了贺兰山东麓地域特征。

8. 威龙葡萄酒

威龙公司地处中国最理想的葡萄产区烟台地区。这里四季分明，气候宜人，最适宜优质酿酒葡萄的种植。当地出产的葡萄与世界上著名的波尔多地区葡萄品种相近，威龙干红是国产干红的佳品。

9. 云南红葡萄酒

云南红葡萄酒选用世界优良酿酒葡萄品种玫瑰蜜、梅洛、赤霞珠、法国野等为原料，采用国外先进工艺和进口设备精心酿造而成。云南人喝"云南红"，从此告别了没有自己名酒的时代。"云南红"以自己独特的文化和产品配方快速在云南站稳了脚跟。

二、国外知名葡萄酒及酒庄

1. 白马庄（Chateau Cheval Blanc）——圣达美隆的骄傲

白马庄在圣达美隆的列级名庄中排位第一级，是近年来世人常称的波尔多八大名庄之一。白马庄所处的位置紧挨宝物隆法定产区，但它的葡萄酒和宝物隆酒的风格却很不一样，许多酒评家都说，白马庄年轻时清雅、和顺、自然，陈年后反而有力，浓郁且复杂。

2. 木桐庄（Mouton Rothschild）——波尔多一级庄新晋贵族

尽管从波尔多酒庄的评级时间看，木桐庄是五大一级庄中的新晋，但它一直以来却备受众多酒评家青睐。木桐不仅是极品美酒的同义词，更凝聚了其他酒庄无法效仿的艺术气质。米罗、夏加尔、布洛克、毕加索、沃霍尔、巴贡等很多顶级艺术家都为木桐酒设计过酒标。

3. 稀雅丝（Chateau Rayas）——隆河谷顶尖酒王

稀雅丝绝对是一款大众爱饮的酒，如果不经常喝世界各地珍品葡萄酒的话，是不会知道它的，被誉为南法国的酒王之王、法国南部的柏图斯。因为产量稀少，是南法国葡萄酒中的珍稀艺术品，口感复杂，充满浓郁的荔枝香甜又不失优雅，单宁圆润丰厚，就像养在深闺的绝色美女，静静等待懂得欣赏她的人来掀开面纱。

4. 滴金庄（Chateau D'yquem）——最后贵族的"液体黄金"

滴金庄的酒是众多葡萄酒爱好者梦寐以求的至爱。一瓶 1784 年的滴金庄葡萄酒，1986年由伦敦佳士得拍卖行售出，售价高达 5.6588 万美元，创下当时白葡萄酒售价的最高纪录，而它曾经的主人就是美国第三任总统托马斯·杰弗逊。18 年后，纽约葡萄酒商扎奇斯和洛杉矶沃利斯共同举办的葡萄酒拍卖会上，单瓶 1847 年的滴金酒拍卖额高达 7.1675 万美元，再次刷新白葡萄酒拍卖纪录。1855 年法国实行葡萄酒定级制度时，滴金庄在苏玳和巴萨区的葡萄酒评级中成为唯一被评为超顶级葡萄酒园的酒庄。这一至高荣誉使得当时的滴金庄比拉图、拉菲、玛歌（Margaux）、红颜容（Haut-Brion）、木桐五大红酒品牌还高出一个等级。

5. 欧颂庄（Chateau Ausone）——明日顶级贵价明星

欧颂庄是圣达美隆地区两大超级名庄之一，与白马庄齐名。它只有 7hm² 土地，年产2500 箱左右酒，品质极高但产量很少，因此酒评家预测，以后可能会在价格上超过美度五大酒庄和白马庄，成为可以挑战美物隆几大顶级的圣达美隆一级精品。

6. 拉菲庄（Chateau Lafite）——世界上最出名的葡萄酒

在世界上各国各地、各门各派的酒王中，最出名的酒王应该算是法国波尔多菩依乐村的拉菲庄了。它是目前世界上最贵的一瓶葡萄酒的纪录保持者，1985 年伦敦佳士得拍卖会上，一瓶由美国第三任总统、18 世纪著名的酒评家托马斯·杰弗逊签名的拉菲以 10.5 万英镑的高价由《福布斯》杂志老板投得，至今无出其右者。在拉菲庄，每 2~3 棵葡萄树才能生产一瓶 750mL 的酒，为了保住这些金贵的葡萄树，如没有总公司特约，一般不允许任何人参观。

7. 拉图庄（Chateau Latour）——全球最昂贵的酒园

拉图庄位于法国波尔多的美度区，是一个早在 14 世纪的文献中就已提到的古老酒庄，1989 年里昂联合集团以近 2 亿美元的天价将波森集团的股份购回，每公顷单价 1400 万法郎，换算到每棵葡萄树就价值 1800 法郎，堪称全球最昂贵的酒园。1993 年，法国春天百货老板又以 7.2 亿法郎天价购下拉图庄主控权。拉图酒庄种植的葡萄以嘉本纳沙威浓（Cabernet Sauvignon）为主，占 80%；新酿造的酒陈放 10~15 年才会完全成熟。成熟后的拉图酒庄酒有极丰富的层次感，酒体丰满细腻。

8. 罗曼丽·康帝（Romanee Conti）——可遇不可求的稀世珍品

2006 年 10 月，在巴黎市政厅举办了一次红酒拍卖会，有 6000 瓶葡萄酒参与了竞拍，而这些葡萄酒的主人是当时的法国总统希拉克。最终，1986 年的"勃艮第红酒王"罗曼丽·康帝以每瓶 5000 欧元的价格，成为当场单瓶成交价最贵的葡萄酒。用世界著名酒评家 Robert Parker 的话说，"罗曼丽·康帝是百万富翁喝的酒，但只有亿万富翁才喝得到"。

9. 柏图斯（Petrus）——波尔多酒王之王

柏图斯酒庄（Chateau Petrus）位于法国波尔多的波美侯产区，是该产区最知名的酒庄。1925 年，艾德蒙·罗芭夫人从前任庄主阿诺德（Arnaud）家族手中购得酒庄，柏图斯酒庄的辉煌历程由此开启。柏图斯酒庄拥有 11.5hm² 的葡萄园，所种植的葡萄品种以梅洛（Merlot）为主，还有品丽珠（Cabernet Franc）。柏图斯酒庄的平均年产量不超过 3 万瓶，数量极为有限，价格也十分昂贵。柏图斯非常重视品质，只选用最好的葡萄。柏图斯酒色深，气味细腻丰厚，在黑加仑子和薄荷等香气之中还隐藏着黑莓、奶油、巧克力、松露、牛奶和橡木等多种香味，口感丝滑，余韵悠长。

10. 卓龙（Chateau Trotanoy）——葡萄酒饮家的酒

宝物隆区的卓龙由 Giraud 家族建立于 18 世纪末期，很快它就成为该区最有名气的优质酒庄，当时宝物隆区能与它相比的只有威登庄园一家。卓龙酒庄的土壤含有丰富的铁矿质，由于离柏图斯酒庄只有一公里左右，所种植的葡萄和柏图斯一样，梅洛（Merlot）占 90%，由酿造柏图斯的原班人马酿制。从 20 世纪 70 年代起，由于树龄的成熟加上追求完美的酿造工艺的配合，风格很接近柏图斯，但因为懂得此酒的人不多，价格一般不会超过柏图斯的 20%，是葡萄酒饮家们最爱的酒款。

第三节　中外啤酒名酒

啤酒是以大麦芽为主要原料，大米为淀粉类辅料，并加啤酒花，经过液态糊化和糖化，再经过液态发酵酿制而成的。其酒精含量较低，含有二氧化碳，富有营养。啤酒含有多种氨基酸、维生素、低分子糖、无机盐，这些营养成分容易被人体吸收利用，在体内产生大量热能，因此往往啤酒被人们称为"液体面包"。

一、中国知名啤酒

1. 青岛啤酒

青岛啤酒产自青岛啤酒股份有限公司，公司的前身是国营青岛啤酒厂，1903 年由英、德两国商人合资开办，是最早的啤酒生产企业之一。青岛啤酒选用优质大麦、大米、上等啤酒花和软硬适度、洁净甘美的崂山矿泉水为原料酿制而成。原麦汁浓度为 12°P，酒精度 3.5%~4%vol。酒液清澈透明、呈淡黄色，泡沫清白、细腻而持久。青岛啤酒远销美国、日本、德国、法国、英国、意大利、加拿大、巴西、墨西哥等世界 70 多个国家和地区，为世界第五大啤酒厂商。

青岛人都说，"青岛有两种泡沫，一种是大海的泡沫，一种是啤酒的泡沫，两种泡沫皆让人陶醉"，一语道出了青岛啤酒与这座城市的不解渊源。在青岛街上闲逛的时候，不经意间，总会看到有人拎着一个装有黄色液体的塑料袋，那是打散啤回家的青岛人。青岛散啤是当日生产的青岛啤酒，还未及装瓶装箱，就已经流进了青岛人肠胃中，是最新鲜的青岛啤酒。"啤酒装进塑料袋"，正是青岛闻名全国的一大怪事，也成为外地人来青岛在街头巷尾感受到的最生动的岛城土著文化。

2. 雪花啤酒

华润雪花啤酒（中国）有限公司成立于 1994 年，是一家生产、经营啤酒的全国性的专业啤酒公司，总部设于中国北京。雪花啤酒因其泡沫丰富洁白如雪，口感清爽，口味持久溢香似花，遂命名为"雪花啤酒"。酒液淡黄，明亮有光；有酒花香气和麦芽清香，香气纯正；注入杯内，立即浮起细腻洁白的泡沫。

3. 燕京啤酒

燕京啤酒创始于1980年，是中国清爽型啤酒的原创者和领导者。燕京啤酒口味清爽宜人，口感甘甜，其风味与醇厚型啤酒完全不同。燕京啤酒坚持民族工业发展道路，为民族品牌在啤酒市场中占据强有力地位，提供了可资参考的样板。

4. 山城啤酒

山城啤酒采用优质酿造用水，选用进口优质大麦、优质大米及新疆甲级酒花为原料，精心酿制而成。重庆的火锅，重庆的夏天，让重庆市民特别喜欢啤酒，形成了独特的啤酒文化，浇灌了庞大的重庆啤酒集团。对老重庆人来说，山城啤酒和重庆火锅紧密相连，山城啤酒可以化解火锅的麻和辣，都发展为重庆的代表产品。在重庆称作"山城啤酒"，在重庆之外，最为行销的是其推出的"乐堡啤酒"，短时间内便风靡啤酒市场。

5. 珠江啤酒

珠江啤酒是广州珠江啤酒集团有限公司旗下的品牌，在中国啤酒行业中享有"南有珠江"的美誉。珠江啤酒酒体清亮透明、泡沫洁白持久、苦味清爽纯净、口感舒适柔和。

6. 哈尔滨啤酒

哈尔滨啤酒集团有限公司创建于1900年，是中国最早的啤酒制造商，其生产的哈尔滨啤酒是中国最早的啤酒品牌，至今仍风行于中国各地。哈尔滨是一座中西文化融合的城市，尤其是在城市的形成和早期的开发建设中，到处存在着俄罗斯等西方移民的影子，啤酒、香肠、面包等西方的特色饮食也成为了这个城市基本的生活所需。在百年的发展历程中，哈尔滨啤酒始终保持了纯正清爽的口味和干净利落的口感，成为国内有口皆碑的中高档啤酒品牌。

7. 金威啤酒

"来深圳，喝金威。"1990年7月在罗湖投产的金威啤酒，是伴随着深圳发展起来的本土企业，一度是珠三角啤酒市场的巨头，巅峰时期占据了深圳啤酒市场的80%以上。金威从德国引入先进的全套设备、优良菌种，以及来自澳大利亚的优质麦芽、上等大米和优质的啤酒花。金威在遵循德国啤酒古法酿造的基础上不断创新，奠定了现在金威啤酒醇厚爽口的口感淡爽独特的巴伐利亚风味。

8. 雪津啤酒

作为福建省最大的啤酒企业，雪津啤酒成立于1986年。雪津是福建省啤酒第一品牌，自2001年起，雪津以每年超10万t的速度发展，2006年产销量超过100万t，以绝对的优势稳居福建省首位。雪津啤酒选用优质麦芽、水、大米、啤酒花等生产，不添加其他成分，酒体醇厚，泡沫丰富，细腻持久，麦香醇正，稳定性好，口感圆润，含有丰富的蛋白质和各种维生素，散发出浓郁的麦香味。

9. 金星啤酒

创建于1982年的金星啤酒，选用德国、捷克、澳大利亚等国家优级麦芽、顶级啤酒花和最好的酵母菌种等为啤酒酿造原料。金星原浆啤酒是全程无菌状态下酿造出来的啤酒发酵原液，采用上面发酵工艺，100%麦芽发酵，不过滤，最大限度保留了活性物质和营养成分，保持了啤酒最原始、最新鲜的口感。酒体泡沫丰富，香气浓郁，口味新鲜纯正。

10. 黄河啤酒

黄河啤酒在兰州一直是经典，将西北豪迈风情展现得淋漓尽致，西部人整体性格硬朗，透着一股阳刚之气，黄河啤酒麦芽浓度较为厚重，正好迎合西部人追求啤酒的真实口感和味道：不要淡淡的感觉，要醇厚，要微醺的喝啤酒感觉，不要只是涨肚子，一如西北人的厚实与质朴。黄河啤酒的品牌内涵也在逐步变得和母亲河一样有文化、有力量，有一种属于自己的独特味道——纯正的西北味道。

二、国外知名啤酒

1. 百威啤酒（Budweiser）

百威啤酒诞生于 1876 年，由阿道弗斯·布希创办。其采用品质优良的纯天然酿酒材料，严格控制工艺，通过自然发酵，低温储藏而酿成。整个生产流程中不使用任何人造成分和添加剂。在发酵过程中，又使用数百年传统的山毛榉木发酵工艺，使酿造的啤酒格外清爽。

2. 贝克啤酒（Beck's）

德国凭借品质优良的啤酒，成为举世公认的啤酒王国。拥有几百年历史的贝克啤酒就是德国啤酒的代表，也是全世界最受欢迎的德国啤酒之一，尤其是在美国、英国、意大利，贝克啤酒更是进口啤酒的冠军品牌，年出口量占德国啤酒出口总量的 35% 以上。贝克啤酒起源于 16 世纪的不来梅古城，其优良的酿造技术，使"Beck's"品牌传播至今。1876 年，在纪念美国建国一百年的费城世界博览会上，贝克啤酒获得第一届国际竞赛金牌奖的殊荣，此后百余年来所荣获的奖项更是不计其数。

3. 喜力啤酒（Heineken）

喜力啤酒总部位于荷兰，凭借着出色的品牌战略和过硬的品质保证，成为全球顶级的啤酒品牌。喜力啤酒在全世界 170 多个国家热销，其优良品质一直得到业内和广大消费者的认可。喜力是一种主要以蛇麻子为原料酿制而成的啤酒，口感平顺甘醇，不含枯涩刺激味。

4. 嘉士伯啤酒（Carlsberg）

嘉士伯啤酒由丹麦啤酒巨人 Carlsberg 公司出品。Carlsberg 公司是仅次于荷兰喜力啤酒公司的国际性啤酒生产商，目前是世界前七大啤酒公司之一。1847 年创立，至今已有 170 多年的历史，在 40 多个国家都有生产基地，远销世界 140 多个国家和地区，产品风行全球。嘉士伯啤酒的口感属于典型的欧洲式拉格啤酒，酒质澄清甘醇。

5. 安贝夫啤酒（AmBev）

安贝夫啤酒，产自巴西，世界十大啤酒厂商之一，年产量 55 亿 L。安贝夫公司是安海希布希英博的子公司，是南美洲最大的啤酒集团，排名世界第五。

6. 美乐啤酒（Miller）

美国第二大啤酒品牌 Miller 成立于 1855 年，从美国的 Milwaki 开始，现在销售网遍及全球 100 个国家以上。目前该集团主要的品牌包括 MillerLite、MillerGenuineDraft（MGD）、MillerHighLife。MillerLite 是世界第一个低卡路里啤酒，也是美国最受欢迎的 Miller 系列产品之一，每 355mL 只包含 96 卡路里。

7. 科罗娜啤酒（Corona）

1925 年世界上第一瓶科罗娜特级啤酒由莫德罗（Modelo）集团精心酿制而成。科罗娜特级啤酒以其独特的口味成为世界上销量第一的墨西哥啤酒。因其独特的透明瓶包装以及饮用时添加白柠檬片的特别风味，在美国一度深受时尚青年的青睐。莫德罗啤酒公司在墨西哥拥有 8 座现代化工厂，4.3 万名员工，年产啤酒 1800 万箱（约 4100 万 t），在本国的市场占有率达 60% 以上，并且出口到全球 150 个国家和地区。

8. 纽卡斯尔系列啤酒（New Castle）

成立于 1749 年的英国苏格兰纽卡斯尔啤酒集团，是以爱丁堡为基地的酿酒业佼佼者，为世界十大酿酒商之一，业务遍布全球超过 55 个国家。作为世界上最大的棕色啤酒出口商，拥有众多的品牌，包括：纽卡斯尔棕色啤酒、Mcewan's、Courage、Beamishir ishstout、John Smith's、Kronenbourg 等。

9. 朝日啤酒（Asahi）

朝日啤酒株式会社成立于 1880 年，是日本著名的啤酒制造厂商之一。1987 年朝日啤酒株式会社推出新品 Asahi 舒波乐生啤，其销售业绩蒸蒸日上，至 1998 年 Asahi 舒波乐单品种销量已经跃居日本第一、世界排名第三、生啤酒销量世界第一。朝日将独家研制的 KARA-KUCHI 特级酵母搭配不为人知的独特发酵技术，酿造出了不但味道不苦涩反而带点芳香、辛辣口感的啤酒。

🔍 **思考题**

1. 谈谈自己最喜欢的酒类品牌及原因。

2. 收集资料并思考：酱香型白酒原产地和主产区在哪儿？试思考地理区域对酒文化形成的影响。

酒与文学艺术

7

酒出现之后，作为一种物质文化，酒的形态多种多样，其发展历程与文学艺术的发展相伴而行。而酒不仅仅是一种饮食之物，它还具有精神文化价值，体现在人们社会政治生活、文学艺术乃至人生态度、审美情趣等诸多方面。世间流传着不少关于酒与文学、酒与音乐、酒与舞蹈、酒与戏曲、酒与书法、酒与绘画的故事和酒令、酒联。这也表现了酒与文学艺术之间有着不解的渊源。

第一节　酒与文学

一、酒与诗

饮酒想赋诗，赋诗想饮酒。酒与诗好像是孪生兄弟，结下了不解之缘。《诗经》是我国最早的一部诗歌集，我们从中闻到浓烈的酒香。饮酒是乐事，但由于受到生产力的制约，酒的酿造并不容易，所以，酒常作祭祀之用。祭祀者并不是白白地请吃请喝，而是对大自然抱有无限的期望。水旱风雷，常常威胁着人们的生存。在无法主宰自然的情况下，只能祈祷风调雨顺，禾稼丰收，免于饥馑。"自今以始，岁其有。君子有谷，诒孙子。于胥乐兮。"（《鲁颂·有马必》）从春而复，由夏而冬，人们一面披风雪，冒寒暑，不停耕耘；在禾稼登场时，人们眉开眼笑。

从屈原的诗句中，已经看到加入"桂""椒"这些香料，说明酒的品种变得丰富，具有地方特色。屈原的诗篇，影响深远。宋玉步其后尘。"《招魂》者，宋玉之所以作也。"这篇作品数次见酒，更富有楚地风情。

到了汉末，天下动乱，连年争战，"铠甲生虮虱，万姓以死亡。白骨露于野，千里无鸡鸣。"人们的生命，朝不保夕，故感慨良多。把酒临江，横槊赋诗的曹孟德，是个具有雄才大略的人。他希望平定各地的割据势力，统一河山，使天下出现大治，就可无忧无虑痛饮两杯。"对酒歌，太平时，吏不呼门。王者贤且明，宰相股肱皆忠良。"（《对酒》）人们讲究文明，讲究礼节。互敬互让，尊老爱幼，路不拾遗，无所争讼。国家的法度，公正无私，刑罚合理，官吏爱民如子。老天爷体察善良的百姓，风调雨顺。他一边饮酒一边驰骋想象，为我们勾勒出一个人间乐园，可说是开了"桃花源"理想世界的先河。

曹植才高八斗，且身处皇室，受到许多文士仰慕和追随。所以日夜开宴，赏柳看花，秦筝齐瑟，美女娇娃。"中厨办丰膳，烹羊宰肥牛"。除了"置酒高殿上"，还纵马出猎，"揽弓捷鸣镝，长驱上南山。左挽因右发，一纵两禽连。余巧未及展，仰手接飞鸢。观者咸称善，众工归我妍。归来宴平乐，美酒斗十千。"（曹植《名都篇》）。

有论者以为，《名都篇》是曹植本人游猎生活的写照。平乐观为汉明帝所造，在洛阳西门外。能在那设宴，且饮每斗"十千"的美酒，恐非一般人所能为。尽管有丰厚的物质享受和斗鸡走马的乐趣，但并不能解除心灵的痛苦。他也慨叹："盛时不再来，百年忽我遒。生存华屋处，零落归山丘"（《箜篌引》）。

竹林七贤身处魏晋之际，政局不稳，文士动辄得咎。为逃避祸患，他们沉湎曲蘖。如果说饮酒是乐事，那么他们这一杯酒则是饮得很痛苦的。当时文人"结社集会"，少谈政治，而以酒解愁。魏末"陈留阮籍，谯国嵇康，河内山涛，河南向秀，籍兄子咸，琅琊王戎，沛人刘伶，相与友善，常宴集于竹林之下，时人号为'竹林七贤'"（《三国志》）。据历史记载，他们都嗜酒，蔑视礼法，放浪形骸。例如，嵇康憎恨虚伪，反对俗礼，不满黑暗统治；明颇知言论，不慎会，招灾惹祸，但生性耿直，而酒后尤甚，故不免遇害。他的诗作虽不多，但却都是针对饮酒时欢乐的赞颂。

欧阳修是妇孺皆知的醉翁。他著名的《醉翁亭记》，通篇以"也"字结尾，一气呵成，贯穿一股酒气。无酒不成文，无酒不成乐。天乐地乐，山乐水乐，皆因有酒。"树林阴翳，鸣声上下，游人去而禽鸟乐也。然而禽鸟知山林之乐，而不知人之乐"。

二、酒与词

酒是宋词所表现的重要题材之一。浏览宋词篇章，我们不难发现，无论是宋词大家（如苏轼、辛弃疾、柳永、李清照等人），还是为数众多的一般词作家，在他们的词作中都要写到酒，写到人们日常生活中的饮酒活动，都常常要以酒为线索或中心，去展开词章的内容，开拓词作的意境。不难想象，如果宋词中缺少了酒，那么词人的想象力、词作的表现空间，一定会受到极大的限制，词的色彩也将会黯淡许多。

宋词与酒的结缘，缘于唐诗与酒的结缘。唐诗的创作题材和手法，对宋词的创作有着重要的影响，后者是对前者继承、发展的结果，宋词的作家学习、借鉴了唐代咏酒诗的创作经验，喜欢将咏酒诗的内容与艺术表现手法运用到词这种新的艺术形式中去。当然宋代的词作家受到了当时的社会生活以及词这种全新的韵文体裁创作规律的影响，加上词人对酒、对饮酒活动体验程度的加深，宋代咏酒的词作在内容、意境、表现风格方面都与唐代的咏酒诗有许多差异。可以说，从文学创作的角度看，宋代的咏酒词在文学的表现力方面超过了唐代的咏酒诗，咏酒文学题材的创作在宋代达到了一个新的境界。

苏轼的《水调歌头》（明月几时有，把酒问青天），写的是词人对个人前程的思考与对亲情的牵眷，他的《望江南》（风未老，风细柳斜斜）又通过写酒来发泄自己思乡及仕途不得志的苦闷。一向忧国忧民的爱国词人辛弃疾，他的咏酒词也大体上如此。《丑奴儿》（千峰云起，骤雨一霎儿价）写的是饮酒、赏景的内容，表现了词人在特定环境下悠然闲适的情绪。

人饮酒时的神态、心理行为与动作，都做了与词人的身份、处境非常吻合的个性化表现。辛弃疾的"昨夜松边醉倒，问松'我醉何如？'只疑松动要来扶，以手推松曰去"（《西江月》），描写了醉后对松树的令人捧腹的醉话，以及惟妙惟肖的心理与动作，使整个词作具备了故事情节，充满了生活情趣。像这种充满生活化、个性化内容的细腻的生活场景与个人活动的内容，只有在宋代的咏酒词中才能读到，而在唐代的咏酒诗中是很少见到的。

在宋代的咏酒词中，有一种特别有趣的现象，即词人们经常写到"酒醒"这一内容：

"今宵酒醒何处？杨柳岸，晓风残月。"（柳永《雨霖铃》）；

"一场愁梦酒醒时，斜阳却照深深院。"（晏殊《踏莎行》）；

"宿酒醒迟，恼破春情绪。"（晏几道《蝶恋花》）；

"酒醒却咨嗟。"（苏轼《望江南》）。

以上例子，足以说明"酒醒"是宋代咏酒词中经常出现的话题，也是宋代咏酒词与唐代咏酒诗在内容上的明显区别。宋代咏酒词中写"酒醒"的内容，其作用其实是延长了表现人们饮酒活动的时空范围，也延长了词人围绕着酒而产生的情感发展、变化的时空范围。在这段被延长的时空当中，词人可以运用对比的手法，去表现人们醉时醒时两种状态下情感的反差，也可以细致入微地去反映人们情感复杂变化的过程。这无疑为更加个性化地去刻画词人的形象开辟了一个新天地。词在表现手段上一向有"刷色"之说，即通过对人物、环境的色彩表现，来增加词作视觉上的色彩形象。借用"刷色"一词，我们也可以说，宋代咏酒词对环境的铺排、渲染，也为词中的酒及人们饮酒活动刷了色。与唐代的咏酒诗相比，宋代咏酒词在艺术手法上的明显特点是，它极善于用细腻、多彩的环境描写来渲染饮酒的氛围，衬托饮酒者的神态、形貌和心理。咏酒词中的环境多为自然环境，李清照的"东篱把酒黄昏后，有暗香盈袖"（《醉花阴》）和"不如随分尊前醉，莫负东篱菊蕊黄"（《鹧鸪天》）；辛弃疾的"山远近，路横斜，青旗沽酒有人家"（《鹧鸪天》）。

咏酒词除用自然环境烘托之外，词人也用各种社会环境与人们的生活细节去衬托饮酒者，反映他们的思想情感。柳永的"都门帐饮无绪，留恋处，兰舟催发"（《雨霖铃》）就用"兰舟催发"这一特定的环境表现词人留客不能，无心饮酒的愁绪。晏几道的"衾凤冷，枕鸳孤，愁肠待酒舒"（《阮郎归》）又用家庭凄冷的生活环境去表现酒入愁肠时的孤苦之感。《蝶恋花》抓住的是饮酒人生活中的细节，在对这些细节作真切描写的过程中，表现了词人或凄凉之感，或恣意纵饮之情。

宋代咏酒词中对环境描写的总的特点是丰富而细腻，有时又是非常委婉而含蓄。它们都非常真切地烘托、表现了词人饮酒活动过程中的特殊情感。和唐代的饮酒诗相比较，我们会发现，宋代的咏酒词对环境的描写显得十分突出，相比之下唐代的饮酒诗要逊色得多，它主要采用融情入酒的方式，围绕酒去抒情，而不大注重环境的描写与配合。唐代的咏酒诗中有些篇目也描写了环境，但环境与饮酒活动的结合显得并不太紧密，如王维的"渭城朝雨浥轻尘，客舍青青柳色新。劝君更尽一杯酒，西出阳关无故人"（《送元二使安西》），在写饮酒活动的同时，也写了不少自然景色，但与宋代咏酒词的环境描写相比，就显得稍逊一筹了。诗歌中的渭城与客舍的景象虽是与饮酒活动发生联系的特定环境，但是"朝雨""柳色"和"更进一杯酒"一起，都是为送"故人"所做的铺垫，环境的渲染并不是直接服务于饮酒活动的。再拿唐代最著名的饮酒诗李白的《将进酒》来说，尽管诗中也有"黄河之水""高堂明镜""月"等环境描写的内容，但这些环境都不是现实中的真实环境，而是诗人心灵世界构筑的环境。归根到底，这种环境其实只是诗人的情感，说它是环境也只能说是"以情造景"而产生的环境，这种环境是不能与宋代咏酒词中真实而细腻的环境相提并论的。

宋代咏酒词在艺术表现上的另一个较大的特色是，词人的想象力极其丰富，词句中飞动着浪漫主义的神韵。咏酒词中除了像苏轼的"把酒问青天"（《水调歌头》）和"对酒卷帘邀明月"（《少年游》），化用了唐代李白的"青天有月来几时，我今停杯一问之"和"举杯邀明月，对影成三人"的诗句，其他神思飞扬，想象十分奇特，词句极其瑰丽，充满浪漫主义风格的词作，皆是宋代词人的创造。

综上所述，宋代的咏酒词在继承以往，尤其是唐代同类题材诗歌创作成就的基础上，经过词人们创造，使饮酒词的意境进入了新的境界，词作中对人的内心世界的刻画更加精微、细腻，体现了宋人自我意识的增强。唐代的诗人受"致君尧舜上"的传统儒家意识的影响，他们的自我意识总是让位于社会意识，宋代咏酒词受宋词风格的影响，在写景状物的手法上更加灵动，更有神韵，与人们饮酒活动的描写结合更加紧密，另外充满想象的浪漫主义风格的展现，也是宋代咏酒词的一大特色。总之，作为宋词有机组成部分的咏酒题材词作，其在创作上的成就是显著的，后世的鉴赏、批评者，不可忽略这些成就。

三、酒与赋

赋是一种介于诗与文之间的文体，因此兼有二者之特点，它既可以记事写物，还可以抒情述志。如在苏轼以日常生活为表现对象的赋中，超过半数与酒有关，即使放在所有的东坡赋中来审视，也有 2/5 的赋与酒有关。可见，酒在东坡赋中所占据的重要位置，是东坡赋最主要的题材，也是其赋中抒情表意最为常见的载体之一。

东坡赋既有记写风物之作，也不乏言情说理之文，在与酒有关的东坡赋中，有酿酒、赠酒及饮酒的记载，苏轼也通常借酒以抒情言志。如《赤壁赋》及《后赤壁赋》有饮酒过程的描述，酒在此也是促发艺术创作的触媒，《赤壁赋》中写道：于是饮酒乐甚，扣舷而歌之。歌曰："桂棹兮兰桨，击空明兮溯流光。渺渺兮予怀，望美人兮天一方。"客有洞箫者，倚歌而和之。其声呜呜然，如怨如慕，如泣如诉。余音袅袅，不绝如缕。舞幽壑之潜蛟，泣孤舟之嫠妇。不管是"扣舷而歌"还是洞箫呜咽，都是在获得饮酒之乐以后乘兴而为，酒无疑成为了促发艺术行为的媒介。

而《洞庭春色赋》《中山松醪赋》《酒子赋》兼有酿酒、赠酒、饮酒及抒情言理之文，《酒子赋》载赠酒："南方酿酒，未大熟，取其膏液，谓之酒子，率得十一。既熟，则反之醅中。而潮人王介石、泉人许珏，乃以是饷予。宁其醅之漓，以蕲予一醉。此意岂可忘哉？乃为赋之。"苏轼不但为我们解释了何为"酒子"及他人赠酒饮之，而且还以此说明作赋之缘由。

《酒隐赋》和《浊醪有妙理赋》则更多借酒以抒情遣兴及言事明理。如《浊醪有妙理赋》写饮酒之乐："今夫明月之珠，不可以襦。夜光之璧，不可以哺。刍豢饱我，而不我觉。布袄燠我，而我不娱。惟此君独游万物之表，盖天下不可一日而无。在醉常醒，孰是狂人之药？得意忘味，始知至道之腴。"不管是"明月之珠""夜光之璧"之类的珠宝，还是刍豢、布帛之类的事关衣食之物，都不如酒给人带来的快乐多，因为酒可以让人在醉与醒之间不受外在束缚而在精神上获得解放与自由，故"天下不可一日而无"。

在赋中抒情言理乃赋之传统，自屈原时便已奠定，并非苏轼首创，但却可说由苏轼总其大成。如《酒隐赋》《赤壁赋》《后赤壁赋》作于被贬黄州时，《酒子赋》《浊醪有妙理赋》则作于苏轼被贬儋州时，其他作品如《中山松醪赋》虽作于元祐时期，但是苏轼于赋中抒发的却是"郁风中之香雾，若诉予以不遭"。赋与酒在苏轼人生面临困厄之时便自然而然如天衣无缝般结合在一起，苏轼于赋中借酒以遣怀也成为东坡赋最显著的特色之一。

苏轼对传统酒文化的"醉美"风范极为推崇，同时他又深得饮酒之趣，苏轼饮酒淡化了酒所具有的物质属性，更多地从饮酒中体味人生境界与审美追求，故其在饮酒风格、饮酒心理及饮酒书写等方面都与前人有着不同。同时，苏轼一直认为"惟有醉时真，空洞了无疑"（《和陶饮酒二十首》其十二），饮酒之后的苏轼将一己真切情怀表现于文学艺术中，因此透过其写酒之作可以窥见一个真实的苏轼。另外，按照吴处厚所言"文之神妙莫过于诗赋，见人之志非特诗也，而赋亦可以见焉，"因此，东坡赋中的饮酒书写无疑是其品性、情感、思想与审美之高妙境界真实而鲜明的写照。

四、酒与小说

四大名著《三国演义》《水浒传》《西游记》《红楼梦》，多次写到酒。《聊斋志异》《三言二拍》等很多作品，也都与酒有关。例如，在《老残游记》中，作者借酒虚构故事；《金瓶梅》中的"李瓶儿私语翡翠轩、潘金莲醉闹葡萄架"；在《镜花缘》中，描写了武则天如何醉酒逞淫威；《儒林外史》中的周学道校士拔真才，胡屠户行凶闹捷报；《官场现形记》中的"摆花酒大闹喜春堂，撞木钟初访文殊院"……在现代著名作家鲁迅、巴金等的小说中，也离不了酒。而且，小说中写到酒的相关情节，都较为生动、可读性较强。

"白发渔樵江渚上，惯看秋月春风。一壶浊酒喜相逢，古今多少事，都付笑谈中。"这是《三国演义》开篇的一首词，词中便提到酒，放眼整部小说，酒出现的次数非常多。三国英雄们与酒的故事，广为后世所讴歌。据统计，《三国演义》120回，发生饮酒场面319次，包括联谊类93次，其中联谊聚饮27次，宴宾待客66次；闲饮类51次，其中闲饮解闷45次，饮酒误事6次；以酒谋事29次，占饮酒总次数的9%；鼓励安慰类61次，其中赏赐犒劳37次，压惊慰劳21次，壮行3次；礼节礼仪常例类47次，其中接风送行17次，年节习俗3次，祭奠20次，结盟起誓7次；庆贺类16次；疏通关系类15次，其中疏通笼络9次，酬谢6次；鸩酒杀人类5次；其他，如酿酒2次。《三国演义》中塑造的数百位出场人物几乎人人嗜酒，打了胜仗要喝酒，打了败仗也要喝酒，交友要喝酒，绝交也要喝酒……酒已经融入生活的方方面面，成为不可或缺的一部分。《三国演义》中的许多经典故事在中国家喻户晓，这些故事中，很多都和酒紧密相关，特别是在重要场合，更少不了酒，比如桃园三结义、青梅煮酒论英雄等。在《三国演义》中，写到饮酒及与酒有关的情节还有"关羽温酒斩华雄""张飞佯装酒醉战张郃""群英会蒋干中计""关云长单刀赴会"等，酒都起到重要作用，同时也恰到好处地表现了人物的性格。

《西游记》是四大名著中涉及酒文化最少的一部，但各种饮酒场面也有100多次，从仙界到妖界再到人间，对酒文化的描述非常生动和丰富，不仅起到展现人物性格的作用，同时揭露了世俗民风，也让人感受到酒文化的魅力与底蕴。在《西游记》中，描写了各式各样的酒、酒器及饮酒经典场面。一是描写到的酒种类有22种。如玉液、琼浆、仙酒、御酒、椰子酒、香醪酒、荤酒、香糯酒、葡萄酒、素酒、暖酒、紫府琼浆、熟酝醪、喜酒、美禄、药酒、松子酒、香腻酒、香酒、香醪、新酿、轮回琼液。二是酒器种类丰富，有19种，包括金卮、巨觥、玉茶盏、玉酒杯、鹦鹉杯、鹕鹅杓、金叵罗、银凿落、玻璃盏、水晶盆、蓬莱碗、琥珀杯、紫霞杯、双喜杯、三宝盅、四季杯、大爵、大觥、青瓷酒壶。三是有很多饮酒的经典场面，孙悟空大闹天宫就是其中之一。

《水浒传》关于酒的描写，超越了酒的具象描写，上升到了一种新的精神文化层面，达到了很高的艺术境界。如果去掉《水浒传》中关于酒的描写和酒文化的精神内涵，整篇作品的人物形象将黯然失色，社会内涵会趋于平淡，艺术成就也会大打折扣。具体说来，《水浒传》的酒文化书写，具有如下几个特征：一是《水浒传》中的酒蕴含了丰富的文化内涵和精神内涵，促使了人物性格的形成和发展以及人物命运的转变。诸如"鲁提辖拳打镇关西"的故事，就是因酒而引发的。如果没有了酒，这个故事就很难给人留下深刻的印象。二是《水浒传》中的酒加剧了小说中的矛盾与冲突，推动故事情节朝着紧张、曲折的方向发展，并促使故事情节波澜横生。如第三十七回宋江与李逵的相会，作者就用充满浪漫的笔调，以饮酒为线索，描写了一系列非常有趣的故事，从而使原本平常的故事情节变得生动曲折、引人入胜。如果没有酒，李逵出场的描写就不可能如此引人入胜，故事情节就会显得单调乏味，对读者就没有什么吸引力。三是《水浒传》中关于酒的描写，深化了小说的社会内涵，丰富了小说的思想内容。《水浒传》中关于酒的描写，具有深刻的社会意义和鲜明的时代特色，从某种程度上深化了小说的社会内涵，并且丰富了小说的思想内容。比较典型的和突出的事例，一个是林冲被逼上梁山的过程，另一个就是第三十八回宋江在浔阳楼上写反诗。

《红楼梦》中描写酒的内容有以下几个特点：一是几乎全书都贯穿着酒，从第一回至第一百一十七回，直接描写喝酒的场面有 60 多处，全书共出现"酒"字 580 多处；二是发酵酒、蒸馏酒、配制酒三大类酒都写到了；三是提到各种饮酒的名目有二三十种，如年节酒、祭奠酒、贺喜酒、祝寿酒、生日酒、待客酒、接风酒、饯行酒、赏花酒、中秋赏月酒、赏雪酒、赏灯酒、赏舞酒、赏戏酒等，不一而足；四是不但描写饮宴、饮酒、醉态等情景，还述及酒的知识及酒德等方面；五是将饮酒与文学艺术联系在一起，在饮宴中采用了行雅令、俗令、击鼓传花等形式，并体现了各种酒礼和酒俗。第四十回的"史太君两宴大观园，金鸳鸯三宣牙牌令"，可谓将饮酒场景推向极致。还应注意的是，在第五回和第十一回中，曹雪芹特意两次引出了秦可卿房中那幅"海棠春睡图"，还有宋学士秦太虚写的一副对联：嫩寒锁梦因春冷，芳香袭人是酒香。

第二节　酒与音乐

一、酒与音乐的关系

纵观中国几千年的音乐史，不难发现，音乐与酒结下了不解之缘。酒和音乐大致有着这样的关系。

1. 酒为低吟高唱的由头

如曹操的《短歌行》，其"对酒当歌，人生几何"的歌声，通过酒抒发了对时光流逝、功业未成的深沉感慨。又如韩伟作词、施光南作曲的《祝酒歌》，其"美酒飘香歌声飞，朋友请你干一杯，胜利的十月永难忘，杯中酒满幸福泪"的歌声，通过酒抒发了人民的无比兴奋、喜悦。

2. 以音乐写饮酒之人的精神状态，抒发饮酒之人的思想感情

如古琴曲《酒狂》。魏之末年，司马氏专权，士大夫言行稍有不慎，往往就招致杀身之祸。阮籍放纵于饮酒，一方面避免了司马氏的猜忌，一方面也使司马氏胁迫、利用他的企图归于无效。《酒狂》比较形象地反映了他似乎颓废实际愤懑的情感。又如古琴曲《醉渔唱晚》，描摹了一位以打鱼为生的隐者放声高歌、自得其乐、豪放不羁的醉态，抒发了作者忘情于山水，纵情于美酒的思想感情。

3. 以酒为歌唱的重要内容

如明代民歌《骂杜康》《酒风》，清代民歌《这杯酒》《上阳美酒》，民国时期的民歌《八仙饮酒》《十杯酒》，中华人民共和国成立之后的《赞酒歌》《丰收美酒献给毛主席》。又如，器乐曲广东音乐《三醉》和琵琶曲《倾杯乐》。另外，不少词牌、曲牌名称，或含有酒，或与酒有关。其最初都是一首词或一支曲子的名称，其词或曲子被广为传唱之后，时人纷纷模仿，于是逐渐成为一种固定的音乐格式，包括唱词的格律，其名称也就成为该曲牌或词牌的名称，例如《倾杯乐》。还有一种情况，一个词牌或曲牌，例如《念奴娇》，由于所填之词或曲影响很大，并且与酒有关。例如，苏轼的《念奴娇·赤壁怀古》问世之后，广为传唱，其主旨，又全在末句"人生如梦，一樽还酹江月"中，于是，时人就以《酹江月》作为《念奴娇》的别称。

4. 酒与音乐皆是古代"礼"的重要内容

《礼记·乐记》说："礼节民心，乐和民声，礼义立，则贵贱等矣；乐文同，则上下和矣。"国君宴饮群臣宾客，在古代也是一种礼仪（燕礼），在这种场合，自然要奏乐，例如周代的《小雅·鹿鸣》、清代的《清乐》等。礼乐互用，酒乐相配，在明君臣之礼的同时，激发群臣宾客的忠贞。

5. 以音乐推销酒

音乐与酒，都是人类情感的结晶。几千年来，在中华大地，美酒飘香歌绕梁。芬芳的美酒，美妙的旋律，丰富着人民的生活，成为中华灿烂民族文化的一个重要组成部分。南宋"诸军酒库"用音乐、杂剧推销新酒的情况，就是一个很好的用音乐推销酒的例证。现今的酒类电视广告，大多配以相应的音乐。

二、以酒为主题的音乐创作

西周至春秋时期，歌曲主要分风、雅、颂三类。风是民歌，雅是贵族和士大夫根据民歌改编创作的歌曲，颂是祭祀乐歌。风、雅歌曲在宫廷及士大夫宴乐时演唱，一般以瑟或琴伴奏，故有"弦歌"之称。颂用瑟伴奏，但也有加琴或搏拊的。现存歌词 305 首，即孔子所编订的《诗经》一书。这 305 首歌曲中，有不少与酒有关，例如，有 12 首风、雅歌曲经常被士大夫用于"乡饮酒礼"，它们是《鹿鸣》《四牡》《皇皇者华》《鱼丽》《南有嘉鱼》《南山有台》《关雎》《葛覃》《卷耳》《鹊巢》《采蘩》《采苹》，被称为《风雅十二诗谱》。这套诗乐用律吕谱记写，是宋乾道（公元 1165—1173 年）年间的进士赵彦肃所传唐开元（公元 713—741 年）年间一般仪式所用之歌曲。

《风雅十二诗谱》中，有些歌直接描写了酒，例如《鹿鸣》的第二、第三段"呦呦鹿

鸣，食野之蒿。我有嘉宾，德音孔昭。视民不恌，君子是则是效。我有旨酒，嘉宾式燕以敖。呦呦鹿鸣，食野之芩。我有嘉宾，鼓瑟鼓琴。鼓瑟鼓琴，和乐且湛。我有旨酒，以燕乐嘉宾之心。"

战国时期，酒在音乐中也有反映。例如，楚辞《九歌》之一《东皇太一》中的"瑶席兮玉瑱，盍将把兮琼芳。蕙肴蒸兮兰藉，奠桂酒兮椒浆。扬枹兮拊鼓，疏缓节兮安歌，陈竽瑟兮浩倡"。《九歌》本是古代乐歌，《离骚》《天问》都曾提到它。传说它是夏启从天上偷来的。屈原在这部民间祭神的乐歌的基础上，创作了用于朝廷大规模祭典的同名祭歌。《东皇太一》就是其中的一篇。它多次重复，曲调比较简单。

屈原的《招魂》一诗，也有一些关于酒的诗句，如"华酌既陈，有琼浆些""美人既醉，朱颜酡些""娱酒不废，沈日夜些"。作为歌词，《招魂》段落分明，转折多变，华彩缤纷，感情真挚，与它相配合的，应该是一套艺术性相当高而且很不寻常的曲调。其曲式，据杨荫浏先生分析："前有总起，中间有显著的曲调变化，后有总结"。

谈起汉代的音乐，不能不谈及乐府。乐府，原本是汉代音乐机构的名称。创立于西汉武帝时期，其职能是掌管宫廷所用的音乐，兼采民间歌谣与乐曲，并设置了几十位文学家专门根据民间曲调填写歌词。魏晋以后，将汉代乐府所搜集、创作、演唱的诗歌统称之为"乐府"。"乐府者，声依永，律和声也"（刘勰《文心雕龙》）。汉乐府有许多是"感于哀乐，缘事而发"的民歌，在内容上反映了当时广阔的社会生活，在艺术上具有刚健清新的特色。其曲名，有些就与酒有关，如《将进酒》《置酒》。《将进酒》是乐府鼓吹曲的一部，歌词专写宴饮赋诗之事，后用于激励士气，宴享功臣。《置酒》是相和歌大曲的一支曲子。在公元五六世纪以前，民间音乐在北方统称为相和歌。《宋书》卷二《乐志》载有《大曲》十五曲的歌词，其中就包括《置酒》。

三国时期，著名政治家、军事家、文学家曹操的诗全部是乐府歌辞。他"登高必赋，及造新诗，被之管弦，皆成乐章"。其《短歌行》开头即与酒有关："对酒当歌，人生几何？譬如朝露，去日苦多。慨当以慷，忧思难忘，何以解忧，唯有杜康。"魏末晋初，阮籍创作了一首非常有名的古琴曲，名曰《酒狂》。南北朝民歌中，写酒的也有不少，例如清商乐《读曲歌》。当时，民间音乐无论在北方还是南方都统称为清商乐。《读曲歌》属吴声歌曲（产生于吴地的歌曲的总称，含许多曲调）。"读曲"也作"独曲"，即徒歌，歌唱时不用乐器伴奏。歌中有这样的词句："思难忍，络纬语酒壶，倒写侬顿尽。"

隋唐时期，为歌唱写作的诗人很多。李白、元稹、王维、白居易、李贺、李商隐、李益等诗人的不少诗，都曾被人们传唱，其中不少与酒有关，例如李商隐的《杨柳枝》："暂凭樽酒送无憀，莫损愁眉与细腰。人世死前惟有别，春风争拟惜长条。"又如王维的"渭城朝雨浥轻尘，客舍青青柳色新。劝君更尽一杯酒，西出阳关无故人。"在唐代曾广为传唱。此曲原是一首琴歌，因琴歌将王维的诗重复了三次，故取名为《阳关三叠》。这首琴歌在流传过程中，渐渐脱离歌词成为一首古琴独奏曲。

宋词中，描写酒和饮酒的作品不少。例如，苏轼《念奴娇》的"人生如梦，一樽还酹江月"，《水调歌头》的"明月几时有，把酒问青天"；李清照《凤凰台上忆吹箫》的"新来瘦，非干病酒，不是悲秋"。另外，姜夔《石湖仙》《淡黄柳》《角招》《越九歌》《霓裳中序第一》《惜红衣》《翠楼吟》《玉梅令》都唱到了酒。

元代的歌曲——散曲，曲牌甚多，其名称与酒有关者，据不完全统计有：醉花阴、倾杯序、醉太平、醉扶归、醉中天、醉乡春、醉春风、醉高歌、醉旗儿、沉醉东风、沽美酒、梅花酒、醉娘子（又名真个醉）、醉也摩草、醉雁儿等。元代的戏曲——杂剧与南戏，皆有乐谱传世，其名称与酒有关的，杂剧有醉中天、梅花酒、酒旗儿、沉醉东风、醉春风、沽美酒、醉娘子、醉扶归、醉花阴、醉中天、醉太平；南戏有醉娘子、醉罗歌、沉醉东风、醉翁子、醉太平、醉扶归、醉中归、劝劝酒、（北）沽美酒、太平令、醉侥侥。无论杂剧或南戏，还是散曲，以酒入词进行歌唱的现象屡见不鲜。例如，白朴的杂剧《御沟红叶》的女主人公宫女韩妇人所唱的一段煞尾即为："稳坐定自象满斟着碧玉园。拥跤绢将红叶儿怀中搂。你与我递一盏新婚庆喜的酒。"

明代和清代的音乐，最有代表性的是民歌与小曲。据不完全统计，明、清两代出现的民歌、小曲的歌词集和曲谱集有《四季五更驻云飞》《新编寡妇烈女诗曲》《玉谷调簧》《词林一枝》《挂枝儿》《山歌》《新镌雅俗同观挂枝儿》《新镌千家诗吴歌》《粤风》《时尚雅调万花小曲》《霓裳续谱》《借云馆小唱》《白雪遗音》等。这些集子皆收有与酒有关的民间歌曲。有的歌名中就有酒，例如，《挂枝儿》中的《骂杜康》，《白雪遗音》中的《这杯酒》《酒》《上阳美酒》《醉归》《未曾斟酒》等。有的内容中唱了酒，例如，吴畹卿传谱的《山门六喜》，唱的就是鲁智深醉打山门的故事；浦文琪传唱的《玉娥郎》中有这样的词句："五月五日是端阳，角泰香，艾虎挂门旁，富蒲洒满筋。"

明、清的戏曲音乐，与酒有关的也不少，例如，传奇《郎嘟梦》有一出名字就叫《三醉》；明、清杂剧至今存有乐谱者，只有四个全折，其中一折就是《吟风阁》一剧的《罢宴》，昆曲《小宴》、京剧《武松打虎》等，酒都是角色歌唱的重要内容。

明、清的宫廷音乐，宴乐占有重要位置。例如，清代的宴乐就有《中和韶乐队》《清乐队》《庆隆舞》《筋吹》《番部合奏》《高丽国徘》《瓦尔喀部乐舞》《回部乐》《卤簿乐》《丹隆乐》等。其中，《筋吹》《番部合奏》《高丽国徘》《瓦尔喀部乐舞》《回部乐》都是少数民族音乐。宴飨在"三大节"即元旦、万寿和冬至举行，何时演奏哪一种音乐，随着礼仪的进行而有严格的规定："皇帝出入奏《中和乐》，臣工行礼奏《丹隆乐》，惰食奏《清乐》，巡酒奏《庆隆乐舞》"（《律吕正义后编》卷四十五）。

民国时期创作歌曲的内容与酒有关的也有不少，例如，唐纳作词、聂耳作曲的故事影片《逃亡》的插曲《塞外村女》，第一段就有酒：采了蘑菇把磨推，头昏眼花身又累。有钱人家团团坐，羊羔美酒笑颜开。

再如李叔同根据美国 J·P·奥立韦的曲子填词的《送别》，酒为其第一段内容增添了无穷的惜别之意：

长亭外，古道边，芳草碧连天，晓风拂柳笛声残，夕阳山外山。

天之涯，地之角，知交半零落，一壶浊酒尽余欢，今宵别梦寒。

各民族与酒有关的民歌，就更多了，例如，蒙古族的《酒歌》，满族的《手拿酒杯举过眉》，乌孜别克族的《一杯酒》，裕固族的《喝一口家乡的青稞酒》，藏族的《敬上一杯青稞酒》，维吾尔族的《金花与紫罗兰》（我最爱那葡萄酒，更爱你的歌声比酒甜），撒尼族的《撒尼人民多欢喜》（喜笑颜开的老倍们，痛痛快快干一杯），壮族的《对歌》（唱歌莫给歌声断，喝酒莫给酒壶干），土家族的《长工歌》（好酒好肉老板吃，皮和骨头待长工）。

第三节　酒与舞蹈

中国几千年的酒舞历史，创造出了中华民族文化现象中的至情、至谊、至善、至恶、至美、至丑……形成了具有极大反差的社会万象。如此丰富的酒舞生活内容，为中国古今艺术大师们提供了取之不尽，用之不竭的素材。在文学家、艺术家的笔下和舞台上，酒与舞的融合创造出种种风格的美，个性的美，形象的美，美不胜收，美美与共。昆曲表演艺术家俞振飞《太白醉写》一戏中的"一点三颤""一歪一斜"，表现了"诗仙"李白"斗酒诗百篇"的飘逸潇洒，豪放不羁，不畏权贵的艺术形象；《醉打山门》中一组醉态演练，模仿十八罗汉造型的舞蹈身段，将鲁智深粗犷的性格，豪爽的个性表现得淋漓尽致；京剧《武松打虎》《醉打蒋门神》，无不是突出一个醉字，而又立足一个舞字来刻画，表现武松威武勇猛的英雄形象。这些个性鲜明的艺术形象，总会使人在欣赏之后，加倍感受到酒与舞的耦合带给人的畅、快，使人在那艺术的醉态舞中感悟到一种人的本质和人生的真谛。总而言之，无论是历史的真实，还是艺术的演绎，酒与舞蹈都极大地美化着人类的社会生活，丰富着人类文化与文明的内涵。人们自应于酒与舞中辨析美丑，抑恶扬善。

一、美酒敬祖，畅舞娱神

巫舞是原始图腾舞蹈的遗迹，被称为古文化的"活化石"。在人类社会发展的图腾崇拜时期，酒与舞蹈是先民们的生活中开展活动过程形式上的融合表达。如东巴舞和纳西族东巴祭祀活动中，我们不难发现酒与舞蹈是同时并重的祭祀内容。在我国现存的、唯一还应用着的古象形文字——纳西族《东巴舞谱》和《东巴经》中，随处可见酒与舞蹈在祭祀活动过程中相互融合的内容和形式。

纳西族举行"求长寿"和"成丁礼"（儿童年满十三即被认为长成大人，要聘请东巴主持仪礼举行祭祀活动）时，法仪古老的祭坛前一棵用五色花朵（古时用丝线或黄色的蔓青花、叶）装饰的松树，就是"含依宝塔树"。祭坛上摆放着人们带来的"巴巴日"等供品。人们在宝塔树前排起整齐的队伍，祭司（即东巴）从供品中取出"巴巴日"，手中握着一束散发着香气的柏树枝，蘸着碗中的酒向宝塔树洒奠。同时，我们在《东巴舞谱》中看到，纳西族人民在"求长寿法仪"中要由祭司按照规定来跳"汝种布"，其中包括"丁巴什罗舞""萨利伍德舞""金孔雀舞""花舞"等十余种舞蹈。祭祀仪式结束后，大家一同回到祭坛前，老人、中年、青年分别围坐在一起品尝"巴巴日"。这时，年长的人唱起祝寿和祝颂成长的颂歌，年轻人则吹起瓢笙。

二、搏前献歌舞，吉凶实难卡

在中国几千年的历史舞台上，酒与舞蹈有时是相伴而生的，令酒增色，令艺生辉；有时是相伴二魔，隐埋祸种，潜伏杀机。

"美人计，吴宫宠西施"，几乎是家喻户晓的历史故事。越王勾践兵败，吴宫受辱，归国后卧薪尝胆，立志报仇雪耻。后用大夫范蠡所设"美人计"，举国内遍寻美女，得西施与郑旦，"使老学师教之歌舞，学习容步，俟其艺成而后进吴宫"。吴王夫差自得西施，荒于酒色，日夜歌舞宴饮，不理朝政。数年后勾践兴兵伐吴，大败吴国，逼得夫差自取灭亡。勾践班师携西施而归。

鸿门宴，历来被喻为凶险的象征。"项庄舞剑，意在沛公"，更提示人们要警惕那些貌似献媚的舞蹈中暗藏着杀机。秦汉时期酒和舞蹈是士大夫阶层中最重要的礼仪社交内容。酒席宴上"以舞相属"，表示宾客互相敬重友好，并且含有沟通情谊的意思。"以舞相属"的一般程序是：酒席宴中主人（也可以是宾客）起身先舞，跳至客人面前，以礼相邀，这时客人必须起身以舞回报主人的盛情。如果拒不起立，或起而不舞，舞而不旋，都算是失礼和不敬。因此在历史上就有实因政治观点不同，志向意趣不投，从而借"以舞相属"，礼仪失度引发和激化矛盾的事例。

三、把盏频相敬，歌舞尽真情

中国是一个多民族的国家，各少数民族大都保留着本民族的酒礼习俗和歌舞文化。酒与舞的不同结合形式，恰恰最能体现出各民族的生活习性和民族性格。在各民族的礼仪交往中，酒与舞往往被视作最隆重的仪式和最热诚的接待，是最恰当、最美好的祝福。在一些少数民族的日常生活中，酒与舞蹈也被看作文化瑰宝一般的珍贵，是人们生活必不可少的一部分。

苗族人民居住的山寨往往被人称作"歌山"或"花山"，这正是苗家人喜爱歌舞的形象比喻。苗家有句俗语——苗家无酒不唱歌，因此，酒歌在苗族的日常生活中就占有很重要的地位，而酒歌优美的旋律和节奏，正是苗家丰富多彩舞蹈的伴奏。酒、歌、舞的结合构成了苗族豪爽、开朗的民族性格，应和了他们好客、敬客的个性。从苗家婚礼酒歌中的"楼板舞"中，即可体会到该民族的性格及其淳朴、憨厚的民族风尚。

第四节　酒与戏曲

一、戏曲中的酒文化

酒与戏曲并不陌生。中国的戏曲起源于原始的歌舞，原始歌舞又与酒文化密不可分。当酒的生产、贸易和消费成为社会生产、社会文化生活中一个重要的组成部分时，酒自然而然地被戏曲所吸纳和反映，古今许多有名戏曲、戏剧，不但有酒事的内容和场景，有的甚至通篇、全剧以酒事为背景或题材。《西厢记》开场词中就有买到兰陵美酒，烹阳羡新茶之句，其"赖婚"和"兰亭送别"两处中，酒事居于相当重要的地位。《长生殿》描写了唐明皇李隆基和贵妃杨玉环的悲欢离合，义约盟誓就缘酒而发。《十五贯》的戏剧情节也因酒而成。

在中国戏曲的各种剧种中，以饮酒为内容，或笔触及酒的作品更是车载斗量。京剧《鸿门宴》写项羽在鸿门设宴，邀刘邦赴宴，想在酒席中杀死刘邦；《醉打山门》描写了在五台山削发为僧的鲁智深素性嗜酒，狂饮大醉后回寺时大打山门，这些都融入了酒事酒人。

酒与京剧结合的最完美、最著名的首推艺术大师梅兰芳的《贵妃醉酒》，杨玉环受唐明皇宠幸，曾约共饮百花亭，后明皇爽约，玉环久候不至，百无聊赖，问高力士，始知明皇已宿西宫江妃之处，玉环怨艾有加，饮酒独酌，自遣愁烦。梅兰芳扮演的杨贵妃雍容大方，通过优美的唱腔、细腻的表情，卧鱼嗅花等丰富舞姿，深刻地刻画出当时当刻贵妃的心理活动，醉与美得到了和谐的统一。

《太白醉写》则是昆剧的名作，描写了唐玄宗时期，熟识渤海国蛮文的李白被金殿赐宴，复表蛮使，此时，李白乘醉奏唐玄宗，使杨国忠为其磨墨，高力士替他脱靴，扬眉吐气的李白挥毫成表，俞振飞把李白似醉非醉的神态，恃才傲物的性格刻画得栩栩如生。

越剧是流行于江浙、上海等地的剧种，代表作《梁山伯与祝英台》中梁山伯兴冲冲地前去求婚，谁知祝英台已被父母强行许配给马家，无奈之下的祝英台，只能略备水酒敬梁君，这是一杯充满苦涩和无奈的酒。

沪剧《巧凤求凰》中有一段酒赋，几乎把各种名酒都写了进去，内容又切合剧情，极为有趣，对那些既爱戏曲又喜爱杯中之物的观众来说，既过了戏瘾，又过了酒瘾，可谓一举两得。

二、酒与戏曲舞台创作

酒是中国戏曲舞台创作中不可缺少的构成因素。饮酒在戏曲中，与吃饭几乎是同义词。在戏曲舞台上，吃饭的器皿不是饭碗、菜盘（除去极少的例外，如《鸿鸾禧》《朱痕记》《铁莲花》等剧，因剧情的特殊需要才使用饭碗），而是用酒壶、酒杯来代替。请客吃饭，不说请用饭，而是说"酒宴摆下"。不管多么隆重盛大的场面，例如，《鸿门宴》《群臣宴》《功臣宴》等剧，在舞台上表示丰盛筵席的道具，也只有几个酒壶和酒杯。

《水浒》中有许多是以醉酒为主要情节组成的，如《醉打山门》说鲁达在五台山削发为僧，改名智深，因素性嗜酒，每欲破戒。一日，下山闲游，见一人担酒，即上前沽饮，酒贩告以长老有令，禁寺僧饮酒。智深不听，狂饮大醉，回寺大闹。长老遂荐往东京大相国寺。《黄泥岗》（《生辰纲》）说晁盖、吴用等在黄泥岗智劫"生辰纲"（梁世杰送给岳父蔡京的寿礼），用的计策就是用药酒将押送官兵麻醉，然后劫取。《武松打虎》说武松在景阳冈下店中沽饮，乘醉过岗，遇见猛虎，奋勇将虎打死。《十字坡》（《武松打店》）曰：孙二娘将武松灌醉，夜入卧房，准备杀害。其实武松是佯醉，早有戒备。二人摸黑动武，孙二娘不敌，张青赶来相助。武松通名后，张青夫妻慕其名，遂结为好友。《快活林》（《醉打蒋门神》）是说武松发配至孟州牢营，管营施忠之子施恩，慕其名，二人结拜。施恩的酒店被恶霸蒋门神霸占，武松闻之大怒，带酒赶至快活林，痛打蒋门神，夺回酒店。由此引发的一系列剧目有《鸳鸯楼》《飞云浦》《蜈蚣岭》等剧。《浔阳楼》是说宋江杀死阎婆惜，发配江州。一日，宋江到浔阳楼饮酒，酒后，因慨叹个人遭遇，题诗于壁。诗被通判黄文炳抄走，送与知府蔡德章，诬宋江谋反。宋江装疯，蔡知府不信，判宋江斩刑。后被梁山好汉劫法场救出。

有些戏虽然不是以饮酒、醉酒作为贯串全剧的主要情节，但却是剧中某一关键性的细节，塑造或深化人物性格，使之更加鲜明突出；或是用以作为强化戏剧冲突，解决戏剧矛盾，推进戏剧情节发展的一种催化剂，或是渲染戏剧氛围的一种有力的表现手段。

这样的戏非常多。如《温酒斩华雄》，通过"酒尚未凉，华雄已被斩首"这一细节，突出表现了关羽的神勇无敌。《群英会》通过周瑜与蒋干两个人的佯醉，表现了周瑜的智慧谋略和蒋干的自作聪明，上当而不自知。《青梅煮酒论英雄》，通过曹操与刘备饮酒交谈，刻画了两位性格迥异，但又同时具有雄才大略的"当世英雄"。

还有一些戏，如《搜孤救孤》，为救赵氏孤儿，程婴舍子，公孙杵臼舍命，程婴在法场上用酒生祭公孙杵臼和自己的儿子，这一奠酒细节揭示出两位义士为救忠臣孤儿所做的巨大牺牲，也抒发了程婴内心的极度悲痛。《伐子都》描写了子都害死颍考叔后，受到良心谴责，以致神经错乱，在金殿饮酒后，吐露真言，坦白了自己害人的罪行。《霸王别姬》在项羽被困垓下，四面楚歌，全军覆没的前夕，虞姬劝酒献舞，这一场的歌舞惜酒，表达了项羽与虞姬在生离死别的依恋与悲痛。

第五节　酒与书法、绘画

一、酒与书法

在中国书法的历史长河中，酒对书法的创作起到了不可替代的作用。王羲之酒酣之时创作了《兰亭集序》，醒后观之兴叹："此神助耳，何吾能力致"，简直不敢想象这旷世经典之作竟出于自己之手，"更书数十本，终不能及之"。师宜官嗜酒如命，演绎了"顾观者以酬酒直，计钱足而灭之"的题壁传说；颠张醉素凭借酒兴创造了唐代草书变幻莫测的大草神话。书史上关于醉酒的创作不胜枚举，许多书法杰作也借酒而被创造。不仅书法如此，其他的艺术门类也如是，道子醉后方动笔，李白斗酒诗百篇，苏轼得酒芒角出，板桥只恨酒来迟……

对于书法艺术创作而言，重复和程式是非常可怕的事情，为了摆脱汉字既定特征、书写习惯和固定思维的束缚，醉酒无疑是一种理想的状态，酒醉时人们潜在的、本真的、积藏的性格与情感，得到自然地流露，使人们的精神获得极大解放，清醒时所畏惧的礼法、恪守的规矩、惶恐的顾虑被统统抛之脑后，所以张旭才有了"脱帽露顶王公前"的可能。酒精的作用使艺术的激情得到燃烧，激发创作热情，所以书法创作中书家都喜欢借助酒的力量以达到创作的巅峰，怀素上人"醉来信手两三行，醒后却书书不得"的情境便是佐证。情性的高亢激昂和灵感的即兴迸发正是艺术创造最需要的，是艺术的生命与神魄所在，这也许就是酒的魅力。

书法创作讲究心与手的彻底放松。书法家于酒后挥毫作书，往往收到意想不到的艺术效果。书法与酒结合完美的典型，除了王羲之外，还有唐代的张旭、怀素，他们一为"草圣"，一为"草狂"，其酒后挥毫，墨酣笔畅，仿佛如有神助。唐李肇《国史补》记其事："旭饮酒辄草书，挥笔而大叫，以头温水墨而书之，天下呼为张颠，醒后自视，以为神异，不可复得。"唐代诗人李颀《赠张旭》描其态："张公性嗜酒，豁达无所营。皓首穷草隶，时称大草圣。露顶据胡床，长叫三五声。兴来洒素壁，挥笔如流星。瞪目视霄汉，不知醉与醒。"其醉后作书之态确实可掬可嘉。

能够与"草圣"张旭那狂放不羁，飘然不群的书风相匹者，就是唐代的另一僧人书家、有"草狂"之称的怀素。李白《赠怀素草书歌》云："吾师醉后倚绳床，须臾扫尽数千张。飘风骤雨惊飒飒，落花飞雪何茫茫。起来白壁不停手，一行数字大如斗。恍恍如闻鬼神惊，时时只见龙蛇走。"其酒后疏放不拘，书写的激情一发不可收，顷刻之间，挥写纸张无数，所写之书，笔走龙蛇，颇多古势。晚唐诗僧贯休《观怀素草书歌》云："半斜半倾山衲湿，醉来把笔狞如虎。粉壁素屏不问主，乱拏乱抹无规矩。"

苏轼曾说"酒气拂拂从指间出"，方能写好字，他在《答钱穆父诗》书后自题"醉书"两字；他常酒后在其书斋墨妙亭练书，时有佳作，便自言自语，乐甚。他有一句作诗名言，叫做"无意其嘉乃嘉。"恰到好处的饮酒，似醉非醉，似醒非醒，确实能直抒性灵，古人云"书者，心画也！"那时的心绪最是无缰，不矜持，不拘谨，全神贯注，纵横挥洒，慷慨奔放，气象万千，不用意于布置，而得天成之妙。

二、酒与绘画

从古至今，文人墨客总是离不开酒，诗坛书苑如此，那些在画界占尽风流的名家们更是"雅好山泽嗜杯酒"。他们或以名山大川陶冶性情，或花前酌酒对月高歌，往往就是在"醉时吐出胸中墨"。酒酣之后，他们"解衣盘薄须肩掀"，从而使"破祖秃颖放光彩"，酒成了他们创作时必不可少的重要条件。酒可品可饮，可歌可颂，也可入画中。纵观历代中国画杰出作品，有不少有关酒文化的题材，可以说，绘画和酒有着千丝万缕的联系，它们之间结下了不解之缘。

中国绘画史上记载着数万名画家，喜酒者不乏其人。

吴道子名道玄，画道释人物有"吴带当风"之妙，被称为"吴家样"。唐明皇命他画嘉陵江三百里山水的风景，他能一日而就。《历代名画记》中说他"每欲挥毫，必须酣饮"，画嘉陵江山水的疾速，表明了他思绪活跃的程度，这就是酒刺激的结果。吴道子在学画之前先学书于草圣张旭，其豪饮之习大概也与乃师不无关系。郑虔与李白、杜甫是诗酒友，诗书画无一不能，曾向玄宗进献诗篇及书画，玄宗御笔亲题"郑虔三绝"。

五代时期的励归真，被人们称之为异人。平时身穿一袭布裹，入酒肆如同出入自己的家门。有人问他为什么如此好喝酒，励归真回答，我衣裳单薄，所以爱酒，以酒御寒，用我的画偿还酒钱，除此之外，我别无所长。励归真嗜酒却不疯癫狂妄，难得如此自谦。其实励归真善画牛虎鹰雀，造型能力极强，他笔下的一鸟一兽，都非常生动传神。传说南昌果信观的塑像是唐明皇时期所作，常有鸟雀栖止，人们常为鸟粪污秽塑像而犯愁。励归真知道后，在墙壁上画了一只鹞子，从此雀鸽绝迹，塑像得到了妥善的保护。

《韩熙载夜宴图》是描绘五代时南唐大官僚韩熙载骄奢淫逸夜生活的一个场面。韩熙载（公元902—970年），字叔言，北海（今山东青州）人。其父韩光嗣被后唐李嗣源所杀，韩熙载被迫投奔南唐，官至史馆修撰兼太常博士。韩熙载雄才大略，屡陈良策，但频遭冷遇，使其对南唐政权失去信心。不久，北宋雄兵压境，南唐后主李煜任用韩熙载为军相，妄图挽回败局，韩熙载自知无回天之力却又不敢违抗君命，于是采取消极抵抗的方式，沉溺于酒色。李煜得知韩熙载的情况，派画院待诏顾闳中、周文矩等人潜入韩府，他们目识心记，绘成多幅《韩熙载夜宴图》，揭示了古代豪门贵族"多好声色，专为夜宴"的生活情景。图中的注子、注碗的形制是研究酒器发展变化的重要资料。

与酒有关可入画的内容还很多，如以酒喻寿，所谓寿酒就是以酒作为礼品向人祝寿。中国画常以石、桃、酒来表示祝寿。

八仙中的铁拐李、吕洞宾也以善饮著称。他们也常常在中国画里出现，扬州八怪之一的黄慎就喜欢画铁拐李。《醉眠图》是黄慎写意人物中的代表作：铁拐李背倚酒坛，香甜地伏在一个大葫芦上，作醉眼态。葫芦里冒着白烟，与淡墨烘染的天地交织在一起，给人以茫茫仙境之感，把铁拐李这个无拘无束，四海为家的"神仙"的醉态刻画得独具特色，画面上部草书题："谁道铁拐，形肢长年，芒鞋何处，醉倒华颠"十六个字，再一次突出了作品的主题。齐白石画过一幅吕洞宾像，并题了一首诗："两袖清风不卖钱，缸酒常作枕头眠。神仙也有难平事，醉负青蛇（指剑）到老年。"这件作品诗画交融，极富哲理的语言，令人深思。

《宋徽宗赵佶文会图》是宋徽宗所创作的一幅画作。虽然描绘的也是文人雅集，但因作者特殊的身份，表现出的人物性格及恢宏的场面，都有别于普通的文人雅集。《文会图》宴饮的地方面临一泓清池，三面竹树丛生，环境幽雅。中间设一巨榻，榻上菜肴丰盛，还摆放着插花，给人以富贵华丽之感。他们使用的执壶、耳杯、盖碗等也都是当时的高级工艺品，再次显示了与会者的身份。在座的文人雅士神形各异，或持重，或潇洒，或举杯欲饮，或高谈阔论，侍者往来端杯捧盏，为我们展示了宋代贵族们宴饮的豪华场面。

《月下把杯图》是马远的作品，描绘一对相别已久的好友在中秋的夜晚相遇的情景，中秋是团圆佳节，好友重逢，痛饮三五杯，以示庆祝。正如画上宋宁宗的皇后杨妹子写的那样"相逢幸遇佳时节，月下花前且把杯。"《蕉林酌酒图》是陈洪绶人物画中的代表作。此图描绘一个隐居的高士摘完菊花之后，在蕉林独自饮酒的情景。图中，主人正在举杯欲饮，一个童子兜着满满一衣襟的落花，正向一个盛落花的盘子里倒去，另一书童正高捧着酒壶款款而行，这情景描绘的正是孤傲的文人雅士们所向往的"和露摘黄花，煮酒烧红叶"的隐逸生活。

杜甫写过一首题为《饮中八仙歌》的诗，讴歌了贺知章、李琎、李适之、李白、崔宗之、苏晋、张旭、焦遂八位善饮的才子。此后，《饮中八仙》也就成了画家们百画不厌的题材。此图作者杜堇，他画有《饮中八仙》《东园载酒图》等与酒文化有关的作品。《饮中八仙》描绘众多人物吃酒的场面，人们都渐入醉境，但表现又各不相同：或还在举杯酣饮；或烂醉如泥倒在地上；或神情凝滞，将醉欲醉；或丢帽跣足，狂态百出，从而体现了不同人物的不同性格，堪称是一幅描绘醉态的佳作。

第六节　酒令及酒联

一、古今酒令

酒令，中国民间风俗之一。是酒席上的一种助兴游戏，一般是指席间推举一人为令官，余者听令轮流说诗词、联语或其他类似游戏，违令者或负者罚饮，所以又称"行令饮酒"。酒令是一种有中国特色的酒文化。酒令由来已久，最早诞生于西周，完备于隋唐。

酒令开始时可能是为了维持酒席上的秩序而设立"监"。总的说来，酒令是用来罚酒。但实行酒令最主要的目的是活跃饮酒时的气氛。酒席上有时坐的都是客人，互不认识是很常见的，行令就像催化剂，顿时使酒席上的气氛就活跃起来。饮酒行令，不光要以酒助兴，有下酒物，而且往往伴之以赋诗填词、猜谜行拳之举，需要行酒令者敏捷机智，有文采和才华。因此，饮酒行令既是古人好客的传统表现，又是他们饮酒艺术与聪明才智的结晶。

酒令的产生与中国古代酒文化的发达有很大的关系。中国是一个具有悠久酿酒历史的国家，中国的古人历来都很喜欢喝酒。夏王朝的夏桀，曾"为酒池，可以运舟"，商王朝的纣王曾"造酒池肉林"，好为"长夜之饮"，周王朝的穆王，曾有"酒天子"之称，他们都是中国历史上有名的爱喝酒的皇帝。到了汉代，由于国家统一，经济繁荣，人民生活较为安定，因此饮酒之风更为盛行。西汉初，朱虚侯刘章在一次宴会中以军法行酒，中有一人不堪其醉逃席，被刘章追回后斩首。西汉时的梁孝王曾集许多名士到梁苑喝酒，并令枚乘、路侨、韩安国等作赋玩乐。韩安国赋几不成，邹阳替他代笔，被罚酒，而枚乘等人则得赏赐。这种在喝酒时制定出一定的规则，如有违反则必须受到处罚的做法，实际上已经开创了酒令的先河。

行酒令的方式可谓五花八门。文人雅士与平民百姓行酒令的方式大不相同。文人雅士常用对诗或对对联、猜字或猜谜等，一般百姓则用一些既简单，又不需作任何准备的行令方式。

饮酒行令在士大夫中特别风行，他们还常常赋诗撰文予以赞颂。白居易诗曰："花时同醉破春愁，醉折花枝当酒筹。"后汉贾逵并撰写《酒令》一书。清代俞敦培辑成《酒令丛钞》四卷。

春秋战国时代的饮酒风俗和酒礼有所谓"当筵歌诗""即席作歌"。从射礼转化而成的投壶游戏，实际上是一种酒令。秦汉之间，承前代遗风，人们在席间联句，名曰"即席唱和"，用之日久，便逐渐丰富，作为游戏的酒令也就产生了。唐宋时代是我国游戏文化发展的一个高峰，酒令也相应地得以长足发展。酒令到明清时代则进入另一个高峰期，其品种更加丰富，举凡世间事物、人物、花木、虫禽、曲牌、词牌、诗文、戏剧、小说、中药、月令、八卦、骨牌，以及种种风俗、节令，无不入令。清人俞敦培的《酒令丛钞》把酒令分为古令、雅令、通令、筹令四类；当代人何叔衡等编著的《古今酒令大观》把酒令分为字词令、诗语令、花鸟鱼虫令、骰令、拳令、通令、筹令七类；麻国钧、麻淑云编《中国酒令大观》将酒令分为射覆猜拳、口头文字、骰子、牌、筹子、杂六类。按其流行范围分，酒令中较为复杂、书卷气重的大多在书本知识较丰富的人士之间流行，称为雅令；而在广大民众之间则流行比较简单的酒令，称为俗令。当然，这种区分并不是绝对的。酒令的形式千变万化，可以即兴创造和自由选择。

二、古今酒联

酒联是人们喜闻乐见的一种酒文化载体。酒联，是文学和书法相结合的综合艺术。人们阅读一副酒联，不但会从中得到一种艺术享受，丰富精神生活，而且通过欣赏，可以得到启迪和激励。

古典名著中不乏情趣盎然的酒联，《水浒传》第三十九回"浔阳楼宋江吟反诗，梁山泊戴宗传假信"描写"及时雨"宋江到一座酒楼前：仰面看时，旁边竖着一根望竿，悬挂着一个青布酒旗子，上写着"浔阳江正库"，雕檐外一面牌额，上有苏轼大书"浔阳楼"三字，门边朱红华表柱上两面粉牌各有五个大字写道：世间无比酒，天下有名楼。

明代冯梦龙编话本小说《警世通言》第二十卷"计押番金鳗产祸"，周来没事，出来闲走，觉得肚中有些饥，来到一家酒店门前买酒喝，但见门前招牌上一副酒联赫然在目，联曰：酿成春夏秋冬酒，醉倒东西南北人。

　　清代李汝珍著长篇小说《镜花缘》第九十六回"秉忠信部下起雄兵，施邦术关前摆毒阵"：文往前走了数步，路旁一酒店，上面一联云：尽是青州从事，哪有平原督邮？这副对联出自民间故事。相传晋代恒温帐下有一位善于辨酒的官吏，尝到好酒便点头称道："青州从事"；喝到坏酒，就说是"平原督邮"。古时从事、督邮为官职名。青州有齐郡，齐与脐同音，脐是肚脐，大意是喝了好酒可以通到脐下；平原有鬲县，鬲与膈同音，膈是胸之间的内膜，其意是喝了坏酒便不能下去了。它借"青州从事"与"平原督邮"说明，本店卖得好酒都是货真价实的琼浆玉液，哪里有假冒伪劣的劣酒粗酿，食客尽可放心地喝。

🔍 思考题

　　1. 论述酒与某一具体文学艺术形式发展的关系。

　　2. 什么是酒令？酒令如何进行？试着分成小组，体验酒令文化。

　　3. 以某一音乐或乐章为中心，试述其与酒之间的相互影响。

第八章

CHAPTER

名人与酒

8

> 从古至今，酒在中国人的心中，可谓意义非凡。中国人的饮酒历史，可以追溯到商朝。许多文人墨客、侠士武将，都对酒有着非凡的热情。"人生得意须尽欢，莫使金樽空对月""古来圣贤皆寂寞，唯有饮者留其名"，古今中外有不少名人都与酒有着不解之缘。枭雄曹操、田园诗人陶渊明、"酒仙"李白……他们作品中的众多词句，无不描述了饮酒抒发生命感慨，或追求精神寄托的理想境界。

第一节　古代名人与酒

中国酒文化源远流长，自从酒浆诞生之日起，酒中传奇故事便相伴而来了。在我国数千年的历史中，与酒有关的名人数不胜数，他们给大家留下了千古佳话，至今仍让人津津乐道。主要代表名人与酒的故事传说如下。

一、刘邦

刘邦年轻时就爱喝酒，他在泗水（今江苏沛县东）当亭长期间，经常到酒店赊酒，一喝醉了便倒在地上睡个不醒。有一次，他为县里押送一批农夫去骊山服役，路途中不断有人逃走。他想，如此下去，到了目的地怎么向上级交代呢！于是，到了丰邑西边的湖沼地带，他便停下来喝酒。晚上，刘邦对农夫们说："诸位都走吧，我也打算逃走了。"尽管这样，还是有十几个农夫不愿意走而跟从他。刘邦喝得酒气冲天，当晚抄小路通过了湖沼地带后，派往前面探路的人回来报告说："有条大蛇挡住了去路，我们还是回去吧！"刘邦醉意浓浓地说："好汉行路，有什么可害怕的！"于是赶上前去拔剑将大蛇斩为两段。又走了几里路，因酒性大发便倒地而睡。这就是刘邦酒醉斩白蛇的故事。

秦二世元年（公元前210年），陈胜起义时，刘邦在沛县起兵响应，称为沛公。当时辅佐他的有萧何、曹参、樊哙等文官武将。秦朝在三年内很快被推翻，项羽自立为西楚霸王，刘邦被封为汉王，占有巴蜀、汉中之地。不久，刘邦与项羽展开了长达五年的争夺战，于公元前 202 年战胜项羽，建立西汉王朝，登上皇帝之位。

刘邦称帝后荣归故里，大摆酒席，宴请父老乡亲，并挑选 120 名儿童，教他们唱歌。酒酣之际，刘邦唱起了自编的《大风歌》：大风起兮云飞扬，威如海内兮归故乡，安得猛士兮守四方。

席间，刘邦又唱又跳，并感慨伤怀地流下了热泪，对在场的人们说：远游的人，心里无时无刻不在思念着故乡。我虽建都于关中，但日夜思乡，即使千秋万岁后，我的魂魄还是要回来的。所以我把沛县作为汤沐邑，免除全县百姓的徭役，让他们世世代代不受此苦。刘邦的一番话让乡亲们听了，非常高兴，就天天陪刘邦痛饮美酒。这样连续了十多天，在刘邦要返朝时，乡亲们还执意挽留。临别前，全城的人都送刘邦美酒，刘邦一见此景感动万分，便叫人搭起帐篷，又与大家痛饮了三天后，才不得不与大家辞行。这就是流传至今的高祖还乡与高祖酒酣高唱《大风歌》的故事。

二、刘伶

魏晋时的"竹林七贤"常在竹林中畅饮。其中的酒老大当属醉仙刘伶（字伯伦），有关他的酒事传奇最多。据《晋书》记载，一次，刘伶酒瘾发作，向妻子要酒。妻子倒掉酒，毁了酒器，流着泪劝他过量喝酒非养生之道，没想到这刘伶竟然连连称是："太对了！只是我自己戒不掉酒，要向鬼神祈祷才行，你去准备些祭祀用的酒肉吧。"妻子信以为真，急忙按吩咐把酒菜备齐，刘伶跪下祷告："天生刘伶，以酒为名，一饮一斛，五升解酲，妇人之言，慎不可听！"言罢风卷残云，将所祭酒肉扫光，颓然醉倒。又据记载，刘伶"常乘鹿车，携一壶酒，使人荷锸而随之，谓曰：'死便埋我'。"成为酒文化史上的经典。

三、陶渊明

魏晋时期，是中国酒文化发扬光大的时期。流传至今的饮酒故事、成语俗语，举不胜举。例如，陶渊明不但作了一篇流传万世的《桃花源记》，还作了影响后世的《饮酒》组诗，在酒文化史上的地位可说是崇高的。

在中国文学史上，陶渊明开创了一个新的流派，后世名曰山水田园派。关于陶渊明的记载颇多，然而从历史的角度，还是其自述材料更为可靠。在《五柳先生传》中，陶渊明自述云："好读书，不求甚解；每有会意，便欣然忘食。性嗜酒，家贫不能常得。亲旧知其如此，或置酒而招之；造饮辄尽，期在必醉。既醉而退，曾不吝情去留。环堵萧然，不蔽风日；短褐穿结，箪瓢屡空，晏如也。常著文章自娱，颇示己志。忘怀得失，以此自终。"此文描摹出的陶渊明好读书，性嗜酒；家贫酒不常得，往往赖亲旧馈赠，然亦"晏如也"，颇合孔颜安贫乐道之教；著文自娱，抒发心志。在这幅自画像中，陶渊明似乎是一个超然世外的高人。

据《宋书·陶潜传》记载，陶渊明为彭泽令时，"公田悉令种秫谷，曰：'令吾常醉于酒足矣。'妻子固请种粳。乃使一顷五十亩种秫，五十亩种粳。"同书又云："其亲朋好事，或载酒肴而往，潜亦无所辞焉。每一醉，则大适融然。又不营生业，家务悉委之儿仆。未尝有喜愠之色，惟遇酒则饮，时或无酒，亦雅咏不辍。尝言夏月虚闲，高卧北窗之下，清风飒至，自谓羲皇上人。"陶渊明之营生能力，确实较为缺乏。此或因其为名门之后（其曾祖为东晋名臣陶侃），不屑（或不谙）此等事务。故陶渊明物质上之贫乏，除家道中落外，此为一重要原因。但其亦不以为苦，处处显得悠然、闲适，"不能为五斗米折腰"而"拳拳事乡里小人"，《宋书》等史籍将其入"隐逸传"，其来有自。

陶渊明的饮酒，是十分厉害的。其《饮酒》二十首之"小序"，作者便言："余闲居寡欢，兼比夜已长，偶有名酒，无夕不饮，顾影独尽。忽焉复醉。既醉之后，辄题数句自娱，纸墨遂多。"陶渊明将酒完全融入了诗，正如古文学史家王瑶在《文人与酒》一文中所说："以酒大量地写入诗，使诗中几乎篇篇有酒的，确以渊明为第一人"。同时，酒也进入了诗人的生活，几乎成为其生活的全部，一日不可无酒。其为官后欲将公地全行种糯酿酒，恐是事实，可见酒之不可或缺。今人以科学的眼光，均认为长期无节制饮酒，会严重伤害生殖系统。而陶之长年饮酒，其子弟之不肖或难逃此"天运"。

陶渊明饮酒，既是一种生活习惯，也是一种逃避乱世的行为。萧统《陶渊明集序》云："有疑陶渊明诗篇篇有酒，吾观其意不在酒，亦寄酒为迹者也"，即此之谓也。

在物质层面，陶渊明"饥寒困穷，不以累心，但足其酒，百虑皆空"（明刘朝箴《论陶》）。然其以中落之家，不谙生事，《桃花源记》中念兹在兹的"酒食"，或是面对穷苦生活时的一种美好向往。

在文学创作层面，陶渊明更离不开酒，诗酒融合，到此达到一个新的历史高度。正如清人冯班《沧浪诗话纠谬》云："诗人言饮酒，不以为讳，陶公始之也"。对后世诗酒文化之影响，既深且远。后世中另一好酒文豪苏轼，便有《和陶止酒》《和陶连雨独饮二首》《和陶劝农六首》等诗作百余首。

在子弟成长方面，观《责子》及其他诗文，可见其家教之严，期望之殷，然现实之不如意也可知。陶渊明虽不知其所谓"天运"，实乃其饮酒所致，我们却也不必厚期于古人。

四、李白

李白一生嗜酒，与酒结下了不解之缘。杜甫的《饮中八仙歌》："李白斗酒诗百篇，长安市上酒家眠。天子呼来不上船，自称臣是酒中仙。"极其传神地描绘了李白。这四句诗，写出了酒与诗的密切关系，写出李白同市井平民的亲近，写出藐视帝王的尊严。因此，百姓都很喜欢李白，称他为"诗仙""酒仙"。为了称颂这位伟大的诗人，古时的酒店里，都挂着"太白遗风""太白世家"的招牌，流传至今。

关于李白与酒的传说很多，其中有这样一段故事：李白在长安受到排挤，浪迹江湖时，一次喝醉酒骑驴路过县衙门，被衙役喝住。李白说："天子为我揩过吐出来的食物，我亲口吃过御制的羹汤。我赋诗时，贵妃为我举过砚，高力士为我脱过鞋。在天子门前，我可以骑着高头大马走来走去，难道在你这里连小小的毛驴都骑不成吗？"县令听了大吃一惊，连忙赔礼道歉。

李白一生写了大量以酒为题材的诗作，《将进酒》《山中与幽人对酌》《月下独酌》等最为大家熟悉。其中《将进酒》可谓是酒文化的宣言："君不见黄河之水天上来，奔流到海不复回。君不见高堂明镜悲白发，朝如青丝暮成雪。人生得意须尽欢，莫使金樽空对月。……烹羊宰牛且为乐，会须一饮三百杯！"如此痛快淋漓，豪迈奔放。难得的是，李白在这里极力推重"饮者"。为了饮酒，五花马千金裘都可以用来换取美酒，其对于酒之魅力的诠释，确已登峰造极。

饮酒给李白带来了许多快乐，他在诗中说"且乐生前一杯酒，何须身后千载名"，高唱

"百年三万六千日，一日须倾三百杯"，要"莫惜连船沽美酒，千金一掷买春芳"，要"且就洞庭赊月色，将船买酒白云边"，一会儿"高谈满四座，一日倾千觞"，一会儿又"长剑一杯酒，男儿方寸心"。这使我们感到酒已经成了李白生命不可或缺的一部分。

李白的出现，把酒文化提高到了一个崭新的阶段，他在继承历代酒文化的基础上，通过自己的大量实践，以开元以来的经济繁荣作为背景，以诗歌作为表现方式，创造出了具有盛唐气象的新一代酒文化。

李白六十多年的生活，没有离开过酒。他在《赠内》诗中说："三百六十日，日日醉如泥。"李白痛饮狂歌，给我们留下了大量优秀的诗篇，但他的健康却为此受到损害，61 岁（公元 701—762 年）便魂归碧落。"古来圣贤皆寂寞，惟有饮者留其名。"这就是李白，一个光照千古的诗仙酒仙。当然，人们尊崇李白，喜爱李白，绝不是由于他好喝酒，而是钦佩他傲视权贵和倾慕他的诗才。

五、白居易

白居易一生笔耕不辍，著作颇丰，其中与酒有关的作品占有突出地位，对后世产生了巨大影响。在他的劝酒诗中，《劝酒十四首》最为有名。此为咏酒组诗，共分为两题，一为《何处难忘酒》，一为《不如来饮酒》，每题各七首，主要表达求闲、求静、求无思虑、求无作为的老庄思想和佛家禅理。此外，他的《劝酒》和《劝酒寄元九》也颇不寻常。

白居易 67 岁时，写下了《醉吟先生传》。文中醉吟先生，乃是其本人。他在《醉吟先生传》中说，有个叫醉吟先生的，不知道姓名、籍贯、官职，只知道他做了 30 年官，退居到洛城。他的居处有池塘、竹竿、乔木、台榭、舟桥等。他爱好喝酒、吟诗、弹琴，与酒徒、诗客、琴侣一起游乐。事实也是如此，洛阳城内外的寺庙、山丘、泉石，白居易都曾去游历过。

每当良辰美景他便邀客来家，先拂酒坛，次开诗箧，后捧丝竹。一面喝酒，一面吟诗，一面操琴。旁边有家僮奏《霓裳羽衣》，小妓歌《杨柳枝》，不亦乐乎。直到大家酩酊大醉后才停止。白居易有时乘兴到野外游玩，车中放一琴一枕，车两边的竹竿悬两只酒壶，抱琴引酌，兴尽而返。在苏州当刺史时，因公务繁忙，他经常一个人独酌，以一天酒醉来解除九天的辛劳。他说："不要轻视一天的酒醉，这是为消除九天的疲劳。如果没有九天的疲劳，怎么能治好州里的人民。如果没有一天的酒醉，怎么能娱乐我的身心。"接下来更多的则是同朋友合饮。有诗词：

> 绿蚁新醅酒，红泥小火炉。
> 晚来天欲雪，能饮一杯无？
>
> ——《问刘十九》

酒，是如此吸引人。一场雪眼看就要飘洒下来，且天色已晚，有闲可乘，除了围炉对酒，还有什么更适合于消度欲雪的黄昏呢？所谓"酒逢知己千杯少""独酌无相亲"，除了酒之外还要有知己同在，才能使生活更富有情味。杜甫的《对雪》有"无人竭浮蚁，有待至昏鸦"之句，为有酒无朋感慨系之。白居易在这里，也是雪中对酒而有所待，不过所期待的朋友不像杜甫那样茫然，而是召之即来。他向刘十九发问："能饮一杯无？"这是生活中那惬意的一幕经过充分酝酿，已准备就绪，只待给它拉开帷布了。这首诗可以说是邀请朋友前来小饮的劝酒词。给友人备下的酒，当然是可以使对方致醉的，而这首诗本身却是比酒还要醇浓。

白居易，"陶陶然，昏昏然"，本想在沉醉中忘却世间事，但无奈"春去有来日，我老无少时"，恍惚间，"归去来兮头已白"。一代名流，于会昌六年（公元846年）八月十四日，在洛阳城履道坊白氏本家中仙逝，时年75岁。子孙遵遗嘱，将其葬于龙门东山琵琶峰。河南尹卢贞刻《醉吟先生传》于石，立于墓侧。传说四方游客，知白居易平生嗜酒，前来拜墓的人都用杯酒祭奠，所以墓前方丈宽的土地没有干燥的时候，可见，诗人是深得后人爱戴的。

六、欧阳修

欧阳修是众人皆知的醉翁，人们常常说"醉翁之意不在酒"，欧阳修任滁州太守时，写下了他的名篇《醉翁亭记》。倘徉山水之间日子过得像月白风清，很惬意，仕途也很顺利。转瞬间十几年的光阴已经过去，老来多病，好友相继过世，政治上受诬陷，遭贬斥，忧患凋零，今非昔比。

欧阳修喜好酒，他的诗文中也有不少关于酒的描写。《渔家傲》中采莲姑娘用荷叶当杯，划船饮酒，写尽了酒给人的生活带来的美好。欧阳修任扬州太守时，每年夏天，都携客到平山堂中，派人采来荷花，插到盆中，叫歌妓取荷花相传，传到谁，谁就摘掉一片花瓣，摘到最后一片时，就饮酒一杯。这样欢宴畅饮，直到深夜而归。

庆历间贾文元任昭文相时，常与欧阳修畅饮。贾文元知道欧阳修饮酒时喜欢听曲，所以预先叮嘱一官妓，准备些好曲子来助兴。谁知这官妓闻而不动，再三催促，仍旧无动于衷。贾文元感到很无奈，不料在宴席上，这位官妓在向欧阳修敬酒祝寿时，一曲又一曲地献唱。欧阳修侧耳细听，听完一曲，饮一大杯酒，心情十分痛快。贾文元感到奇怪，过后一问，才知道官妓所唱的曲，全是欧阳修作的词。

晚年的欧阳修，自称有藏书一万卷，琴一张，棋一盘，酒一壶，陶醉其间，怡然自乐，可见欧阳修与酒须臾不离。

七、苏轼

苏轼生于一个饮酒世家，祖父、父亲均好酒，而他则青出于蓝而胜于蓝。他对人说，我每天要饮酒，倘若没有酒喝，就会疾病缠身。他爱酒、饮酒、造酒、赞酒，在他的诗、词、赋、散文中，都仿佛飘散着美酒的芳香。三百多首词作中，酒出现了九十多次，如"还来一醉西湖雨，不见跳珠十五年"（《与莫同年雨中饮湖上》），"醉醒醒醉。凭君会取这滋味。浓斟琥珀香浮蚁"（《醉落魄·述怀》），"酒勿嫌浊，人当取醇"（《浊醪有妙理赋》）等。苏轼的名篇《念奴娇·大江东去》《赤壁赋》《水调歌头·明月几时有》等，都是酒后之作，酒给了他文思与灵感，又融入他的愁肠，化作一首首瑰丽的诗篇。

"明月几时有，把酒问青天"。苏轼的词写得很豪放，但其实酒量并不大，他自己说："余饮酒终日，不过五合，天下之不能饮，无在余下者。然喜人饮酒，见客举杯徐引，则余胸中为之浩浩焉，落落焉，酤适之味，乃过于客。闲居未尝一日无客，客至未尝不置酒，天下之好饮，亦无在吾上者。常以谓人之至乐，莫若身无病而心无忧，我则无是二者矣。"（苏轼《书东皋子传后》）我饮酒终日，不超过五杯。天下不能饮酒的，不在我的下面。我喜欢欣赏别人饮酒，看别人举起酒杯，慢慢地喝，我的心胸就广阔无比。似乎也尝到了酒醉的味道，这种味道比饮者本人还强烈。我闲居时，每天都有客人来，客人来了，就得设酒招待。天下好饮酒的，也不在我的上面，常说人生最快乐的是身无病，心无忧，我确实能做到。

出生蜀地的苏轼到杭州做官的时候，有点不适应，主要是这里的文人太热情了。名声在外的苏轼来了，当地官吏、名流纷纷前来拜访，来了肯定要招待，俗话说"无酒不成欢，无酒不成宴；酒中自有真情在，酒中自有肝胆照"，所以聚会必有酒，天天吃饭喝酒，对于酒量小的苏轼来说是个难题，于是他找了一个借口，说自己"少年多病"，所以养成了看到酒杯都害怕的习惯，喝酒从来都是"饮酒不尽器"。

如果苏轼过着如太平宰相晏殊一般的安逸生活，他估计不会去钻研自酿自饮，但是他的身世太坎坷，只有苦中作乐了，其中酿酒是他的一个爱好。宋朝词人叶梦得编的《避暑录话》记载了一个有趣的例子。

苏轼被贬去黄州时，他尝试过酿蜜酒。这是一种用蜂蜜酿制的甜酒，其实并不是苏轼原创的，早在一万多年前我们的祖先在"猿酒"的启发下制作蜂蜜酒，并且在周幽王的宫宴当中出现过。不知是苏轼采用蜂蜜质量不好，还是酿造过程中出现点状况，总之，喝了他的酒的人立马就坏了肚子，抢着往厕所跑。在贬去惠州的时候，苏轼又尝试用桂皮酿制桂酒，他的两个儿子被迫做了"小白鼠"，苏迈、苏过可能是对父亲的技术不大认可，但又逃不掉，只能用舌头浅尝一下。

据《东坡志林》记载，贬去海南的时候，苏轼自己酿过真一酒和天门冬酒。古时海南热带雨林密布，下雨频繁，地表潮湿，因此瘴气流行。生活在其中，容易燥湿身热，感冒风寒，使人打不起精神来，而海南盛产天门冬，具有养阴清热，润肺滋肾的功能，所以苏轼直接就地取材。

苏轼毕竟是个学问家，他在爱酒、饮酒、造酒、赞酒过程中，善于总结，于是也形成了《东坡酒经》，虽然全篇只有三百七十七字，但叙述简练而精辟，是我国酿酒经典之作，影响后世甚大。

第二节　现当代名人与酒

现当代名人与酒的故事，非常之精彩。山东大学校史上流传着一个"酒中八仙"的故事，这故事被写进了闻一多、梁实秋等人的传记，广为传播，也让现代人心驰神往。

国立青岛大学（现山东大学、中国海洋大学前身）时期，聚集了闻一多、梁实秋、黄敬思、黄际遇、汤腾汉、曾省、闻宥、游国恩、沈从文、傅鹰、任之恭等名人任教，形成山东大学历史上的第一个鼎盛时期。

教书育人之余，在杨振声校长带领下，这些文士频频外出聚饮，经常是三日一小饮，五日一大宴，猜拳行令，三十斤一坛花雕酒，一夕便一饮而尽。常聚饮者有校长杨振声、教务长赵太侔、文学院院长闻一多、外文系主任梁实秋、会计主任刘本钊、理学院院长黄际遇、秘书长陈季超和诗人方令孺。在一次饮宴上，闻一多趁着酒兴环顾座上共有八人——七个

"酒徒"加一个"女史"方令孺，一时兴起，遂曰："我们是酒中八仙！"，"酒中八仙"遂得名，校史上便因此而留下了"酒中八仙"的美誉。

"酒中八仙"们轮流在一个烟台派的山东馆子顺兴楼和一个河南馆子厚德福两处聚饮，从薄暮时分喝起，起初一桌十二人左右，喝到八时，三五位不大能喝的就先起身告辞了，而剩下的八九位则是酒兴正酣，开始宽衣攘臂，猜拳行酒，夜深始散。"有时结伙远征，近则济南，远则南京、北京，不自谦抑，狂言'酒压胶济一带，拳打南北二京'，高自期许，俨然豪气干云的样子。"

"八仙"喝酒喜欢喝名曰"花雕"的黄酒，他们用大碗自行舀取，一次要喝掉30斤。菜肴满桌，由梁实秋做主时不断变换摆设，有由4只冷盆换成24个小盆，也有由4拼盘换为一大盘。

酒中八仙饮酒之猛，胡适是深有体会。1931年1月27日，从上海赴北京就任北京大学文学院长的胡适，过青岛小憩，当晚，学校"酒中八仙"设宴款待，作陪者不停地劝酒，胡适不胜酒力，看到他们划拳豪饮，实在招架不住了，急忙戴上他的太太送给他的刻着"戒酒"二字的指环，当作挡箭牌。

杨振声身材高大，学养深厚，性格温和，作风雅正，在教育界久负盛名。杨振声善饮、豪于酒，是"酒中八仙"的始作俑者。在酒桌上，他"一杯在手则意气风发，尤嗜拇战，入席之后往往率先打通关一道，音容并茂，咄咄逼人"。

赵太侔早年曾与闻一多、余上沅开展过戏剧运动，梁实秋回忆说：他"平生最大的特点就是寡言笑"，使人"莫测高深"；有一次，赵太侔到上海去看梁实秋，"进门一言不发，只是低头吸烟，我也耐着性子一言不发，两人几乎抽完一支烟，他才起身而去，饶有六朝人风度"；赵太侔"有相当的酒量，也能一口一大盅，但是从不参加拇战"。

闻一多"生活比较苦闷，于是就爱上了酒。他酒量不大，但兴致高。常对人吟叹'名士不必须奇才，但使常得无事，痛饮酒，熟读离骚，便可称名士'"。

刘本钊在青岛大学时期担任校会计主任、秘书长等职，1946年国立山东大学复校后，又担任学校的秘书主任，是学校法制委员会、校章制订委员会中的重要成员。其儿子刘光鼎曾在山东大学物理系读书，是我国著名海洋地质、地球物理学家。2004年，刘光鼎应邀参加中国海洋大学举办的"科学人文未来"论坛时曾说，我知道你们学校历史有个"酒中八仙"，里面就有我们家老头子，所以我不能不来。

刘本钊喝酒"小心谨慎，恂恂君子。患严重耳聋，但亦嗜杯中物，因为耳聋关系，不易控制声音大小，拇战之时呼声特高，而对方呼声，他不甚了了，只消示意令饮，他即听命倾杯"（梁实秋语）。

黄际遇是一位数学家，也是"酒中八仙"中年龄最大的一位。他与闻一多比邻而居，同住在学校的第八校舍。黄际遇是"每日必饮，宴会时拇战兴致最豪，嗓音尖锐而常出怪声，狂态可掬。"梁实秋回忆，黄际遇家有潮州厨师一名，烹饪极佳，有一次黄际遇曾邀请闻一多和他前去小酌，有两道菜印象颇深，一道是白水氽大虾，一道是清炖牛鞭。

陈季超喝酒"豁起拳来，出手奇快，而且嗓音响亮，往往先声夺人，常自诩为山东老拳"。

"酒中八仙"本为"七仙"，是闻一多每次带上方令孺，凑上八仙之数的。"其实方令孺不善饮，微醺辄面红耳赤，知不胜酒，我们亦不勉强她""刚要'朱颜酡些'的时候就停杯了"。

　　鲁迅是我国著名文学家、思想家、民主战士，五四新文化运动的重要参与者，中国现代文学的奠基人。他的生活、创作和思想与酒有着千丝万缕的联系。鲁迅喝酒从不挑剔，酒品爽直。1910 年，鲁迅在绍兴府中学堂任学监兼生物教员，课后他常在酒店小酌。在鲁迅自1912 年至 1936 年这 25 个春秋的日记中，凡有酒事每回必记，或自饮，或公宴，或朋友相招，或治馔待客。酒，是鲁迅笔下频繁出现的重要意象元素。鲁迅诗中，有"深宵沉醉起，无处觅菰蒲"的深广忧思，也有"漏船载酒泛中流"时仍"横眉冷对千夫指"的孤独抗争。鲁迅不仅有许多饮酒诗，更有不少饮酒文，在他的杂文中常常谈到酒，至于鲁迅的小说，十之八九都写到酒和酒俗，无论是《狂人日记》《阿 Q 正传》《在酒楼上》，还是《孔乙己》《故乡》《祝福》，无不以酒写人写事，小说中多次写到咸亨酒店，茂源酒店等。鲁迅的一篇演讲稿《魏晋文章及风度与药及酒之关系》，关于魏晋风度与酒的论述，读来既风趣又深刻。

　　与鲁迅同时代的文学家叶圣陶、茅盾、郑振铎等也很喜欢饮酒，且经常一起聚饮。鲁迅1927 年 10 月到上海，叶圣陶和黎锦明即去作夜访，三天之后，便在"共乐春"酒家一同把盏了。纵观当时的中国文坛，若以喝酒论英雄，叶圣陶和郁达夫是作家们公认的真正的"惟酒无量，不为酒困"的汉子。1929 年除夕前三日，小说家施蛰存给叶圣陶送来腴美的鲈鱼，他知道叶圣陶嗜饮也善饮，佐酒不可无佳肴。

　　当代作家序列里，论好酒的，汪曾祺是一个绕不开的主儿。南京大学丁帆教授写道："汪曾祺的酒皆与出世入世无关，酒是他的温柔之乡，汪曾祺是注定要活在酒乡里的，他是无酒不成书的作家。"汪曾祺的酒事很多，作家金实秋干脆把这些酒事广为搜罗，集纳成书，书名很直接也很彪悍，即《泡在酒里的老头儿：汪曾祺酒事广记》。汪曾祺好酒到了什么程度？坊间的各种传闻活色生香、异彩纷呈。他塑造人物，对好酒之人多有关照。他写有一篇《故乡人·钓鱼的医生》，这个医生钓鱼很有仪式感：他搬了一把小竹椅，坐着。随身带着一个白泥小炭炉子，一口小锅，提盒里葱姜佐料俱全，还有一瓶酒。他钓鱼很有经验，钓竿很短，鱼线也不长，而且不用漂子，就这样把钓线甩在水里，看到线头动了，提起来就是一条。都是三四寸长的鲫鱼。钓上来一条，刮刮鳞洗净了，就手就放到锅里。不大一会儿，鱼就熟了。他就一边吃鱼，一边喝酒，一边甩钩再钓。如果要把这个场景拍成影像，出演这位医生的，汪曾祺本人是最佳人选。

第三节　名人名酒文化结合论

　　中华民族是一个历史悠久、底蕴深厚的民族。五千多年的泱泱历史长河中，酒文化成为中华民族所特有的一种文化。酒文化的历史几乎是与人类文化史一并开始。作为一种集物质与精神两种文化于一身的特殊文化，酒，对中华民族一代又一代人都产生着深刻影响，其在社会政治生活、文学艺术和人生态度等方面的精神文化价值更是不可估量。

　　酒，在人类文化的历史长河中，已不仅仅是一种客观的物质存在，而是一种文化象征，即酒神精神的象征。

　　在中国，酒神精神以道家哲学为源头。庄子主张，物我合一，天人合一，齐一生死。庄子高唱绝对自由之歌，倡导"乘物而游""游乎四海之外""无何有之乡"。庄子宁愿做自由地在烂泥塘里摇头摆尾的乌龟，而不做受人束缚的昂首阔步的千里马。追求绝对自由、忘却生死利禄及荣辱是中国酒神精神的精髓所在。

西方的酒神精神以葡萄种植业和酿酒业之神狄奥尼苏斯为象征，古希腊悲剧中西方酒神精神上升到理论高度，德国哲学家尼采的哲学使这种酒神精神得以升华，尼采认为，酒神精神喻示着情绪的发泄，是抛弃传统束缚回归原始状态的生存体验，人类在消失个体与世界合一的绝望痛苦的哀号中获得生的极大快意。

酒文化对文学艺术有着深远的影响，酒文化作为一种特殊的文化形式，在传统的中国文化中有其独特的地位。在几千年的文明史中，酒几乎渗透到社会生活中的各个领域，对文学艺术家及其创造的登峰造极之作产生了巨大深远的影响。

从酒文化中还可以看人生态度。酒后的直抒胸臆，酒后的吟赏烟霞，酒后的放浪不羁，酒后的低回婉转，多重演绎赋予酒多重的性格：或直白、或浪漫、或豪放、或婉约，酒因文化而具灵性，文化因酒而更加亲切，更加有滋味。

1. 潇洒飘逸

在中国，酒神精神与庄子"物我合一"的哲学思想不谋而合，"乘物以游心"。酒中似乎含有天然的自由因子，很多文人之所以寄情于酒，就是为了在酒中寻求解脱，逃离世俗的羁绊，进入自由的精神境界。正如朱敦儒所说：日日深杯酒满，朝朝小圃花开，自斟自饮自开怀，无拘无束无碍。

符合酒的这种性格的文人当首推李白。他自称"酒中仙"，才华横溢，一生以追求自由为己任。宋人责备他的诗中"篇篇有酒"，殊不知，正是酒使他从尘俗中解脱出来，悟出自由的真谛，才造就了他潇洒飘逸的人格，成就了那么多盛世华章。杜甫在《饮中八仙歌》中说："李白一斗诗百篇，长安市上酒家眠。天子呼来不上船，自称臣是酒中仙。"如果没有酒，在那个自由难以栖身的现实社会，时刻清醒的李白很难写出那些不朽佳作。唐诗没有李白就塌陷了一半，而李白没有酒，就没有"举杯邀明月，对影成三人"，没有"人生得意须尽欢，莫使金樽空对月"，没有"古来圣贤皆寂寞，惟有饮者留其名"，李白也就不再是李白了。

2. 淡泊超然

酒有一种淡雅清香的味道。悠悠酒香，淡淡情韵，"绿蚁新醅酒，红泥小火炉"，与一二好友共饮，顿觉心神陶醉。"花看半开，酒饮微醉"，用来诠释这种酒恰到好处。微醺之际，什么功名利禄，什么你争我夺，都可以全数抛开。白居易为人为官，淡泊超然，很贴近这种酒的性格。古人说"大隐隐于市，小隐隐于野"，白居易独创了"中隐"，他说"中隐隐于朝"，在庙堂之上过着隐士的生活。为官一任，造福一方，却对官场的尔虞我诈从不挂怀，对无休止的党争从不介入。

3. 放旷达观

"心悬天地外，兴在一杯中"，酒天生有一种让人解脱的个性。一杯酒下肚，原来的忧愁可以不在乎，原来的拘囿也可以超越。说到达观，当然会想到苏轼。他不比别人少苦难，也不比别人少乐趣，原因就在于他放旷达观、随缘自适的个性。我们不能说他因爱酒而达观，但酒可以帮助他更达观。"明月几时有，把酒问青天"，从他把酒临风的身影，依稀还可以找出李白和白居易的影子。

中国酒文化博大精深，是中国历史、文化的传承，是我们所拥有的宝贵精神财富。无论是在物质方面还是文化方面，其价值都值得我们探究。

🔍 思考题

1. 试论述为何许多文学大家对酒有着特别的喜爱。
2. 请讲述一个自己印象最深刻的名人与酒的故事。
3. 搜集资料，试述世界名人与酒有关的一些故事。

名酒收藏

中国自古就流传着一句话："酒是陈的香"。酒承载着文化、时代、历史、人文等元素，赋予了酒收藏的价值。同时，酒适宜长期贮存、不易变质等特殊属性，使产品本身就具备了收藏意义。陈年白酒有着"可以喝的古董"之美誉，名酒收藏也是一个方兴未艾的行业。随着经济的发展，人们逐渐认识到了名酒的饮用及收藏价值，从而兴起一股名酒收藏的热潮。

我国有数千年的酿酒历史，形成了独特的酒文化，酒从某种角度来讲是中国的一种文化象征。如今，酒不仅可供人们品尝，其收藏和投资价值也被越来越多的投资者所认识，收藏爱好者越来越多，名酒收藏市场也越来越大。

酒类收藏专家成建林表示："当酒成为一种收藏品，也就意味着，在它作为饮品的使用价值之外，必然会被赋予更多的文化价值。中国的酒文化历史悠久，千年的传承始终与华夏历史同步，酒在任何时代都渗透在社会生活的各个领域，所以它不仅仅是一种客观物质的存在，还是一种文化的筵席，民族的象征。"

第一节　名酒收藏价值

从酒本身的属性来看，酒的本质是消费品，但也具备一定的金融属性。尤其是高端白酒，它往往具有生态资源的稀缺性、工艺的复杂性、产能的有限性、历史的厚重性及品牌的价值性。这种附带的属性，为其收藏者提供了一定的升值投资价值保证。

一、名酒价值

一般来说，名酒收藏不会贬值，价值只会上涨。此外，名酒收藏刚刚起步，名酒升值的空间相当大。近几十年来，一般的名酒升值都在 5~10 倍。极个别珍品、孤品涨幅达几十倍。

投资名酒，具有显著的优势与特点，从国际上的经验来看，酒品的投资收益稳定，回报可观。不断增长的消费需求加上稳定的投资收益，名酒的投资正在被人认识和看好。有数据统计显示，在我国收藏高端白酒的爱好者中，有90%以上的收藏者曾经收藏或正在收藏茅台酒。不管是茅台酒的收藏价值，还是收藏价格，其升值空间都是非常巨大的。贵州茅台酒有着超高的收藏价值，主要原因有三个：其一，贵州茅台酒有着十分悠久的发展历史；其二，贵州茅台酒历经了数年不间断的传承过程，至今被赋予了一种较高的历史殊荣；其三，其酒类世界品牌价格突出。因此，贵州茅台酒本身包含了十分巨大的价值，这种价值体现在精神层面，更有思想和文化层面的价值。

二、收藏价值

收藏酒首先要看酒本身的品质，只有本身品质优良的酒才具有较高收藏价值。在此基础上，具有较高历史文化价值、品牌价值、艺术价值或者年份长的、极少的就更具有收藏价值。

1. 历史文化价值

历史文化价值会提升酒的收藏价值，所以有特殊历史文化含义的酒的收藏投资价值自然更高。比如茅台、汾酒、泸州老窖、香港回归酒等，都是收藏的佳品。

2. 品牌价值

目前，市场上酒的品牌不计其数，收藏要选择知名品牌的酒，酒的质量和价值才有保证。历年中国名酒评选出来的名酒都具有较高的品牌价值。

3. 艺术价值

艺术价值会增加酒的收藏价值。收藏最讲稀、奇、缺。酒瓶造型奇特、酒标艺术气息浓厚、瓶体材质奇异的酒更具有收藏价值。由于受市场竞争等因素影响，当下白酒企业非常注重酒的包装，重视酒品的强烈视觉冲击、古朴典雅特色、回归自然包装等，都能吸引众多白酒收藏爱好者。比如洋河蓝系列，其梦幻典雅酒瓶和极具魅力的蓝色色调本身就是一件精美的艺术品，再加上柔和的酒质，从视觉到感官，将酒的价值提升到了一个新的层次。

4. 历史价值

年份对于收藏更具有价值体现，岁月会使美酒更加醇香、更具有价值，十几年和几十年的名酒一般都具有较高的收藏价值。20世纪70年代和80年代的酒收藏价值更高，20世纪50年代和20世纪60年代的酒恐怕就是孤品了。

作为投资收藏，专业人士认为应当选择限量发行的珍藏酒、纪念酒。收藏者可以选择一些限量发行的珍藏酒、纪念酒进行认购，因为这类酒保值、增值的概率很高。

三、增值效应

在激烈的市场环境下，商品的竞争已由商品质量的竞争，转变为设计的竞争，即设计所带来商品增值价值的竞争。设计是实现商品价值增值的过程与手段，包装设计的效果具体体现在通过包装设计增加商品的价值，包装是无声的推销员，包装与商品作为一个整体直接面对消费者进行情感交流，传达商品信息，表现商品内在特质，宣传商品的品牌精神，并通过商品销售实现商品的价值增值。包装设计在实现商品自身使用价值的基础上，还赋予商品其他价值特性以实现价值增值。

近年来，中国白酒拍卖会不断涌现，白酒拍卖价格纪录一次次被刷新，一瓶瓶天价白酒搅动着公众的神经。这不再是一个"酒香不怕巷子深"的时代，各大白酒企业在争相推介高端酒的同时，也向公众表达其历史和文化。在酒企和产业资本的双重推动下，白酒当之无愧地成为国内最为接近奢侈品的消费品类。全世界的奢侈品有个共同特点，它首先是被主流人群认可，然后是获得上层社会的认可。在中国来讲，名流认可的白酒都被视为具有高贵的血统和高贵的基因。中国的白酒从历史传承来看，符合这种价值感，符合被主流人群认可、被官方认可这个标准。其实茅台等名酒正在逐渐被认可，其收藏增值效应正在逐渐突显。

第二节　名酒品牌

一、国内名酒

1. 茅台酒

茅台酒以优质的红缨子高粱为原料，上等小麦制曲，每年重阳投料，利用茅台镇特有的气候，优良的水质和适宜的地理条件，采用高温制曲、高温堆积、高温馏酒等工艺，经两次投料、九次蒸馏、八次发酵、七次取酒、长期贮存后勾调而成。茅台酒以清亮透明（微黄）、酱香突出、酒体醇厚、回味悠长等特点而名闻天下，是中国酱香型白酒的典范和标杆。

2. 五粮液

五粮液集团生产的产品"五粮液酒"是浓香型白酒的杰出代表。以高粱、大米、糯米、小麦和玉米五种粮食为原料，以"包包曲"为发酵动力，经陈年老窖池发酵，长期陈酿，精心勾兑而成。以无色透明、窖香浓郁、绵甜醇厚、香味谐调、尾净爽口的独特风格闻名于世。五粮液酒相继在世界各地的博览会上共获 39 次金奖，并且在第五十届世界统计大会上被评为"中国酒业大王"。

3. 泸州老窖

泸州老窖是中国浓香型白酒的开山鼻祖，其开放式操作的工艺特点铸就了其制曲和酿酒微生物的纷繁复杂以及发酵香味物质代谢的多途径，孕育了泸州老窖酒特有的丰富的呈香、呈味物质。其品牌"国窖·1573"具有"无色透明、窖香浓郁幽雅、绵甜爽净、柔和协调、尾净香长、风格典型"之风格特点，泸州老窖特曲具有"窖香浓郁、绵柔优香、清洌甘爽、回味悠长"之浓香正宗。

4. 剑南春

剑南春酒及其传统酿造技艺也是中国浓香型白酒的典型代表。它传承了绵竹几千年酿酒历史时空中沉淀的技艺精华，是巴蜀文化的重要组成部分。剑南春酒用小麦制曲，泥窖固态低温发酵，采用续糟配料，混蒸混烧，量质摘酒，原度贮存等，精心勾兑调味等工艺成型。酒体具有芳香浓郁、纯正典雅、醇厚绵柔、甘洌净爽、余香悠长、香味谐调、酒体丰满圆润、典型独特的风格特点。

5. 汾酒

汾酒选用晋中平原的"一把抓高粱"为原料，用大麦、豌豆制成糖化发酵剂，采用"清蒸二次清"的独特酿造工艺。所酿成的杏花村酒，酒液莹澈透明，清香馥郁，入口香绵、甜润、醇厚、爽冽，是大曲清香型白酒的典型代表，是中国老名酒，深受消费者的喜爱。

6. 西凤酒

西凤酒无色清亮透明，醇香芬芳，清而不淡，浓而不艳，集清香、浓香之优点于一体，幽雅，诸味谐调，回味舒畅，风格独特。并且"酸、甜、苦、辣、香五味俱全而各不露头"。即酸而不涩，苦而不黏，香不刺鼻，辣不呛喉，饮后回甘、味久而弥芳之妙。凤香型西凤大曲酒，被人们赞为"凤型"白酒的典型代表。

7. 古井贡酒

古井贡酒是以安徽淮北平原优质小麦、古井镇优质地下水以及颗粒饱满、糯性强的优质高粱为原料，并利用亳州市古井镇特定区域范围内的自然微生物，按古井贡酒传统工艺生产的白酒。属于亳州地区特产的大曲浓香型白酒，有"酒中牡丹"之称，同时被称为中国八大名酒之一。以"色清如水晶、香纯似幽兰、入口甘美醇和、回味悠长"的独特风格，赢得了海内外白酒爱好者的一致赞誉。

8. 董酒

董酒是我国优质白酒中酿造工艺非常特殊的一种酒品。其采用优质高粱为原料，以贵州大娄山脉地下泉水为酿造用水，小曲、小窖制取酒醅，大曲、大窖制取香醅，酒醅香醅"串蒸串香"而成。风格既有大曲酒的浓郁芳香，又有小曲酒的柔绵、醇和、回甜，还有淡雅舒适的"百草香"植物芳香。董酒是全国老八大名酒之一，以其工艺独特、风格独特、香气组成成分独特"三独特"及优良的品质驰名中外，在全国名酒中独树一帜，2008年9月被权威部门正式确定为"董香型"。

9. 洋河大曲

洋河大曲是传统浓香型白酒的佳品。新中国成立后，政府拨出专款，在几家私营酿酒作坊的基础上，成立了国营洋河酒厂。几十年来，洋河酒厂几经改造和扩建，现已成为我国著名的名酒厂家，主要产品有洋河大曲等。洋河大曲酒以其"入口甜、落口绵、酒性软、尾爽净、回味香"的特点，闻名中外，蝉联国家名酒三连冠。其品牌迭代过程中推出的洋河蓝色经典系列产品，实现对产品的重新定位，给中国白酒品牌化发展带来了新的启迪。

10. 郎酒

郎酒是一个拥有百年历史的中国白酒知名品牌，是我国名酒园中的一株新秀。1979年郎酒被评为全国优质酒，1984年在第四届全国名酒评比中，郎酒以"酱香浓郁，醇厚净爽，幽雅细腻，回甜味长"的独特香型和风味而闻名全国，首次荣获全国名酒的桂冠，并获金奖。

二、国外名酒

1. 特基拉

特基拉又称 Tequila 酒，原产地在墨西哥，被誉为"墨西哥国酒""墨西哥之魂"。只有在某些特定地区使用一种称为蓝色龙舌兰的植物作为原料所生产的产品，才有资格冠上 Tequila 之名。

纯特基拉酒的意思是全部采用龙舌兰酿造，如果商标上没有标明100%龙舌兰字样，那么这瓶特基拉酒就是混合原料生产而成的，也就是说在酿造过程中加入了其他糖分（如蔗糖）。

混合型特基拉酒的味道由于成分的不同而风味有些不同。墨西哥政府指定的特基拉酒管理协会负责监管特基拉酒的生产，只有经过该机构认证的特基拉酒才被允许称为 100% 龙舌兰特基拉酒。所有装瓶销售的龙舌兰酒，都需要经过特基拉规范委员会检验确认，才能正式出售。整瓶酒必须都是来自特定的一桶酒，并且附上木桶详细的编号、下桶年份与生产人名称，限量发售。

从外观上来讲，特基拉大多分为金色、银色、透明几种。白色龙舌兰（Blanco）是完全未经陈化的透明新酒，其装瓶销售前是直接放在不锈钢酒桶中存放，或蒸馏完后就直接装瓶。市面上看到的有颜色的龙舌兰都是因为放在橡木桶中储存过，或是因为添加酒用焦糖的缘故（只有混合型才能添加焦糖）。虽然各家酒厂通常会根据自己的产品定位，创造发明一些自有的产品款式，但是分级却有法规保障，不可滥用官方标准。

2. 皇冠伏特加

1860 年，在莫斯科建立了皇冠伏特加酒厂，1917 年十月革命后，仍为一个家族企业。1930 年，其配方被带到美国，在美国建立了皇冠伏特加酒厂，现在是英国帝亚吉欧旗下品牌之一。

皇冠伏特加是最受欢迎的伏特加，在全球 170 多个国家销售，堪称全球第一伏特加，占烈酒消费的第二位，每天有 46 万瓶皇冠伏特加售出。皇冠伏特加的酿制过程要求严格，每滴酒精都需至少 8 小时才通过一万四千磅活化木炭。它是最纯的烈酒之一，深受各地酒吧调酒师的欢迎。皇冠伏特加酒液透明，无色，除了有酒精的特有香味外，无其他香味，口味甘洌、劲大冲鼻，是调制鸡尾酒不可缺少的原料，世界著名的鸡尾酒如血腥玛丽、螺丝刀都采用此酒。

3. 芝华士

芝华士的生产尤其重视醇化过程，延长醇化期，从而酿造出具有柔滑、精妙口感特征的优质苏格兰威士忌。作为调和型苏格兰威士忌代表的芝华士 12 年，其所含的醇化年份最短的威士忌也有 12 年。

平滑柔和的口感，回味丰润醇厚而悠长——芝华士的特质令其备受威士忌爱好者的推崇。作为一款便于饮用的调和型威士忌，无论是"纯饮"还是与其他饮料调配饮用，芝华士都体现出其完美和谐的特性。对于那些追求丰富生活的人们，芝华士已成为他们欢聚分享、举杯共饮时不可缺少的一个部分。

4. 马爹利干邑

马爹利干邑在全世界受到顾客的赞许和喜爱，与其独特的酿造工艺密不可分，更与其具体调配的技艺密切相关。在干邑制造过程中，蒸馏与调配是非常重要的两个工艺。经过两次蒸馏的清澈烈酒并不能称为干邑，还需要先在橡木桶（只可用橡木）里储存最少 2 年，最长可达 50 年。干邑的奇妙变化都在橡木桶的岁月里发生，经过黑暗酒窖里空气和木材不断交流接触，干邑慢慢被融入橡木的颜色，香气也越来越醇厚。橡木的香气特征会渐渐转移到干邑中，形成独特的气味，只有年份十分久远的干邑才会有这种独一无二的气味。

5. 人头马

人头马创建于 1724 年，是世界公认的特优香槟干邑，一直被誉为干邑品质、形象和地位的象征，是世界四大白兰地品牌中唯一一个由干邑省本地人所创建的品牌。人头马也是四大白兰地品牌之一；选取法国干邑地区最中心地带——大香槟区和小香槟区的葡萄，保证了人头马特优香槟干邑无与伦比的浓郁芬芳。经过近三个世纪的发展，成就了人头马特优香槟干邑芬芳浓郁、口感醇厚、回味悠长的独特品质。

6. 清酒

日本酒通常指日本清酒，以米或红薯、米曲、水为原料，通过米曲、酵母进行并行复发酵酿制，经过压榨或蒸馏制成。颜色通常为无色透明或淡黄色，浊酒为白色，古酒偏褐色。据记载，古时候日本只有"浊酒"，没有清酒。口嚼酒被认为是最早期、最原始的酿制清酒方法。后来在浊酒中加入石炭，使其沉淀，取其清澈的酒液饮用，于是便有了"清酒"之名。日本奈良时期公元7世纪中叶，遣唐使将曲菌引入日本，使得用曲菌酿制清酒的工序出现，使日本的酿酒业得到了很大的进步和发展，现今所饮用的清酒也是起源于这个时期。进入平安时期，僧坊酒的出现使得清酒从祭祀用途转变为平民也可以饮用。

7. 拉菲

拉菲（Lafite）酒庄，作为法国波尔多五大名庄之一，有着悠久的历史。1354年，创立于菩依乐村。拉菲酒的花香和果香突出，芳醇柔顺，十分典雅，被称为葡萄酒王国中的"皇后"。虽然历经几个世纪的变迁，但拉菲酒庄一直持守着虔诚的酿酒精神和严苛的工艺标准，将拉菲红酒作为世界顶级葡萄酒的质量和声誉维持至今。

第三节 名酒收藏管理

一、名酒收藏途径

名酒收藏的投资价值是毋庸置疑的。大多数收藏品存在着这样一个特性，即存放的时间越久，使用价值越低，只有观赏收藏价值是越来越高的。但酒类产品的收藏则不同于这个特性，尤其是白酒、葡萄酒，存放的时间越久，其使用价值就会越高。这让酒天然具有金融产品的属性和特质，因此酒也是极具收藏价值的产品。当然，并不是所有酒产品都有收藏投资价值，也并不是所有的酒产品都能实现投资增值，其中除了品牌与品质两个核心因素之外，还有投放量、投放渠道、投放和推广方式等，均与产品投资增值有很大的关系。

按照酒的收藏价值，一般将其收藏途径分为：在生产厂家直接购买收藏、个体进行交易收藏和拍卖交易收藏。

二、名酒保藏方式

1. 白酒的保藏

瓶装白酒应选择较为干燥、清洁、光亮和通风较好的地方，相对湿度在70%左右为宜，湿度较大瓶盖易霉烂。白酒贮存的环境温度不宜超过30℃，严禁烟火靠近。容器封口要严密，防止漏酒和"跑度"。

2. 黄酒的保藏

黄酒的包装容器以陶坛和泥头封口为最佳，这种古老的包装有利于黄酒的老熟和提高香气，在贮存过程具有越陈越香的特点。黄酒保藏的环境以凉爽、温度变化不大为宜，在其周围不宜同时存放异味物品，如发现酒质开始变化时，应立即使用，不能继续保藏。

3. 果酒的保藏

桶装和坛装的果酒最容易出现干耗和渗漏现象，还易遭细菌的侵入，故需注意清洁卫生和封口牢固。存放环境温度应保持在 8~25℃，相对湿度 75%~80%；同时，不能与有异味的物品混杂。瓶装酒不应受阳光直射，因为阳光会加速果酒的品质变化。

三、保藏过程管理

在白酒的多种香型中，以酱香型白酒最易保藏。盛酒的容器最好选用坛子，坛子自身含有多种矿物质，用其装酒能经久保持酒的香味，会令酒更香更醇，促进酒的老熟。

收藏名酒的管理方法与普通基酒的管理不一样，保藏过程最好是干净、干燥、恒温、恒湿环境。一种白酒的深窖保藏方法，是将封好收藏的白酒装入容器内密封后，放入距地面100m 以下的深窖中，由于地下特殊的地理位置，使得白酒在一种恒温、恒湿、无光照的环境中自然老熟，受外界环境的影响较少，该方法可因地制宜。白酒贮藏过程不受温度、湿度、光照的影响，使白酒的老熟进程加快。

商品酒的包装不适宜长时间存放，可以用蜡把瓶口封住，或用保鲜膜将瓶口仔细包好，用透明胶缠，瓶口位置将胶带绷直拉紧，透明胶带因时间越长自身缠得越紧，但是这种做法防"跑酒"效果比封蜡稍差。

酒在历经多年保藏后会更加风华醇美，越久越浓，越久越香醇，价值也会越来越高。专家们把保藏时间达 20 年以上的好酒比作液体黄金，由此可见其价值潜能。

🔍 思考题

1. 试述名酒收藏价值。
2. 茅台酒的风味特点是什么？

第十章

酒的酿造

中国酒文化源远流长，博大精深，饮酒早就是中国人生活的一部分。酿酒的原理简单概括为：利用微生物发酵生产含一定浓度酒精饮料的过程。当然，实际操作中远不是这么简单。酒类酿造方式不一，更是决定了酒类品种的千变万化。

第一节　酒类概述

饮料酒是食品工业的重要组成部分，与人们的日常生活息息相关，我国是世界饮料酒生产和消费大国。饮料酒在我国有着悠久的生产、饮用历史，品类丰富，工艺独特，创新与传承发展，是世界上其他国家所不能比拟的。

一、饮料酒的概述

中国是酒的王国，酒的故乡，在中华民族几千年的历史长河中，酒在人民生活中一直占据着重要地位。中国又是饮酒人的乐土，地无分南北，人无分男女老少，饮酒习俗历经数千年而不衰。中国人很早就懂得用酒来养生保健、防病治病。《诗经·豳风》中便记载有"为此春酒，以介眉寿"，意思是说饮酒可以帮助人长寿。上面所说的"酒"指的就是饮料酒，按我国目前饮料酒的分类标准可将饮料酒定义为：凡酒精含量在 0.5%vol 以上的饮料统称为含酒精饮料，简称饮料酒。

二、饮料酒的分类

日常生活中常接触到的饮料酒主要有白酒、啤酒、黄酒、葡萄酒、果酒、白兰地、威士忌、保健酒、滋补酒、药酒、鸡尾酒等，这些酒种按不同的酿造方式可划分成若干类。将饮料酒进行科学的分类，是对其实行全方位现代化管理，推进发展不可或缺的。如白酒，按常见的分类方法可分类如下。

1. 按糖化发酵剂分类

糖化发酵剂是指在酿造发酵过程能够将粮食原料中的淀粉类物质经糖化、发酵等生化反应而转化成乙醇及其风味化合物的一类添加剂。糖化发酵剂含微生物、酶类及其风味化合物，是多种成分的混合组分物质。糖化发酵剂是酿酒发酵的动力，其质量直接关系到酒的质量和产量。根据糖化发酵剂可将白酒分为以下几类。

（1）大曲酒　以大曲为糖化发酵剂酿制而成。大曲的原料主要是小麦、大麦，加上一定量的豌豆，因其块状形态较大，因而得名大曲。大曲又分为低温曲、中温曲、高温曲和超高温曲。

在大曲中含有数量和种类最多的微生物，包括细菌、霉菌、酵母菌及少量的放线菌。其中，细菌包括球菌、杆菌、乳酸菌等；霉菌主要有根霉、犁头霉、毛霉、黄曲霉、黑曲霉、红曲霉等；酵母有酿酒酵母、产酯酵母等。众多的微生物既给酿酒发酵带来了复杂性，又形成了其代谢产物香味成分的多样性。大曲还是一种复合酶制剂，其含有淀粉酶、糖化酶、蛋白酶、酒化酶、酯酶等各种酶，是形成白酒香味成分的催化剂。传统白酒酿造一般为固态发酵，应用大曲酿造的大曲酒质量较好，多数名优白酒均以大曲酿造。

（2）小曲酒　以小曲为糖化发酵剂酿制而成。小曲又称药曲，是南方常用的一种糖化发酵剂，最早因曲坯形态小而得名。制曲原料为稻米、米糠，微生物以根霉、酵母为主，部分小曲中添加草药、野生菌制曲。小曲酒多采用固态、半固态发酵。

小曲的优点是糖化力强，用量少，酿造产酒风味纯净、风格清雅，便于运输和保管；小曲的缺点是原料选择性强，适用于大米、高粱、糯米、玉米等原料。

（3）麸曲酒　以麸曲为糖化发酵剂，加酒母发酵酿制而成。麸曲白酒是20世纪30年代发展起来的，是以麸皮为载体培养的纯种细菌曲、酵母曲、霉菌曲的混合曲为糖化发酵剂生产的白酒。麸曲内的微生物结构较为特殊，均为传统白酒酿造过程的功能性微生物。麸曲白酒的酿造操作工艺与大曲白酒大体相同，由于采用纯种培养的微生物作为糖化发酵剂菌种，因而麸曲白酒的生产周期较短，出酒率较高，但酒质一般不如大曲白酒。

（4）混合曲酒　指以大曲、小曲或麸曲等为糖化发酵剂酿制而成，或以糖化发酵剂，加酿酒酵母等发酵酿制而成的白酒。

2. 按生产方式分类

（1）固态法白酒　是我国大多数名优白酒的传统生产方式，固态法白酒是以粮谷为原料，采用固态（或半固态）糖化、发酵、蒸馏、贮存、勾调而成。其酒醅含水分60%左右，大曲白酒、麸曲白酒和部分小曲白酒均采用此法生产。不同的发酵和操作条件，产生不同香味成分，因而固态法白酒的香型种类最多，产品风格也各异。

固态发酵白酒生产过程不得添加食用酒精及非白酒发酵产生的呈香、呈味物质。

（2）半固态法白酒　是小曲白酒的传统生产方式之一，包括先培菌糖化后发酵工艺和边糖化、边发酵两种生产工艺。

半固态法白酒是以半固态方式酿造发酵白酒的简称，又称半液态法、半液态半固态发酵法白酒。这些称谓均准确表达了酿酒过程中的发酵形态、发酵方式。半固态法白酒酿造除保留了用小曲、以根霉为主导糖化菌和培菌糖化三大特征外，还具有以大米为原料，入缸（罐）糖化等工艺特征，产品属米（蜜）香型、豉香型。产区主要分布在两广（广东、广西），其次是两湖（湖南、湖北）、江西。

（3）液态法白酒　采用与酒精生产相似的方式，即液态配料、液态糖化发酵和蒸馏生产的白酒。但全液态法酿造白酒的酒体风味、口感欠佳，必须与传统固态法白酒生产工艺有机结合起来，才能更好地提升其风味质量。根据其结合方式的不同又可分为三种。

①固液结合发酵白酒（又称串香白酒）：以液态发酵白酒或食用酒精为酒基，与固态发酵的香醅串蒸而生产的白酒。

②固液勾兑白酒：以液态发酵的白酒或食用酒精为酒基，与部分优质白酒及固态法白酒勾兑而成的白酒。

③调香白酒：以优质食用酒精为酒基，加特制调味酒和少量食用香精等调配而成的白酒。

上述三种方法生产的白酒，既具有酒精生产出酒率高的优点，又不失中国传统白酒所应有的风格特征，因而都称为新工艺白酒或新型白酒。

3. 按白酒香型分类

按酒体的主体香气成分及风味风格特征分类，是中国白酒常用的分类方法之一。通常将中国白酒分为10多种香型，即酱香型白酒、浓香型白酒、清香型白酒、米香型白酒、凤香型白酒、浓酱兼香型白酒、董香型白酒、芝麻香型白酒、特香型白酒、豉香型白酒、老白干香型白酒、馥郁香型白酒、清酱香型白酒等。

（1）酱香型白酒

①定义：以粮谷为原料，经传统固态法发酵、蒸馏、陈酿、勾兑而成，不添加食用酒精及非自身发酵产生的呈香、呈味物质，是具有其特征风格的白酒。由于其香气类似于酱和酱油，故称酱香型白酒。

②工艺特点：高温制曲，高温堆积，高温发酵，高温流酒，长期发酵，长期贮存。

③风味特征：酱香突出，优雅细腻，酒体醇厚，回味悠长，空杯留香持久。酱香型白酒以茅台酒为代表，其他代表产品有习酒、郎酒、珍酒、金沙酒等。

（2）浓香型白酒

①定义：以粮谷为原料，经传统固态法发酵、蒸馏、贮存、勾调而成，不添加食用酒精及非自身发酵产生的呈香、呈味物质，具有以己酸乙酯为主体的复合香气特征。

②工艺特点：其传统工艺总结为续糟混烧混蒸，千年老窖、万年香糟、长期发酵等，其特点为以高粱或高粱等多种粮食为原料，优质小麦配料培制中高温曲，泥窖固态发酵，采用续糟配料，混蒸混烧，量质摘酒，分级贮存，精心勾兑。

③风味特征：由于各酿造企业所处地理环境及生产工艺的不同，以四川泸州老窖、五粮液为代表的产品具有香气浓郁、绵甜干爽的特点；以四川舍得酒为代表的产品具有优雅圆润、绵甜悠长的特点。

（3）清香型白酒

①定义：以粮谷为原料，经固态发酵、蒸馏、贮存、勾调而成，不添加食用酒精及非自身发酵产生的呈香、呈味物质，具有以乙酸乙酯为主体的复合香气特征。

②工艺特点：以高粱为酿酒原料，大麦和豌豆制成的低温大曲（清茬曲、后火曲、红心曲并用），采用清蒸清烧、地缸固态发酵、清蒸二次清工艺；采用润料堆积、低温发酵、高度摘酒、适期贮存的酿造工艺。

③风味特征：清香纯正，醇甜柔和，自然协调，余味净爽，酒体突出清、爽、绵、甜、净的风格特征，以山西汾酒为代表。

（4）米香型白酒

①定义：以大米等为原料，经传统半固态发酵、蒸馏、基酒陈酿、勾兑而成，不添加食用酒精及非自身发酵产生的呈香、呈味物质，具有以乳酸乙酯、乙酸乙酯及适量的β-苯乙醇为主体的复合香气特征。

②工艺特点：以大米为原料，小曲为糖化发酵剂，前期为固态培菌、糖化，后期为液态发酵或半固态发酵，经蒸馏釜蒸馏。

③风味特征：蜜香清雅，入口柔绵，落口爽洌，回味怡畅。以广西桂林三花酒为代表。

（5）凤香型白酒

①定义：以高粱为原料，经传统固态发酵、蒸馏、陈酿、勾兑而成，不添加食用酒精及非自身发酵产生的呈香、呈味物质，具有以乙酸乙酯和己酸乙酯为主体的复合香气特征。

②工艺特点：以高粱为酿酒原料，大麦、豌豆培制的中偏高温（55~60℃）大曲，混蒸混烧，续糟老五甑制酒工艺，入窖温度稍高，发酵周期短（12~14d，现已调整为28~30d），泥窖池发酵（一年一度换新泥），采用酒海贮存。

③香味特征：醇香秀雅，醇厚丰满，甘润挺爽，诸味协调，尾净悠长。以陕西西凤酒为代表。

（6）浓酱兼香型白酒

①定义：以粮谷为原料，经传统固态发酵、蒸馏、陈酿、勾兑而成，不添加食用酒精及非自身发酵产生的呈香、呈味物质，具有浓香兼酱香独特风格特征。

②工艺特点

酱中带浓：高温闷料、大比例用曲、高温堆积、三次投料、九轮发酵、香泥封窖等工艺酿制。

浓中带酱：采用酱香、浓香分型发酵产酒，半成品酒标准，分型贮存、勾调（按比例）成兼香型白酒。

③风味特征

酱中带浓：芳香，优雅，舒适，细腻丰满，酱浓协调，余味爽净，悠长。以湖北白云边酒为代表。

浓中带酱：浓香带酱香，诸味协调，口味细腻，余味爽净。以黑龙江玉泉酒为代表。

（7）董香型白酒

①定义：以优质高粱为主要原料，以大曲和小曲为糖化发酵剂，配以中药材，采用独特的串香法酿造工艺，精心酿制而成。其发酵窖池偏碱性，窖泥采用独特材料（当地的白泥和石灰、洋桃藤浸泡汁拌和而成，涂抹窖壁）做成；产品兼有大曲酒和小曲酒风味，添加中药赋予药香的风格。

②工艺特点：采用大、小曲并用，大曲生产加中药40味，小曲生产加中药95味，采用大、小曲酒酿制生产酒醅、香醅，用小曲酒串蒸香醅取酒。

③风味特征：酒液清澈透明，香气幽雅舒适，入口醇和浓郁，饮后甘爽味长。以贵州遵义"董酒"为代表。

（8）芝麻香型白酒

①定义：以高粱、小麦（麸皮）等为原料，经传统的固态发酵、蒸馏、陈酿、勾兑而

成，不添加食用酒精及非自身发酵产生的呈香、呈味物质，具有芝麻香型风格特征。

②工艺特点：混蒸混烧，高温曲、中温曲、强化菌曲混合使用，高温堆积，砖池为发酵容器，偏高温发酵，缓气蒸馏，量质摘酒，分级入库，长期贮存，精心勾调。

③风味特征：芝麻香突出，幽雅醇厚，干爽协调，尾净，具有芝麻香特有风格。以山东景芝白干为代表。

（9）特香型白酒

①定义：以大米为主要原料，经固态发酵、蒸馏、陈酿、勾兑而成，不添加食用酒精及非自身发酵产生的呈香、呈味物质，具有特香型风格特征。

②工艺特点：整粒大米不经粉碎浸泡，直接与酒醅混蒸，使大米的固有香气带入酒中；采用面粉、麸皮加酒糟作为大曲原料；以红褚条石砌成，水泥勾缝的窖池发酵，此窖池仅在窖底及封窖用泥。

③风味特征：酒香芬芳，酒味纯正，酒体柔和，诸味协调，香味悠长。以江西樟树"四特酒"为代表。

（10）豉香型白酒

①定义：以大米为原料，经蒸煮，用大酒饼作为糖化发酵剂，采用边糖化边发酵的工艺，釜式蒸馏，陈肉坛浸，勾兑而成，不添加食用酒精及非自身发酵呈香、呈味物质，具有豉香型特点的白酒。

②工艺特点：使用大酒饼的小曲发酵生产基酒米酒，用米酒浸泡肥猪肉，形成典型性风味风格香型；酒醅、酒醪蒸馏后得酒精度为30%vol左右的酒体，是我国原酒酒精度最低的白酒。

③风味特征：玉洁冰清，豉香独特，醇和甘滑，余味爽净。以广东石湾玉冰烧酒为代表。

（11）老白干香型白酒

①定义：以粮谷为原料，经传统固态发酵、蒸馏、陈酿、勾兑而成，不添加食用酒精及非自身发酵产生的呈香、呈味物质，具有以乳酸乙酯、乙酸乙酯为主体的复合香气特征。

②工艺特点：精选小麦踩制、培制的清茬曲为糖化发酵剂，以新鲜的稻皮清蒸后作为填充料，采取清烧、混蒸老五甑工艺，低温入池，地缸发酵，酒头回沙，缓慢蒸馏，分段摘酒，分级入库，精心勾兑而成。

③风味特征：醇香清雅，甘润挺拔，丰满柔顺，回味悠长，风格典型，以河北衡水老白干酒为代表。

（12）馥郁香型白酒

①定义：以高粱、大米、糯米、玉米、小麦为原料，以小曲和大曲为糖化发酵剂，采用泥窖固态发酵工艺。酒体风格酱、浓、清特点兼而有之。原酒己酸乙酯与乙酸乙酯含量突出，乙酸、己酸等有机酸含量高；高级醇含量适中，但异戊醇含量较高。

②工艺特点：整粒原料，大小曲并用（小曲培菌糖化，大曲配糟发酵），清蒸清烧。

③风味特征：清亮透明，芳香秀雅，绵柔甘洌，醇厚细腻，后味怡畅，香味馥郁，酒体净爽。以湖南吉首"酒鬼酒"为代表。

（13）清酱香型白酒

①定义：以风味健康为导向，取清香、酱香酿造之精华，补清香、酱香工艺之不足，结

合现代酿造发酵原理及其固态发酵微生物菌群发酵代谢调控技术，研发创新发展的新型酿酒工艺技术体系。其以高粱、小麦、水为原料，以小曲、高温大曲、坨坨曲等四种曲药为糖化发酵剂，采用中型陶坛、条石地窖为发酵设备，培菌发酵、堆积发酵与陶坛、条石地窖厌氧发酵的分段式融合协调的固态发酵工艺酿造。酒体风格清香、酱香优点融合兼有。原酒酸、酯化合物结构比例协调，高级醇含量低，吡嗪、酚类等活性功能化合物丰富而结构适中。

②工艺特点：整粒原料，四曲并用，清蒸清烧，多轮发酵。

③风味特征：清澈透明，清酱香气优雅，酒体醇和、绵柔、圆润，诸味协调，回味甘爽，空杯留香持久。以贵州岩博酒业有限公司生产的"人民小酒"为代表。

4. 按生产原料分类

中国白酒的常用分类方法之一，主要用于行业管理及商贸，包括粮食白酒、代用原料白酒等。

（1）粮食白酒　以粮谷为原料酿制的白酒。常用的原料有高粱、玉米、大米、小麦、糯米、青稞等。酿制时，可用单粮酿酒，如纯高粱酒、玉米酒、米酒、青稞酒等；也可用多粮酿酒，如五粮液、剑南春、沱牌曲酒等。

（2）代用原料白酒　以含淀粉或糖的非粮谷原料酿制的白酒，如红薯酒、白薯酒等。

5. 按酒质分类

中国白酒的常用分类方法之一，包括国家名酒，部、省名优酒及一般白酒等。

（1）国家名酒　也称国家金质酒，是国家评定的质量最高的酒产品，白酒的国家评选会共进行过5次。茅台酒、汾酒、泸州老窖、五粮液等都是国家名酒。

（2）国家优质酒　也称国家银质酒，国家级优质酒的评比与国家名酒的评比同时进行。

（3）部、省名优酒　各部、省组织评比选出的名优酒，如原商业部、原轻工业部以及各省评选出的各类名优酒。

（4）一般白酒　占白酒产品产量的大多数，价格低廉，为百姓所接受。质量也不错，如众多中小酒厂生产的固态法大曲酒、小曲酒、麸曲酒等，一般多采用固液结合法生产。

6. 按酒精度高低分类

根据产品酒精度进行划分，包括高度白酒、低度白酒等。

（1）高度白酒　我国传统生产方法所生产的白酒，酒精度在41%vol以上，一般不超过65%vol，酒精度区间多为41%~65%vol。

（2）低度白酒　采用降度工艺，酒精度一般在40%vol以下，也有在20%vol左右的，酒精度区间多在20%~41%vol。

第二节　酒类酿造基础知识

一、白酒酿造

白酒又名烧酒，是中国特有的一种蒸馏酒，是中国的传统饮料酒。我国的白酒以其丰富多彩的香型风格闻名于世，而其特殊的生产工艺在世界酿造业中更独树一帜。现对各种香型白酒的工艺做简要介绍。

1. 酱香型白酒酿造工艺

酱香型白酒是中国最早的香型白酒，是中国的老三大香型白酒之一。酱香型白酒的产量不大，目前占白酒总产量的8%左右。其生产主要集中在南方，特别是贵州的仁怀，茅台镇是酱香型白酒发源地和优质酱香型白酒生产基地，北方也有一些，主要为麸曲酱香。

传统酱香型白酒是历经两次投料、九次蒸煮、八次发酵、七次取酒，生产周期长，一年一个生产周期；轮次多，分型贮存后，按不同轮次、不同典型体精心勾调而成。优质酱香型白酒具有"酱香突出，幽雅细腻，酒体醇厚，回味悠久，空杯留香"的风格特征，深受广大消费者的喜爱。以传统酱香型白酒酿造为例，其酿造工艺如下（图10-1）。

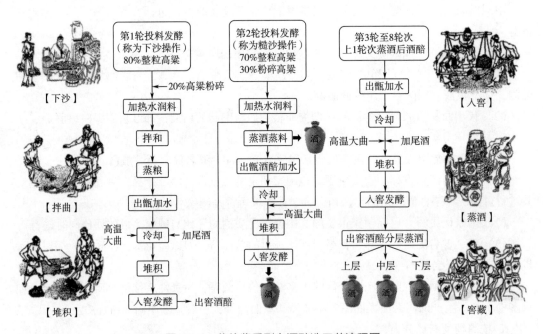

图10-1 传统酱香型白酒酿造工艺流程图

（1）原料粉碎 酱香型白酒生产把高粱原料称为沙。在每年大生产周期中，分两次投料，投料后需经过八次发酵，每次发酵时间30d，一个大周期约10个月。由于原料需要经过反复发酵，所以原料粉碎得比较粗，要求整粒与碎粒之比，下沙为80%：20%，糙沙为70%：30%，下沙和糙沙的投料量分别占投料总量的50%。为了保证酒质的纯净，除添加稻壳外，酱香型白酒在生产过程中基本上不加其他辅料。

（2）大曲粉碎 酱香型白酒是采用高温大曲作为糖化发酵剂，产酒生香。由于高温大曲的糖化发酵力较低，原料粉碎又较粗，故大曲粉碎越细越好，有利于糖化发酵。

（3）下沙操作 酱香型白酒生产的第一次投料称为下沙。例如，每甑投高粱350kg，下沙的投料量占年度生产总投料量的50%。

①泼水堆积下沙：先将粉碎后的高粱泼上原料量51%~52%的90℃以上的热水（称发粮水），泼水时边泼边拌，使原料吸水均匀、充分。也可将水分成两次泼入，每泼一次，翻拌三次。注意防止水的流失，以免原料吸水不足。然后，加入5%~7%的母糟拌匀。母糟是上年最后一轮发酵出窖后不蒸酒的优质酒醅，经测定，其淀粉浓度11%~14%，糖分0.7%~

2.6%，酸度3~3.5，酒精度4.8%~7%vol。发水后堆积润料10 h左右。

②蒸粮（蒸生沙）：先在甑箅上撒上一层稻壳，上甑采用见汽撒料，在1h内完成上甑任务，圆汽后蒸料2~3h，约有70%的原料蒸熟，即可出甑，不应过熟。出甑后再泼上85℃的热水（称量水），量水为原料量的12%。发粮水和量水的总用量为投料量的56%~60%。出甑的生沙含水量为44%~45%，淀粉含量为38%~39%，酸度为0.34~0.36。

③摊凉：泼水后的生沙，经摊凉、散冷，并适量补充因蒸发而散失的水分。当品温降到32℃左右，加入酒精度为30%vol的尾酒7.5kg（约为下沙投料量的2%左右），拌匀。所加的尾酒为上一年生产的丢糟酒和每甑蒸得的酒头经过稀释而成。

④堆积：当生沙料的品温降到32℃左右，加入大曲粉，加曲量控制在投料量的10%左右。加曲粉时应低撒扬匀；拌和后收堆，品温为30℃左右，堆要圆、匀，冬季堆高，夏季堆矮，堆积时间为4~5d，待品温上升到45~50℃时，可用手插入堆内，当取出的酒醅具有香甜酒味时，即可入窖发酵。

⑤入窖发酵：堆积后的生沙酒醅经拌匀，并在翻拌时加入次品酒2.6%左右。然后入窖，待发酵窖池加满后，用木板轻轻压平醅面，并撒上一薄层稻壳，最后加上泥封窖4 cm左右，发酵30~33d，发酵品温变化范围在35~48℃。

（4）糙沙 酱香型白酒生产的第二次投料称为糙沙。

①开窖配料：把发酵30d的生沙酒醅依次取出，每次挖出半甑左右（300kg左右），与粉碎、发粮水后的高粱粉拌和，原料高粱粉为175~187.5kg。其发水操作与生沙相同。

②蒸酒蒸粮：将生沙酒醅与糙沙粮粉拌匀，装甑，混蒸。首次蒸得的酒称生沙酒，出酒率较低，而且生涩味重，生沙酒经稀释后全部泼回糙沙的酒醅，重新参与发酵。该操作称为以酒养窖或以酒养醅方式。混蒸时间需达4~5h，保证糊化柔熟。

③堆积、入窖发酵：把蒸熟的料醅扬凉，加曲拌匀，堆积发酵，工艺操作与生沙酒相同，然后将堆积发酵好的酒醅入窖发酵。应当说明，酱香型白酒每年只投两次料，即下沙和糙沙各一次，以后六个轮次不再投入新料，只将酒醅反复发酵和蒸酒。

④蒸糙沙酒：糙沙酒醅发酵时要注意品温、酸度、酒精度的变化情况。发酵一个月后，即可开窖蒸酒（烤酒）。因为窖容较大，要多次蒸馏才能把窖内酒醅全部蒸完。为了减少酒分和香味物质的挥发损失，必须随起随蒸，当起到窖内最后一甑酒醅（也称香醅）时，应及时备好需回窖发酵并已堆集好的酒醅，待最后一甑香醅出窖后，立即将堆集酒醅入窖发酵。

蒸酒时应轻、松、匀、薄上甑，见汽上甑，缓汽蒸馏，量质摘酒，分等级存放。酱香型白酒的流酒温度控制较高，常在40℃以上，这也是其"三高"特点之一，即高温制曲、高温堆积、高温流酒。糙沙发酵醅蒸出的酒称为"糙沙酒"。酒质甜味好，但冲、生涩、酸味重，它是每年大生产周期中的第二轮酒，也是需要入库贮存的第一次原酒。糙沙的酒头应单独贮存留作勾兑，酒尾可泼回酒醅重新发酵产香，工艺上称为"回沙"。

糙沙酒蒸馏结束，酒醅出甑后不再添加新料，经摊凉，加尾酒和大曲粉，拌匀堆积发酵，再入窖发酵一个月，取出蒸酒，即得到第二轮酒，也就是第二次酿造原酒，称"回沙酒"，此酒比糙沙酒香，醇和，略有涩味。以后的几个轮次均同"回沙"操作，分别接取三、四、五次原酒，统称"大回酒"，其酒质香浓，味醇厚，酒体较丰满，无邪杂味。第六轮次发酵蒸得的酒称"小回酒"，酒质醇和，馓香好，味长。第七次蒸得的酒为"枯糟酒"，又称追糟酒，酒质醇和，有馓香，但微苦、糟味较浓。第八次发酵蒸得的酒为丢糟酒，稍带枯糟的焦苦味,有糊香,一般作尾酒,经稀释后回窖发酵。

酱香酒的生产,一年一个周期,两次投料、八次发酵、七次取酒。从第二轮起后不再投入新料,但由于原料粉碎较粗,醅内淀粉含量较高,随着发酵轮次的增加,淀粉被逐步消耗,直至八次发酵结束,丢糟中淀粉含量仍在 10% 左右。酱香型白酒发酵,大曲用量很高,用曲总量与投料总量比例高达 1:1 左右,各轮次发酵时的加曲量应视季节、轮次变化、淀粉含量以及酒质情况而调整。气温低,适当多用,气温高,适当少用,基本上控制在投料量的 10% 左右,其中第三、四、五轮次可适当多加些,而六、七、八轮次可适当减少用曲。

生产中每次蒸完酒后的酒醅经过扬凉、加曲后都要堆积发酵 4~5d,其目的是使发酵醅更新富集微生物,并使大曲中的霉菌、嗜热芽孢杆菌、酵母菌等进一步繁殖,起二次制曲的作用。堆积酒醅品温到达 45~50℃ 时,微生物已繁殖得较旺盛,再移入窖内进行发酵,使酿酒微生物占据绝对优势,保证发酵的正常进行,这是酱香型白酒生产独有的特点。

发酵时,糟醅采取原出原入,达到以醅养窖、以窖养醅的作用和目的。每次发酵醅堆积发酵结束后,准备入窖发酵前都要用尾酒泼窖。保证发酵正常、产香良好。尾酒用量由开始时每窖 15kg 逐渐随发酵轮次增加而减少为每窖 5kg。每轮酒醅都泼入尾酒,回沙发酵,加强产香,酒尾用量应根据上一轮产酒好坏,堆积时发酵醅的干湿程度而定,一般控制在每窖酒醅泼酒 15kg 以上,随着发酵轮次的增加,逐渐减少泼入的酒量,最后丢糟不泼尾酒。回酒发酵是酱香型大曲白酒生产工艺的又一特点。

由于回酒较大,入窖时的发酵醅中酒精度已达 2%vol 左右,对抑制有害微生物的生长繁殖起到积极作用,使产出的酒绵柔、醇厚。

茅台镇酱香白酒酿造窖池是用条石块与黏土砌成,体积较大(14~25m³)。每年投产前必须用木柴烧窖,目的是杀灭窖内的杂菌,除去枯糟味和提高窖温。每个窖所用木柴 50~100kg。烧完后的酒窖,待温度稍降,扫除灰烬,撒少量丢糟于窖底内,再打扫一次,然后喷洒次品酒约 7.5kg、撒大曲粉 15kg 左右,使窖底含有的醋酸菌得到营养,加以活化,经以上处理后,方可投料使用。

由于酒醅在窖内所处的位置不同,发酵产酒的质量也不同。蒸馏出的原酒基本上分为三种类型,即酱香型、醇甜型和窖底香型。其中,酱香型风味的原酒是决定基酒质量的主要成分,大多是由窖中和窖顶部位的酒醅生产的;窖底香型原酒则由窖底靠近窖泥的酒醅所生产;而醇甜型的原酒是由窖中酒醅所生产。蒸酒时这三部分酒醅应分别蒸馏,基酒分开贮存。

为了勾兑调味使用,酱香型酒也可产生一定量"双轮底"酒,在每一次取出发酵成熟的双轮底醅时,一半添加新醅、尾酒、曲粉,拌匀后,堆积,回醅再发酵,另一半双轮底醅可直接蒸酒,单独存放,供调香用。

(5)入库贮存 蒸馏所得的各种类型的原酒,根据风格、质量类别,分开贮存在容器中,通过检测和品尝,将基础酒分别按轮次、典型体、酒精度进行入坛长期贮存,贮存时间不少于 3 年。通过陈化使酒味更醇和、绵柔。

洗坛:新酒入库前要对酒坛进行选洗,先将酒坛注满清洁水,静置 2~3d,查看酒坛有无渗漏、破裂,酒坛内外要求无杂物、无灰尘、清洁卫生。

贮存期管理:新酒入库后酒坛上要标识年度、日期、库号、坛号、车间、班组、轮次、数量等标签、标识。

进出库管理：酒的进出库均要进行严格、规范的管理，建立台账。

（6）精心勾兑　勾兑从总体上讲就是将不同轮次、不同典型体、不同酒精度、不同酒龄的基础酒以一定比例进行组合，勾兑样酒达到目标成品酒的质量标准。

在基础酒的贮存期间要进行盘勾、小型勾兑和大型勾兑。每批成品酒样的勾兑成型要用基础酒样 80~100 个，甚至更多。

盘勾：新酒入库满一年后，将同轮次、同香型、同等级的酒进行盘勾，合并管理。

小型勾兑：盘勾 2 年后进行小型勾兑，勾兑样符合生产产品体系标准。

大型勾兑：根据小型勾兑比例标准进行大型勾兑，大型勾兑后的酒样贮存半年再包装出厂。

（7）包装　大型勾兑后，半成品酒样贮存半年进行包装出厂，酒在包装前要对酒瓶进行检测，酒瓶清洗。包装工艺包括取酒、灌装、喷码等工序。

选瓶：要求酒瓶无歪斜、瑕斑、气泡、裂缝、缺损，厚薄均匀，规格尺寸符合标准。

洗瓶水：要清洁、不浑浊、无悬浮物，洗瓶要求达到瓶内外清洁卫生，无污痕、无杂物、无余水。

抽检：灌装的酒要抽检达标后再进行灌装，酒要求符合规定的品种、批号，无浑浊、无悬浮物、无杂质。

灌装：酒的净含量符合规格要求，误差在允许范围内。

瓶盖：封盖用盖子要符合瓶盖标准，瓶盖内外光滑、清洁、无灰尘、无破损、无歪斜现象，紧密、无渗漏、不松动，酒瓶倒立无酒液流出。

拴丝带、戴胶帽：封盖后进行拴丝带、戴胶帽，要求丝带上的字体对齐，丝带字面向外。

喷码：将"商标"字样、生产日期、批次、瓶序号或地区编码喷在瓶盖上，喷码要均匀。

贴标：贴标要符合规格品种要求，粘贴牢固、均匀对称、无倒标、无褶皱、气泡、飞边等现象，同时加贴防伪标识。

装箱：装箱要求符合规定品种，要求无少装、倒装、错装现象，配品齐全；封口胶纸要平整、无飞边、褶皱；捆扎带应将酒箱扎紧。

2. 浓香型白酒酿造工艺

（1）浓香型大曲酒基本特点　浓香型大曲酒，以泸州老窖为典型代表，故又称为泸型酒。浓香型大曲酒的酒体风格特征为窖香浓郁，绵软甘洌，香味协调，尾净味长。

浓香型大曲酒酿造工艺的基本特点为：以高粱为制酒原料，以优质小麦、大麦为制曲原料，生产中、高温曲作为糖化发酵剂，泥窖固态发酵，续糟配料，混蒸混烧，量质摘酒，原酒分级贮存，精心勾兑。其中，最能体现浓香型大曲酒酿造工艺独特之处的是"泥窖固态发酵，续糟配料，混蒸混烧"。

所谓"泥窖"，即用泥料制作而成的发酵窖池。就窖池在浓香型大曲酒生产中所起的作用而言，除了作为蓄积酒醅进行发酵的容器外，泥窖还与浓香型大曲酒中各种呈香、呈味物质的生成密切相关，在发酵过程中，窖池窖泥与发酵酒醅发生着微生物、化合物、有机物等物质交换、传递。因而，泥窖固态发酵是浓香型大曲酒酿造工艺的特点之一。

不同香型大曲酒在生产中采用的配料、工艺方法不尽相同，浓香型大曲酒生产中主要采用续糟配料。所谓续糟配料，即在发酵好的出窖酒醅中，投入按工艺规定数量的新原料和一定数量的填充辅料（多为清蒸干燥后的稻壳），拌和均匀，上甑，一起蒸酒蒸粮。每轮发酵结束，均如此操作。这样，一个发酵池内的发酵酒醅，既添入一部分新粮发酵，又丢掉相应粮的丢糟，反复递进，形成续糟混蒸，酒糟得到多次循环利用，形成浓香型大曲酒特有的"万年糟"。这样的配料方法形成的续糟混蒸，也是浓香型大曲酒酿造工艺特点之一。

混蒸混烧，指在从窖池取出的糟醅中按比例加入原、辅料，通过人工操作拌匀，装入酒甑，蒸馏取酒，在蒸馏取酒的同时又实现了酿酒原料的蒸煮糊化。在同一蒸馏甑桶内，采取先以取酒为主，后以蒸粮为主的工艺方法（混蒸混烧），这也是浓香型大曲酒酿造工艺特点之一。

酒醅上甑过程，必须重视"匀、透、适、稳、准、细、净、低"的八字诀。

匀：指在操作上，拌和酒醅、物料上甑、泼打量水、摊晾下曲、入窖发酵等操作过程均要做到均匀一致。

透：指润粮过程，原料高粱要充分吸水润透，高粱在蒸煮糊化过程中要熟透。

适：指糠壳用量、水分、酸度、淀粉浓度、大曲加量等入窖条件，都要做到适宜于与酿酒有关的各种微生物的正常繁殖生长，才有利于糖化，发酵。

稳：指入窖、转排配料要稳当，切忌大起大落。

准：指执行工艺操作规程必须准确，化验分析数据要准确，掌握工艺条件变化要准确，各种原辅料计量要准确。

细：凡各种酿酒操作及设备使用等，一定要细致而不粗心。

净：指酿酒生产场地、各种工用器具、设备乃至酒醅、原料、辅料、大曲、生产用水都要清洁、干净。

低：指填充辅料、量水尽量低限使用；入窖醅，尽量做到低温入窖，缓慢发酵。

（2）浓香型大曲酒的流派　我国传统白酒风格的形成，原料是前提，曲是基础，制酒工艺是关键。就同一种香型而言，不同地域、不同工艺，酿造出的酒体风格也有差异。如苏、鲁、皖、豫等省生产的浓香型大曲酒，与川酒在酿造工艺上虽都遵从"泥窖固态发酵，续糟配料，混蒸混烧"的基本工艺要求，同属于以己酸乙酯为主体香味成分的浓香型白酒，但由于生产原料、制曲原料及配比、生产工艺等方面的差异，再加上地理环境等因素的影响，而出现了不同的细微风格特征差异，形成了两大不同的流派。

四川的浓香型大曲酒以五粮液、泸州老窖特曲、剑南春、全兴大曲、沱牌曲酒等为代表，大多以糯高粱或多粮为原料生产，特别是五粮液和剑南春酒都是以高粱、大米、糯米、小麦和玉米为原料酿造的多粮风格；沱牌曲酒以高粱和糯米为原料，制曲原料为小麦，生产工艺上采用的是原窖法、跑窖法工艺，加上川东、川南地区的亚热带湿润季风气候，形成了"浓中带陈"或"浓中带酱"型流派。

苏、鲁、皖、豫等省生产的浓香型大曲酒以洋河大曲、双沟大曲、古井贡酒、宋河粮液等为代表，大多采用粳高粱为原料，制曲原料为大麦、小麦和豌豆，采用混烧老五甑法工艺，加上地理环境因素的影响（与四川地区相比，湿度相对较低，日照时间长），形成了"淡雅、绵柔浓香型"流派。

（3）浓香型大曲酒的基本生产工艺类型

①原窖法工艺：又称为原窖分层堆糟法工艺。采用该工艺类型生产浓香型大曲酒的厂

家,有泸州老窖、全兴大曲等。

所谓原窖分层堆酒醅,原窖就是指本窖的发酵酒醅经过加原、辅料后,再经蒸煮糊化、泼打量水、摊晾下曲后仍然放回到原来的窖池内密封发酵。分层堆醅是指窖内发酵完毕的酒醅在出窖时须按面糟、母糟两层分开出窖。面糟出窖时单独堆放,蒸酒后作扔糟处理。面糟下面的母糟在出窖时按由上而下的次序逐层从窖内取出,一层压一层地堆放在堆糟坝上,即上层母糟铺在下面,下层母糟覆盖在上面,配料蒸馏时,每甑母糟的取法像切豆腐块一样,一方一方地挖出母糟,然后拌料蒸酒蒸粮,取酒后待撒曲后仍投回原窖池进行发酵。由于拌入粮粉和糠壳,每窖最后多出来的母糟不再投粮,加曲发酵后作为丢糟。加新粮蒸酒后得的红糟,红糟下曲拌匀后覆盖在已入原窖的母糟上面,成为面糟。

原窖法工艺特点可总结为:面糟、母糟分开堆放,母糟分层出窖、层层堆放,配料时各层母糟混合使用,下曲后糟醅回原窖发酵,入窖后全窖母糟风格一致。

原窖法工艺是在老窖生产的基础上发展起来的,其强调窖池的等级质量,强调保持本窖母糟风格,避免不同窖池,特别是新老窖池母糟的相互串换,所以俗称"千年老窖万年糟"。在每排生产中,同一窖池的母糟上下层混合拌料,蒸馏入窖,使全窖的母糟风格保持一致,全窖的酒质保持一致。

②跑窖法工艺:又称跑窖分层蒸馏法工艺。应用该工艺类型生产的酒以四川宜宾五粮液最为著名。

所谓"跑窖",就是在生产时先留有一个空着的窖池,然后把另一个窖内已经发酵完成后的糟醅取出,加原料、辅料、蒸馏取酒、糊化、泼打量水、摊晾冷却、下曲拌匀后装入预先准备好的空窖池中,而不再将发酵糟醅装回原窖,盛满了入窖糟醅后密封发酵。起窖窖池全部发酵糟蒸馏完毕后,该窖池即成为一个空窖。依此类推开展发酵的方法称为跑窖法。

跑窖不用分层堆糟,窖内的发酵糟醅可逐甑取出进行蒸馏取酒,而不像原窖法那样不同层的母糟混合蒸馏,故称为分层蒸馏。

概括该工艺的特点为:一个窖的糟醅在下一轮发酵时装入另一个窖池(空窖),从窖池不取出发酵糟进行分层堆糟,而是逐甑取出分层蒸馏。

跑窖法工艺中往往是窖上层的发酵糟醅通过蒸馏取酒后,变成窖下层的粮糟或者红糟,有利于调整酸度,提高酒质。分层蒸馏有利于量质摘酒、分级并坛等提高酒质措施的实施。跑窖法工艺无需堆糟,劳动强度小,酒精挥发损失小,但不利于养糟醅,故不适合发酵周期较短的窖池。

③混烧老五甑法工艺:混烧是指原料与发酵出窖的酒醅在同一个甑桶同时蒸馏和蒸煮糊化。五甑操作法是指,在窖内有4甑发酵酒醅,即2甑大楂,1甑小楂和1甑回糟,这4甑发酵酒醅出窖后再加新粮配成5甑进行蒸馏,蒸馏后1甑为扔糟,4甑入窖发酵。具体操作方法:回糟不加新原料直接蒸酒后作为丢糟,不再入窖发酵;小楂也不加新原料直接蒸馏酒,但蒸酒后加入曲粉,重新入窖发酵而成为下排回糟;2甑大楂加入粮粉重新配成3甑,该3甑中1甑加入占总粮粉量20%左右的新粮,蒸酒蒸粮后加入曲粉入窖发酵而得下排的小楂;另外2甑各加入40%左右新粮,蒸酒蒸粮后加入曲粉入窖发酵而得下排的2甑大楂。按此方式循环操作的五甑操作法,即称为老五甑法。

老五甑工艺具有"养糟挤回"的特点。窖池体积小,糟醅与窖泥的接触面积大,有利于培养糟醅,提高酒质,此谓"养糟";淀粉浓度从大楂、小楂到回糟逐渐变稀,残余淀粉被充分利用，出酒率高，又谓"挤回"。此外，老五甑工艺还有一个明显的特点，即不打黄水坑，不滴窖。

3. 董香型白酒酿造工艺

董香型白酒又称为药香型白酒，其代表是贵州遵义的董酒。其风味特征为无色、清澈、透明，闻香有较浓郁的醋类香气，药香突出，带有丁酸及丁酸乙酯的复合香气，入口能感觉出酸味，醇甜，回味悠长。药香型白酒是民族传统饮料中的一块瑰宝，在酿造过程加入135种药材制曲、制酒，经发酵蒸馏而成。在我国丰富的中药宝库中，药材成千上万，选入作为制曲的中药主要在制曲中提供维生素、香味成分、微生物等。

中药对制曲的作用主要有四个方面：一是对制曲和制酒微生物的生长、繁殖起到促进作用；二是对制曲和制酒有害的微生物（杂菌）的生长起到抑制作用；三是帮助曲药起烧、发汗、养汗、过心、干皮；四是制曲、发酵制酒过程将药材中的活性成分通过发酵、醇溶、水溶提取等转移到酒体中，丰富酒体中的有益成分。

现代科学揭示，制曲中使用中药最主要的作用是抑制细菌的生长，促进酵母菌和根霉菌的生长。酵母菌和根霉菌是中国其他大曲（中低温曲药）、小曲含有的主要微生物，其作用主要是提高酒醅的出酒率，提高粮食的利用率，节约成本，提高经济效益。

4. 芝麻香型白酒酿造工艺

与浓、清、酱、米等传统香型白酒不同，芝麻香型白酒是新中国成立后新创立的白酒香型之一，由山东景芝酒厂首先发现并提出。其代表产品为该厂生产的景芝神酿（现为一品景芝）。

（1）工艺特点及流程　芝麻香型白酒的风格特点为：兼具浓、酱、清三大香型白酒特点，而又独具风格、自成一体，具有突出的焦香，轻微的酱香，有近似焙炒芝麻的香气。其工艺特点为：清蒸续糟，泥底砖窖，大麸结合，多微共酵，三高一长（高氮配料，高温堆积，高温发酵、长期贮存），精心勾调。

①续糟工艺：清蒸以去除粮食中的邪杂味，续糟以继承传统工艺，充分利用发酵配醅，有利于酒醅的发酵和香味成分的积累，同时借鉴清香型白酒的清蒸清烧工艺，采用清蒸续糟，增加了产品的净爽感，突出了产品的淡雅。

②泥底砖窖发酵容器：砖窖有利于幽雅细腻的芝麻香型白酒风格的形成，泥底又可以增加浓香型白酒成分，因此芝麻香型白酒在一定程度上兼具了浓香型白酒的特点。适当的己酸乙酯含量对芝麻香及风味有较好的烘托效果，同时对酒体的细腻感和适口性也起到了十分重要的作用。

泥底砖窖的应用，既有别于浓香型白酒的泥窖发酵，又有别于清香型白酒的地缸发酵，与酱香型白酒的条石窖或碎石窖（窖底为泥）具有相似性，同时泥底砖窖用的人工窖泥栖息了数量更多的己酸菌、甲烷菌等窖泥微生物，使芝麻香型白酒己酸乙酯的含量高于酱香型白酒。

③高氮配料：在芝麻香型白酒的生产中，配料除了主要原料高粱外，还辅以适量的小麦、麸皮等（尤其是麸皮的添加），以提高发酵配料中的氮碳比，这与清香型白酒和浓香型白酒都有着明显的区别，酱香型白酒总的粮曲比约为1∶1，故原料中麸皮的成分也比较高。芝麻香型白酒的生产采用麸皮培养河内白曲、生香酵母、细菌三者的使用，最终使麸皮总量达到30%以上。

目前，高氮配料已在全国芝麻香型白酒行业广泛应用。其中的蛋白质经蛋白酶水解，可形成氨基酸，为美拉德反应的进行提供了物质基础。多方面的研究证明，芝麻香型白酒香味成分的生成与美拉德反应之间存在着极为密切的关系，其反应产物中的含氮化合物，尤其是吡嗪类化合物的种类及含量较高。该成分在芝麻香型白酒中的含量虽比酱香型白酒和浓酱兼香型白酒低，但较某些浓香型白酒和清香型白酒高得多，这对芝麻香型白酒的呈香呈味具有重要作用。因此，芝麻香型白酒的风格特点对高氮配料的要求具有必要性。

④大麸结合、多微共酵：芝麻香型白酒最早源于传统大曲白酒景芝白干，在此基础上随着研究工作的不断深入，逐渐形成了大曲、河内白曲、生香酵母、细菌混合使用，协同发酵的工艺特点，这是传统工艺与现代科技相结合的产物。

河内白曲酸性蛋白酶含量高，耐酸耐酒精能力强，糖化力相对较高等代谢特点，在酒糟酸度较大、蛋白质含量较高的芝麻香型白酒的生产中具有显著优势。生香酵母作为主要的发酵剂或发酵微生物，具有较强的产酯能力和发酵能力。耐高温细菌也具有较强的产酯、生香能力，其应用有利于烘焙香成分的生成和富集。大曲的使用则继承了传统的大曲酒的风格，避免了纯麸曲酒生产微生物种类少，酶系单一，形成的香味物质的种类和数量少，产酒欠丰满细腻的不足。大麸结合、多微共酵的结果使"芝麻香突出，诸味谐调，丰满细腻，回味悠长"。

由于高温曲含有大量的耐高温细菌和酱香成分及其前驱物，少量使用对具有"突出的焦香，轻微的酱香"的芝麻香的形成非常有利，因此与中温大曲相比，芝麻香型白酒的生产更重视高温大曲的使用。

⑤高温堆积：高温堆积、高温发酵本是酱香型酒的工艺特点，后来引进到了芝麻香型白酒的生产中。实践证明，高温堆积、高温发酵对芝麻香型白酒香味成分的形成起到非常重要的作用。高温堆积实际上就是二次制曲。堆积糟醅要疏松且含有较多空气，其厚度、疏松程度及水分、温度等要均匀一致。当堆积温度达到45~50℃时，堆积糟醅表层生出大量的白色斑点，用手插入糟醅内感到热手，取出糟醅会闻到浓郁的水果香气，此时可翻堆入池。

同样是堆积发酵，芝麻香型白酒和酱香型白酒既有共同点，又有较大区别。堆积发酵主要从自然环境中网罗富集微生物发酵，两种方式都培养了大量的酵母菌等微生物，堆积发酵过程中使这些微生物大量繁殖、驯化，同时又在高温作用下优胜劣汰，为入池高温发酵打下基础。

⑥高温发酵：高温堆积培养了大量的微生物，其中不乏耐高温的假丝酵母和细菌等。这些耐高温的微生物的大量存在，使高温发酵成为可能，而高温发酵又为芝麻香型白酒香味成分的最终生成创造了良好的发酵条件。同时，含氮化合物对芝麻香的形成也起着十分重要的作用，发酵酒醅中高含量蛋白质的降解，促进大量氨基酸代谢，产生丰富的风味化合物。堆积高温有利于蛋白质的蛋白酶及肽酶作用，因此高温发酵是芝麻香型白酒香味成分形成的重要一环。

⑦长期贮存，精心勾调：刚蒸出的新酒，不仅糙辣，口感欠柔和醇厚，酒体欠丰满，带有苦涩味，而且芝麻香不明显，这些不足必须经过贮存老熟，才能得到改善。芝麻香基酒在贮存过程中的变化规律证明，酸、酯等变化前快后缓，三年已渐趋稳定。从感官品评看，新酒焦香突出而芝麻香不明显，要获得芝麻香明显的白酒，贮存期需在2年以上，要想获得香气优雅，回味悠长，芝麻香突出的白酒，贮存期需3年以上。这就决定了基酒长期贮存的必

要性和可行性。

芝麻香型白酒的贮存过程，各种香味物质发生着缓慢的物理化学变化，如挥发、氧化、还原、酯化、水解、缩合、缔合等作用，使酒体中醇、醛、酸、酯等成分达到新的平衡，不但能排杂增香，改善酒的风味，而且风格更典型。芝麻香型白酒的贮存容器为陶坛，与其他容器相比，陶坛贮存更利于白酒的老熟，而且由于陶坛的体积较小，更便于实行量质摘酒、分级并坛，并使分级并坛做得更细。这些陶坛里贮存的酒经过合理的贮存时间，可以用于勾调用基酒或调味酒。

（2）酿酒工艺

①原料：高粱、小麦要求新鲜，籽粒饱满，粒度均匀。按投料量计高粱约占85%，小麦约占15%，麸皮占4%~6%。高粱和小麦在使用前要先经过除杂、粉碎，粉碎粒度与自然温度有关，冬季气温较低，粉碎稍细，夏季气温较高，粉碎稍粗。

②润料：为了使粮食更容易糊化，减少蒸汽的用量，通常要对原料进行浸润。在操作过程中先将粉碎的高粱、小麦混匀，再向粮食中泼入40~60℃的热水，加水量一般为40%~50%（按投料量计算），加水要边加边翻拌。最后将麸皮及适量出甑热糟醅混合后堆积，以原料润透为准，一般要求达到搓开成粉且没有硬心即可。

③蒸煮糊化：润粮结束后，即可装甑蒸料，蒸料时蒸汽压力不需要太大，保持在0.05MPa左右即可，蒸煮时间一般需要1h以上，蒸煮后的粮食要熟而不黏，内无生心。

④摊晾：蒸料结束，粮食与蒸酒后的酒糟按一定比例配料。醅料比要根据季节和糟醅来进行调整，降温、加浆、下曲先将酒糟平铺、摊散，再将熟料均匀地撒在上面，通风降温，下曲加浆，翻拌均匀，最后运到堆积堆子上进行堆积。

⑤高温堆积：堆积发酵中，粮糟表面可根据气温及糟醅情况加盖丝布等透气性好的覆盖物进行保温保湿。堆积时间约1d，堆积顶火温度一般在45~50℃。

⑥入池发酵：堆积结束后，先通风降温并补入适当清水，然后翻拌均匀，即可入池发酵。入池时先向窖池内加一甑垫糠，再将堆积糟入池，然后用30~40℃的挑糟摊匀覆盖，以利保温，最后用封池泥封池。封池要严密，防止透气烂糟。

⑦出池：发酵酒醅出池时应先对糟醅进行感官检测和理化分析，根据糟醅理化指标情况确定稻壳用量和料醅比例。

⑧装甑、蒸馏、摘酒：先将清蒸冷却的稻壳拌入酒糟中混合均匀，然后装甑。装甑要轻、松、准、匀、薄、平，见汽轻撒，不跑汽，不压汽。摘酒时要掐头去尾，量质摘酒。

⑨贮存、勾兑：原酒经检验部门品评、化验后按质并坛，分级贮存。

5. 特香型白酒酿造工艺

（1）工艺操作要点

①润粮：在拌料前，需将大米原料打堆，并泼上酿造用水进行润粮，使大米完全湿润为好。

②清蒸冷却：糠味是白酒中的杂味，故稻壳在使用之前，必须进行清蒸，以稻壳蒸透、闻之无生糠味为准，清蒸完毕后，让其自然冷却备用。

（2）出池控制要点　发酵糟醅出池：上层糟醅4~5车作踩糟，中层糟醅11~13车作原料糟，最后出丢糟4~5车，出池时注意观察窖池环境情况、糟醅色泽和气味，有异常情况及时处理。每次在出窖完毕后，将窖池清理干净，并用酒精度为2%~3%vol的酒尾喷洒窖底，同时撒入少量的大曲粉，以保养窖池，防止窖泥老化，延长窖泥的使用时间。

（3）配、拌料 严格按生产工艺要求，控制粮醅比例、用水量、填充料量的范围，并针对各发酵窖池的具体情况，根据窖池母糟（发酵糟醅）的淀粉含量、水含量和酸度等理化数据结果，确定入窖粮糟的配料参数，同时盖上稻壳防止酒精挥发；使入窖粮糟达至各项工艺标准正常参数值，以保证正常发酵要求。同时，注意在拌料过程中，要做到低拌均匀，无明显的较大团块，翻拌的同时用竹扫把将团块扫散，使料醅更均匀。

（4）装甑操作 操作过程在上甑前先将甑底打扫干净并用水清洗，做到无余糟废水，将甑底废水排放干净后再将出水口密封好，以防止酒尾和蒸汽的流失，上甑前，先用少许清蒸后的稻壳垫甑后再进行装甑。

（5）蒸馏 蒸馏过程、蒸馏时间、蒸汽压力、看花摘酒、酒基温度、流酒速度都是要重点控制的参数。蒸馏过程中，要做到小汽蒸馏，大汽追尾；掌握蒸馏时间，做到料熟酒尽；注意基酒温度、看花摘酒、截头去尾。蒸馏时还要做到不跑汽、不压酒、不打泡。

（6）凉糟下曲 蒸馏取酒后出甑堆积，用70℃以上热水吸浆，使糟醅充分吸水，加强淀粉的糊化。晾糟时间根据季节不同进行调整，防止杂菌污染蔓延，晾糟过程中要进行翻糟，做到排酸降温，品温均一，待糟醅温度下降到工艺参数要求时，用曲量按照原料配比及曲的相关指标综合考虑，确定加入量。并随时注意醅质达标，其主要控制的过程参数为糟温度、酸度、水分、淀粉浓度、粮曲比例。

（7）入池封窖操作要点 将糟醅均匀地倒入窖池中，并用铁锹整平，做到平整分明，分层踩实，摊场扫净，池面中高四边低，糟醅入池完以后，在其表面均匀的泼酒一定量的酒尾，用窖泥封窖将发酵池密封好，并用脚踩紧四周，以保证糟醅的正常发酵。

（8）窖池发酵 窖池发酵是白酒酿造的关键，发酵温度直接影响产酒和酒质。糟醅在窖池中的发酵状况要达到"前缓、中挺、后缓落"的发酵温度曲线。因此，发酵过程需要经常检查窖池，确保厌氧环境要求，以达到不透风，无烂糟，正常发酵目的。

6. 豉香型白酒酿造工艺

豉香型白酒是珠三角地区盛行的一种传统米酒，主要继承了豉香型白酒传统工艺的发酵方式、蒸馏方式及陈肥肉酝浸工艺。豉香型白酒采用大米为原料，经蒸煮后拌入大酒饼及加水入罐发酵，成熟醪经釜式蒸馏后得新酒（俗称"斋酒"），再经陈肥肉酝浸后形成豉香风味。

"玉冰烧"为豉香型白酒的典型代表，还包括九江双蒸酒。酒体风格为：玉洁冰清、豉香独特、醇和甘润、余味爽净；香味特征：酸、酯含量低，高级醇含量高，β-苯乙醇含量高。

7. 老白干香型白酒酿造工艺

衡水酒取名"老白干"。"老"指其生产悠久；"白"是说酒体无色透明；"干"指的是用火燃烧后不出水分，即纯。衡水老白干酒以"闻着清香，入口甜香，饮后余香"著称。

衡水老白干以高粱为主要原料，小麦中温大曲为糖化发酵剂，地缸为发酵容器，采用续糟混蒸老五甑工艺酿制而成。由于采用中温大曲及续糟混烧的工艺，故发酵入缸醅温较大曲清香偏高，酸度较大。其工艺操作、参数不同于大曲清香汾酒。所以，虽同是源于大曲清香型白酒工艺，但各有其自家的风格。以清、净、爽而论，可谓汾酒特色，而衡水老白干酒却赋予酒的香味浓郁感较强。

衡水老白干酒的风格为：无色或微黄，清澈透明，醇香清雅，酒体谐调，醇厚甘冽。

8. 馥郁香型白酒酿造工艺

馥郁香型白酒以"前浓、中清、尾酱"为主要风格特点，而又可根据不同的要求采取不同的原料、技术，生产侧重点不同的原酒，如浓香突出的，清香突出的，酱香突出的酒等。总体来说，各香味成分平衡协调，香气优雅，使得馥郁香型白酒，具有色清透明、入口绵甜、醇厚丰满、诸香馥郁、香味协调、回味悠长等风格特点。

9. 清酱香型白酒酿造工艺

以高粱、小麦、水为原料，以小曲、高温大曲、坨坨曲等曲药为糖化发酵剂，采用中型陶坛、条石地窖为发酵设备，培菌发酵、堆积发酵与陶坛、条石地窖厌氧发酵的分段式融合协调的固态发酵工艺酿造。酒体风格清香、酱香优点融合兼有。原酒酸、酯化合物结构比例协调，高级醇含量低，吡嗪、酚类等活性功能化合物结构丰富而适中。

工艺特点概括为：整粒原料，泡蒸结合，四曲分量适时并用，清蒸清烧，多轮发酵，长期储存。

酒体风格：色泽清亮透明（或微黄）；香气清酱协调，酱香幽雅、舒适；醇厚丰满，细腻柔和，回味悠长；空杯留香，舒适悠长；具有本品独特风格。

二、黄酒酿造

黄酒是世界上历史最悠久的饮料酒之一，是中华民族的宝贵遗产，文化底蕴深远且丰厚。考古成果和历史记载，证实了以黍和稻为原料进行黄酒酿造的历史事实。从距今约 7000 年的浙江余姚河姆渡遗址，挖掘、发现了稻谷堆积层和陶制窖器，推测当时已具备酿酒的基本条件。龙山文化（距今 4000 年）时期的角斗、高柄杯、双耳单耳杯等专用酒器的出土，均从不同方面证实了我国酿酒史的源远流长。

黄酒是以稻米、黍米等为原料，经加曲（麦曲）、酵母等糖化发酵剂酿制而成的发酵原酒。黄酒采用大米发酵，压榨取酒，基酒再煎酒，勾调而成，故黄酒含有较丰富的氨基酸等营养成分。

（1）黄酒的营养保健功效　黄酒的酒精度低、营养丰富、风味独特，是传统的保健养生佳品，自古人们就将黄酒作为饮、补两用品，人们品尝黄酒美味，同时享受健康保健作用，这正是黄酒魅力所在。李时珍在《本草纲目》中指出："酒，天之美禄也。面曲之酒，少饮则和血行气，壮神御寒，消愁遣兴。"黄酒也被美誉为"百药之长"，许多中药仍以黄酒泡制，借以提高药效。

黄酒中含有丰富的营养成分，如富含蛋白质、氨基酸、矿物质元素、维生素等，还有功能性成分酚类、低聚糖和肽类物质等。黄酒中的这些物质容易被人体消化吸收，黄酒具有色泽鲜明、香味浓郁以及口味独特、增进食欲等特色。

蛋白质是人体必需的主要营养成分之一，黄酒中不仅含有丰富的蛋白质，而且富含人体必需的 9 种氨基酸，居各酿造酒之首。

矿物质微量元素，由食物供给，在人体中发挥着十分重要的生理作用，可调节人体生理机能，促进新陈代谢。黄酒含有丰富的矿物质微量元素，如钾、钠、钙、镁、磷等，尤其还含有硒等。并且黄酒中的微量元素表现为酸性有机盐形式，容易为人体消化吸收。

维生素是人体代谢所必不可少的有机物，其对维持人体正常生长及调节人体生理机能非常重要。黄酒中维生素含量很丰富，有维生素 C、维生素 B 等。

黄酒中的其他功能性保健成分也备受人们关注，主要包括：①酚类物质，具有清除自由基、防止心血管病的产生、抗衰老等生理功能；②功能性低聚糖，如异麦芽糖、异麦芽三糖等不被人体消化吸收的低聚糖均具有特殊功能，在摄入后很少或根本不产生热量，但能被肠道中的有益微生物双歧杆菌等利用，可促进双歧杆菌增殖，改善肠道的微生态环境，促进肠道微生物结构优化，提高机体免疫力；③γ-氨基丁酸，是一种天然生物活性因子，可抑制性神经递质，具有改善脑功能、增强长期记忆、抗焦虑等生理活性；④生物活性肽，是具有特殊生理功能的肽类物质，如对心血管有特殊的保健作用，黄酒中的肽含量是其他任何酒类产品都无法比拟的。

黄酒的生产是以麦曲、酒药糖化发酵，多种微生物参与作用的生化发酵过程，可赋予多种生物活性物质，因此，经常适量饮用黄酒，有助于血液循环，促进新陈代谢，并有补血养颜、舒筋活血、健身强心、延年益寿的功效。

（2）黄酒生产工艺特点 黄酒经我国劳动人民数千年来的生产实践和不断改进，其生产工艺以及酒的风味都具有独特之处，与其他酿造酒有明显不同。其特点包括：

①黄酒以大米或黍米为原料。

②黄酒酿造用不同种类的麦曲或米曲，酒药发酵赋予酒独特的风味，其综合作用使黄酒味美，微苦，具有曲香的独特风格。

③黄酒风味是由原料经多种微生物发酵，如霉菌、酵母、细菌协同作用的结果，因此风味成分多而复杂。

④酿造过程淀粉糖化与酒精发酵同步进行，发酵醪浓度较高，经过直接酿造，酒精度达 15%~20%vol。

⑤发酵过程温度低，时间长，有效防止高温产酸菌的繁殖及其作用，有利于风味物质及其风味特征的形成。

⑥新酒必须灭菌后装入坛中密封陈酿一段时间，使酒更香气芬芳、口味醇厚。

⑦黄酒具有浓厚的地方色彩，我国各地生产黄酒所使用的原料、糖化发酵剂的种类不尽相同，工艺操作也存在差异，酒体风格也与地域习惯，爱好密切相关。因而，我国黄酒的品种繁多，其中的绍兴酒工艺、即墨黄酒工艺、红曲黄酒工艺、小曲黄酒工艺是我国黄酒酿造工艺的典型代表。

⑧黄酒生产季节性强，传统的黄酒生产常在冬季气温较低的时候进行。因为低温环境有利于发酵温度的控制，减少杂菌的污染，保证生产的安全，也有利于微生物在低温下长时间作用，富集黄酒中特有的风味物质。

（3）黄酒的分类 黄酒按产品风格来分，主要有传统型黄酒、清爽型黄酒、特型黄酒三种类型。

①传统型黄酒：以稻米、黍米、玉米、小米、小麦等为主要原料，经蒸煮、加酒曲、糖化、发酵，再经压榨、过滤、煎酒、贮存、勾兑后处理等过程制成。

②清爽型黄酒：以稻米、黍米、玉米、小米、小麦等为主要原料，加入酒曲（或部分酶制剂和酵母）为糖化发酵剂，经蒸煮、糖化、发酵、压榨、过滤、煎酒、贮存、勾兑而成，酒体口味清爽。

③特型黄酒：由于原辅料和（或）工艺有所改变（如加入药食同源的物质），酿造的黄

酒具有特殊风味，但黄酒酒体的风格并未改变。

三、葡萄酒酿造

葡萄酒酿造是将葡萄原料中可发酵性物质通过发酵转化为葡萄酒及其酒体中的风味化合物。葡萄酒酿造包括两个阶段：第一阶段为葡萄浆果中的固体成分通过浸渍或压榨进入葡萄汁中，获得发酵葡萄汁；第二阶段为酒精发酵和苹果酸-乳酸发酵阶段，葡萄汁发酵向葡萄酒转变发展。

葡萄原料中，20%为固体部分，包括果梗、果皮和种子，80%为液体部分，即葡萄汁。果梗主要含有水、矿物质、酸和单宁；种子富含脂肪和涩味单宁；果汁中则含有糖、酸、氨基酸等，即葡萄酒中的非特有成分。而葡萄酒的特有成分主要存在于果皮和果肉细胞中。果汁和果皮之间的成分也存在着很大差异。果汁富含糖和酸，芳香物质含量很少，几乎不含单宁；果皮中的成分则被认为是葡萄浆果的"高贵"部分。

葡萄酒酿造的目标就是实现对葡萄酒感官平衡及其风格至关重要的口感物质和芳香物质的富集、平衡，然后保证发酵的正常进行。葡萄酒酿造过程主要工序如下。

（1）浸渍（红葡萄酒的酿造）　红葡萄酒的酿造过程，应使葡萄固体中的成分在控制条件下进入液体部分，即通过促进固相和液相之间的物质交换，发挥葡萄原料的芳香和多酚物质，赋予葡萄酒的香气和口感。浸渍阶段可以在酒精发酵过程中实现，也可以在酒精发酵前，极少情况下在酒精发酵后进行。

传统工艺中，浸渍和酒精发酵几乎是同时进行的。原料经除梗、破碎（将葡萄压破以便于出汁，有利于固-液相之间的物质交换）后，再泵送至浸渍发酵罐中，进行发酵。发酵过程，固体部分由于 CO_2 的带动而上浮，形成"发酵盖帽"，不再与液体部分接触。为了促进固-液相之间的物质交换，一部分葡萄汁被从罐底放出，泵送至发酵罐的上部以淋洗皮渣帽的整个表面，这就是倒罐。该过程芳香物质比多酚物质更易被浸出。所以，浸渍时间的长短视多酚物质的浸出状况，在此阶段，最困难的是选择浸出花色素和优质单宁，减少带有苦味和生青味的劣质单宁浸出。发酵形成的酒精和发酵液温度的升高，有利于固体物质的提取，但应防止温度过高或过低产生的影响。温度过低（低于 20~25℃），不利于有效成分的提取；温度过高（高于 30~35℃），则会浸出劣质单宁并导致芳香物质的损失，同时又有酒精发酵中止的危险。

在多酚物质中，色素比单宁更易被浸出。所以，调控浸渍时间的长短（从数小时到一周以上），可以获得各种不同类型的葡萄酒。桃红葡萄酒，果香味浓，如新鲜红葡萄酒及醇厚单宁感强的需陈酿的红葡萄酒等。浸渍时间的长短还决定于葡萄品种、原料的成熟度及其卫生状况等因素。

浸渍结束后，即通过出罐将固体和液体分开。液体部分（自流酒）被送往另一发酵罐继续发酵，并在那里进行澄清，完成物理化学反应。固体部分中还含有一部分酒精，因而得通过压榨而获得压榨酒。同样，压榨酒应单独送往另一发酵罐继续发酵。有的情况下，经短期浸渍后，一部分葡萄汁从浸渍罐中分离出来，用以酿造桃红葡萄酒，所酿造的桃红葡萄酒，比将经破碎后的原料直接压榨酿造的桃红葡萄酒香气更浓，颜色更为稳定。对原料加热浸渍是另一种浸渍技术，即将原料破碎，除梗后，加热至 70℃ 左右浸渍 20~30min，然后压榨，葡萄汁再冷却后进行发酵，称为热浸发酵，主要是利用提高温度来加强对固体部分中的有效成分的提取效果。同样，在该过程中色素比单宁更易浸出。其过程可通过对温度的控制来达到选择利用原料的颜色和单宁潜力的目的，从而可生产出一系列不同类型的葡萄酒。热浸提还可控制氧化酶的活性，对于受灰霉菌危害的葡萄原料极为有利，因为该种类原料富含能分解色素和单宁的漆酶。几分钟的热浸提在颜色上可以获得经几天普通浸渍相同的效果。同时，由于浸渍和发酵是分别进行的，可以更好地对它们进行控制。

对原料的浸渍也可用完整的原料在二氧化碳气体中进行，称为二氧化碳浸渍发酵。浸渍罐中为二氧化碳所饱和，并将葡萄原料完整地装入浸渍罐中。在该情况下，一部分葡萄被压碎，释放出葡萄汁；葡萄汁中的酒精发酵保证了密闭罐中二氧化碳的饱和。浸渍 8~15d 后（温度越低，浸渍时间应越长），分离自流酒，并将其皮渣压榨。由于自流酒和压榨酒都还含有很多糖，所以将自流酒和压榨酒混合后或分别继续进行酒精发酵。在二氧化碳浸渍过程中，没有破损的葡萄浆果会进行一系列的厌氧发酵代谢，包括细胞内发酵形成酒精和其他挥发性物质生成，苹果酸的分解，蛋白质、果胶质的水解，以及液泡物质的扩散，多酚物质的溶解等，并形成特殊的令人愉快的香气。通过二氧化碳浸渍发酵后的葡萄酒口感柔和，香气浓郁，成熟较快。它是目前已知的唯一能用中性葡萄品种发酵获得芳香型葡萄酒的酿造方法。还有将二氧化碳浸渍发酵与传统酿造法相结合的方法，该方法有人称之为半二氧化碳浸渍发酵。

（2）直接取汁（白葡萄酒的酿造） 与红葡萄酒一样，白葡萄酒的质量也取决于主要口感物质和芳香物质之间的平衡。但白葡萄酒风味的平衡与红葡萄酒的平衡是不一样的，白葡萄酒的风味平衡一方面决定于葡萄品种香气与发酵香气之间的合理比例，另一方面决定于酒度、酸度和糖之间平衡。对于红葡萄酒，要求与深紫红色相结合的结构、骨架、醇厚和醇香，而对于白葡萄酒，则要求与带绿色色调的黄色相结合的清爽、果香和优雅性，一般需避免氧化感和带琥珀色的色调。为了获得白葡萄酒的这些感官特征，应尽量减少葡萄原料固体部分的内在成分，特别是多酚物质的溶解。因为多酚物质多为氧化变化的底物，而氧化可破坏白葡萄酒的颜色、口感、香气和果香。

此外，从原料采收到酒精发酵，葡萄原料会经历一系列的机械处理，这会带来两方面的问题：一方面，会破坏葡萄浆果的细胞，使之释放出一系列的氧化酶及其氧化底物多酚物质，作为氧化反应促进剂并能形成生青味的不饱和脂肪酸；另一方面，还可形成一些悬浮物，这些悬浮物在酒精发酵过程中，可促进影响葡萄酒质量的高级醇的形成，同时抑制酯类物质形成。

因此，在白葡萄酒的酿造过程，用于酒精发酵的葡萄汁应尽量是葡萄浆果的细胞汁，用于取汁的工艺必须尽量柔和，以尽量减小破碎、分离、压榨和氧化的负面影响。

综上所述，我们知道实际上白葡萄酒的酿造工艺关键注意点包括：完整葡萄颗粒的采摘、运输，防止葡萄在采收和运输过程发生氧化现象；严格控制破碎、分离、分次压榨、二氧化硫处理、澄清参数；果汁在 18~20℃ 条件下进行酒精发酵，以防止香气的损失。除此以外，应严格防止外源铁的进入，以防止葡萄酒的氧化和浑浊（铁破败），所有的设备最好使用不锈钢材料。

在取汁时，最好采用直接压榨技术，也就是将葡萄原料完好无损地直接装入压榨机，分次压榨。采用直接压榨技术，还可用红色葡萄品种（如黑比诺）酿造白葡萄酒。此外，为了充分利用葡萄的品种香气，也可采用冷浸工艺，即尽快将破碎后原料在 5℃ 左右浸渍 10~

20h，使果皮中的芳香物质进入葡萄汁中，同时抑制酚类物质的溶解和防止氧化酶的活动。浸渍结束后，再分离、压榨、澄清，在低温下发酵。

四、啤酒酿造

根据生产原料、生产工艺及产品特点，啤酒酿造一般以麦芽为主要原料，以大米、玉米、小麦等谷物作辅料，以酒花等作香料，经过制麦、糖化和发酵酿制而成。

1. 啤酒酿造的基本工艺

（1）麦芽制备　由原料大麦制成麦芽，习惯上称为制麦，它是啤酒酿造的开始。制麦的目的在于使大麦发芽，产生多种水解酶类，以便通过后续糊化，使大分子蛋白质得以水解溶出，麦芽在烘干过程产生一定的色、香、味化合物。制麦全过程包括原料清选、浸麦、发芽、干燥、除根等工序。

（2）大麦浸渍　大麦浸渍的目的主要包括：提高麦粒含水量至43%～48%，使胚乳溶解；大麦的洗涤、除尘、除菌；浸出谷皮中的有害成分等。

（3）大麦发芽　发芽目的：使麦粒大量产生酶，分解麦粒成小分子物质，部分变成可溶物。

发芽现象：浸麦度达到30%时开始发芽。

麦芽中的主要酶类：从发芽开始，生成多种赤霉酸，并向糊粉层分泌，诱发水解酶形成，赤霉酸是促进水解酶形成的主要因素。

发芽中各种物质的变化，主要包括以下情况。

①物理及表观变化：浸麦后麦粒体积膨胀约1/4，麦粒由坚硬富有弹性变为更松软。

②淀粉变化：淀粉的相对分子质量下降。短链、直链淀粉比例增加，酶使淀粉不断分解，同时发芽、生根会消耗部分淀粉，淀粉损失为干重的4%～8%。蛋白质变化是制麦过程中的重要内容，部分蛋白质分解为肽和氨基酸，有0.5%～0.8%的分解产物用于合成新的根芽和叶芽，其余未损失。

③发芽过程中蛋白质分解：醇溶蛋白和谷蛋白在量上明显下降，其余组分基本不变。发芽过程中添加赤霉酸可促进蛋白质的分解，总氨基氮明显得以提高。

④半纤维素和麦胶物质：制麦发芽过程中，一方面不断分解，一方面合成新的根和叶时构成细胞壁（少量），以分解为主。

⑤酸度变化：发芽会引起酸度提高。

（4）麦芽干燥　干燥目的：使麦芽水分由44%降至2%～5%，终止麦芽生长和胚乳的溶解，除去生青味，使麦芽产生特有的香味，麦根也可被除去（不良苦味），干燥后还能长期贮存。

（5）麦芽质量评定　采用欧洲啤酒协会标准（EBC标准），美国酿造化学家协会标准（ASBC标准）或中国轻工行业推荐标准QB/T 1686—2008《中华人民共和国轻工行业标准啤酒麦芽》相关指标判定。

感官指标（色、香、味）：无霉杂味，麦芽香浓，牙咬发脆且松散（说明溶解良好），优质浅色麦芽具淡黄色而有光泽感；浓（着）色，黑色麦芽具麦芽香味和焦香味。

物理指标：做切断试验，玻璃质粒越少越好。

化学指标：包括含水量、无水浸出物、糖化时间、麦汁滤速和透明度、色度、细胞溶解度、蛋白质溶解度、α-淀粉酶活力和糖化力等。

2. 麦芽汁制备

麦芽经过适当的粉碎，加入温水，在一定的温度下，利用麦芽本身的酶活力，进行糖化（主要将麦芽中的淀粉水解成麦芽糖），生产过程为了降低生产成本，还可以加入一定比例的大米粉作辅料。

制成的麦芽醪，用过滤槽进行过滤，得到麦芽汁，将麦芽汁输送到麦汁煮沸锅中，将多余的水分蒸发掉，并加入酒花。酒花可使啤酒带有特有的酒花香味和苦味，同时，酒花中的一些成分还具有防腐作用，可延长啤酒的保质期。

（1）粉碎　粉碎的作用：增加了淀粉粒、酶及水之间的接触面积，加速了酶促作用，利于可溶性物质的溶出。粉碎方法：可采用干法粉碎或湿法粉碎，前者尽量达到麦芽表皮破而不碎，而使麦粒内部粉碎度尽量提高，该法耗电少，后者耗电大。

（2）糖化　煮出糖化法：指麦芽醪利用酶的生化作用和热力的物理作用，使其有效成分分解和溶解，通过部分麦芽醪的热煮沸、并醪，使麦芽醪逐步梯级升温至糖化终了；部分麦芽醪被煮沸次数即几次煮出法。浸出糖化法：指麦芽醪纯粹利用其酶的生化作用，用不断加热或冷却调节醪的温度，使之糖化完成，麦芽醪未经煮沸。其他糖化方法均是由上述两种基本方法演变而来。复式糖化法：当采用不发酵谷物在进行糖化时必须首先对添加的辅料进行预处理——糊化、液化（即对辅料醪进行酶分解和煮出）。

（3）糖化醪的过滤　过滤目的：糖化结束，基本实现麦芽和辅料中高分子物质的分解、萃取，接着必须将麦汁（溶于水的浸出物）和麦糟（残留的皮壳、高分子蛋白质、纤维素、脂肪等）分离。此分离过程称为麦芽醪的过滤，以得到澄清的麦汁，以免浸泡时间过长，影响麦汁的色、香、味。过滤过程分两步。一滤麦汁：即以麦糟为滤层，过滤出麦汁，也称为第一麦汁或过滤麦汁。二滤麦汁：用热水洗涤麦糟中残留麦汁，也称为第二麦汁或洗涤麦汁。在麦汁过滤过程中，残留在糖化醪中的淀粉酶还可以将少量的高分子糊精进一步液化，使之全部转变成无色糊精和糖类，提高原料浸出物收得率。过滤方法：可以采取过滤槽法、压滤机法等。

（4）麦汁煮沸与酒花添加　煮沸的作用与目的：麦汁煮沸可起到杀酶、灭菌、蒸发水分、浓缩麦汁至目标浓度、沉淀蛋白质、溶出酒花成分、形成还原性物质以及蒸馏除去不良气味等作用。煮沸过程中物质的变化，主要包括蛋白质的凝固，即麦汁中清蛋白、球蛋白等水溶性蛋白质由于麦汁 pH 变化，受热、振荡、氧化、与多酚类物质结合等原因，发生絮凝，将从麦汁或啤酒中分离出来，有利于啤酒的非生物稳定性。

酒花的添加方法：煮沸 90min，每立方米热麦汁添加酒花 0.8~1.3kg，多用三次添加法。

（5）麦汁的处理　从煮沸锅放出的定型热麦汁，在进入发酵灌发酵以前，需进行一系列处理，主要包括酒花糟分离、热凝固物分离、冷凝固物分离、冷却、充氧等，才能制成发酵麦汁。

3. 啤酒发酵

麦芽汁经过冷却后，过滤，输送到发酵罐中，加入酵母菌，开始发酵。传统工艺分为主发酵和后发酵两个阶段，分别在不同的发酵罐中进行，现在基本为在一个罐内完成主发酵和后发酵。

（1）主发酵　啤酒发酵的主要阶段，主要是指利用酵母菌将麦芽汁中的麦芽糖转变成酒精、CO_2 和其他一系列副产物，以构成啤酒的主要成分。啤酒酵母接种后，在充氧的麦汁中，酵母逐步恢复其生理活性，但前期基本不繁殖；接着酵母利用麦汁中的氨基酸为主要氮源，以发酵性糖为主要碳源，进行有氧呼吸作用，进入生长繁殖，同时产生一系列代谢产物；随后，在低氧或缺氧条件下，酵母进行无氧发酵，糖被酵解，产生酒精和 CO_2，并释放出能量。从接种酵母泥到发酵麦汁表面开始起泡的时间段被称为前发酵，一般为 16h 左右，然后进入主发酵过程，主发酵一般在 6~8d，长的可达 8~12d。

（2）后发酵　主要是产生一些风味物质，排除啤酒中的异味，并促进啤酒的成熟，麦汁经 7~8d 主发酵后，发酵液被称为嫩啤酒或新啤酒，CO_2 含量不足，双乙酰、乙醛等挥发性风味成分未降到理想程度，酒液口感不成熟，不适于饮用。同时，如果大量的悬浮酵母和凝结析出物未完全沉淀，酒液不够澄清，需数星期或数月的后发酵和储酒。后发酵期间主要促进残糖发酵、去除凝固物、饱和 CO_2，提高啤酒胶体稳定性以及促进啤酒风味成熟，也是提高啤酒生产效率的关键环节。

4. 成品啤酒

（1）啤酒的澄清　经过后发酵后成熟的啤酒，大部分蛋白颗粒和酵母泥已沉淀，少量悬浮于酒体中，需过滤、澄清后才能包装。一般采用机械法分离，使酒液澄清透明，光泽好，稳定性好，贮藏中不再产生沉淀，且品质不易发生变坏。常用的过滤分离方法有滤棉过滤、硅藻土过滤、离心分离、板式过滤、微孔薄膜过滤等，单用或混用都可行，但不同的使用方式效果不同。

（2）啤酒的灭菌和包装　灭菌：过滤后的啤酒液储存于低温清酒罐中，经低温灭菌，冷却，啤酒就可以包装。啤酒的包装要求无菌；尽量减少 CO_2 损失；尽量减少与 O_2 接触，以防氧化。包装：啤酒包装有多种形式，包括瓶装、罐装和 PET（聚对苯二甲酸乙二酯）塑料瓶装等。

（3）成品啤酒的检验　瓶装啤酒的出厂检验主要是指采用隧道式杀菌机喷淋后，贴标验酒装箱。

常规检验主要包括：①化学成分：如酒精和 CO_2、碳水化合物、含氮成分、风味物质。②啤酒的稳定性：包括风味稳定性、生物稳定性、非生物稳定性、泡沫稳定性。

五、果露酒酿造

果露酒是以葡萄或其他浆果等为原料，经分选、破碎、去梗、发酵、储酒、调配酿制等工艺制成的具有葡萄或其他原料果味风味等的风味酒。市场上的果露酒品种繁多，有桂花陈、野生山葡萄酒、猕猴桃酒、荔枝酒、青梅煮酒、苹果甜酒、杨梅甜酒等。目前，有许多酒厂、饮料厂都在大量生产果露酒。

果露酒生产工艺较简单，容易酿造，所用材料来源充足，生产设备简单，投资不大，易推广，其主要酿造方法如下。

浸泡法：将果类、香料、药材直接投入酒中，浸泡到一定的时间，取出浸泡液，过滤、装瓶或者将浸泡液加水稀释，调整酒精度，再加糖和色素等，经过一定时间的贮藏，过滤装瓶即成。

煮出法：将需要的原料加水蒸煮，煮后去渣，取出原液加酒和水，调整到需要的酒精度，加糖、色素等，搅拌均匀，贮存两三个月，过滤装瓶即成。

蒸馏法：将鲜花或鲜果投入酒中，密闭浸泡一定时期后取出，加入一定量的白酒和水进行蒸馏，将馏液加水调成需要的酒精度，再加糖和色素等搅拌均匀，贮藏一定时间过滤装瓶即成。

配制法：白酒或脱臭酒精按一定比例加入糖、水、柠檬酸、香精、色素等，搅拌均匀后贮存一定时间，过滤装瓶即成。

六、配制酒与鸡尾酒

1. 配制酒

配制酒是以发酵酒、蒸馏酒或食用酒精为基酒，加入可食用的辅料或食品添加剂，进行调配、混合或再加工制成的，已改变了其原基酒风格的饮料酒。

配制酒所用的香源物质种类很多，例如，植物的花、茎、叶、根等，各种果汁、有机酸、维生素、蜂蜜、白砂糖、天然和人造的食用香料和色素以及动物的骨、角、蛋白等。广义来讲，可食用的物料都可以作为配制酒的配料。

配制酒是作为一个酒种而存在的，它以稳定的产品出售，对于一个稳定的产品而言，它的基酒和配料都是固定的，有相应的配制方法，产品有理化指标及感官方面的具体且稳定的要求。

配制酒的生产有多种方法，其基本原理就是提取原料中的有效成分，将其与基酒配合在一起，形成一个酒体稳定，且色、香、味俱佳，富有特点的产品。生产配制酒，对配制原料有要求，即配制原料中的成分进入基酒中，应该很好地融入基酒中与基酒浑然一体，相得益彰，这是选择生产配制酒过程应考虑的关键问题。配制酒生产的方法非常丰富，下面结合具体的例子说明配制酒生产的常用方法。

（1）浸提法　浸提法是生产配制酒最常用也最方便的一种方法。常用的浸提液是酒精和水。

①浸提法生产青梅酒：青梅酒精浸提液制法是将新鲜青梅清洗后用优质食用酒精浸泡，青梅与酒精的比例为 1∶1.5~1∶2.5，96%vol 以上的食用酒精浸泡青梅，以没过青梅 5~10cm 为准。勾调过程，青梅酒比例过大，浸提液酸度高，生产的青梅酒口味太酸；青梅酒比例过小，则调配出来的酒青梅味不够，而酒精味明显。要求浸泡时间不少于 3 个月，一般要达到 6 个月以上。

植物水浸提液制法是栀子、甘草、玉竹加纯净水后用间接蒸汽加热煮沸 30~50min，然后冷却至室温，过滤后滤液备用。

其他原料还有蔗糖、柠檬酸和维生素 C，均用纯净水配成溶液使用，蔗糖配成 46°Bx 的溶液，柠檬酸配成 300g/L 的溶液，维生素 C 配成 100g/L 的溶液。

调味料添加顺序为：白砂糖、维生素 C、柠檬酸、乳酸。将酒液过滤后灌装经 65~70℃杀菌 30min，贴标、喷码后装箱。成品青梅酒的酒精度 15%~18%vol，糖酸比 18∶1~35∶1。用上述方法配制的青梅酒色泽自然、风味独特、香气浓郁、味道可口。

②浸提法生产苦丁茶酒：采用加水煮沸提取和酒精浸提结合方法，分别提取苦丁茶中水溶性与醇溶性有效成分，制得茶叶调味酒，调味酒再与基酒勾调生产苦丁茶酒。具体方法如下。

水提液制备：苦丁茶加 10 倍的软化水文火煮沸 3~4min，搅拌后过滤得浓茶汁。茶渣加水再煮沸 4~5min 后过滤。将两次的浸提液合并后过滤，在 70~80℃下浓缩。

醇提液制备：苦丁茶加入 10 倍量的 56%~60%vol 酒精液中浸泡 24~48h 后粗滤，滤渣再用酒精溶液进行第二次浸泡，并加温至 40℃过滤，合并滤液。

将上述两种浸提液，按照水提液 55%、醇提液 45%的比例混合后静置 7~10d，经过滤后得到茶叶调味酒。

将茶叶调味酒用软水稀释后，勾调入 38%vol 浓香型基酒中。用冰糖、柠檬酸等调节口感。该苦丁茶的配制酒呈自然的茶绿色，酒体透明，酒香与茶香协调，优雅柔和，香甜适口，舒顺爽快，具有独特风格。

理化指标：酒精度≥20%vol，酸度（以乙酸计）≤6g/L，糖度（葡萄糖计）≥20g/L。

（2）浸泡与蒸馏结合法　浸泡与蒸馏结合法可以是将全部原料先浸泡后再全部用于蒸馏，馏出液用于调酒；也可以先浸泡后，一部分用于蒸馏取其香，另一部分浸泡液与原料分离后取汁，两部分提取液混合后用于配酒。后一种方法可更好地保留原料的色泽与香味。

如营养保健功能的清老酒的生产实例。植物原料：黄精、玉竹、天门冬、大枣、甘草、党参、当归、生熟地、何首乌等两食两用天然中草药。其他原料还有食用优级酒精和蒸馏水。

基酒浸泡：选用质量好的植物原料，确保无霉变、无虫蛀、无杂质的净品。将其切成片或粉碎，经严格清洗后装入小袋放入浸药池中加基酒浸泡，浸泡温度在 28~30℃，时间 10d。

复蒸馏：将浸泡到期的浸泡液、药袋和酒精（食用酒精事先加活性炭进行脱臭除杂净化并过滤处理）按比例加入蒸馏塔中进行复蒸馏，要求低温馏酒。

半成品加糖调配：馏出液加糖浆调配，搅拌均匀。因产品中有苦、涩、甘、辛等味，经过对酒精度、糖度、闻香等指标优化，获得入口绵甜，具有独特风格的露酒。调配后储存使酒中各种成分充分融合；成品酒色泽清亮透明，酒香和药香和谐愉悦，口味和谐舒畅、余味绵长、酒体完整，具有本类型酒的典型风格。

（3）浸泡与发酵结合法　采用浸泡与发酵结合的方法，可将该两种方法的优点结合起来，生产的酒既有发酵酒的酿造香气，又有原料果实的特有香味，是一种生产高档配制酒的好方法。如：

①浸泡与发酵结合法生产沙棘果酒。将沙棘原料一部分用酒精浸提，另一部分用于发酵。浸提液制取方法：沙棘果实破碎后用 25%的脱臭食用酒精按 1∶2.5 的比例浸泡 7d；分离液作为浸泡原酒备用。

发酵：沙棘果实糖含量低，需要添加蔗糖。发酵前按所需酒精度换算出所要添加的蔗糖量加入沙棘果汁中，接种 0.4%的活性干酵母。前酵温度为 20℃，发酵 7~10d；后酵温度 15~20℃，30d 后酵结束后换桶，在 10~15℃陈酿、澄清，后搅拌均匀静置 5~7d，取清液过滤。

最后，按发酵酒 70%、浸泡酒 30%的比例调配，得到酒体浅红色，清亮透明，具有沙棘果的果香和清雅协调的沙棘酒。

②浸泡与发酵结合法生产山楂酒。山楂酒配方（每吨酒用料）：山楂片 43kg，食用酒精 210L，蔗糖 140kg。山楂片提取液制备：将山楂片放入浸提罐，加入 6 倍质量的 70%vol 酒精泡 24h 后放出浸提液，为第一浸提液（醇提液）；残渣中再加入与山楂片相同质量的去离子水，再浸泡 24h，经压榨分离后得第二浸提液（水提液）；压榨后的渣子蒸馏，将馏出液收集为第三液（蒸馏液）。将以上三次酒液合并即为山楂提取液。

调配：按照配方，将各种配料加入调配罐混合。如酒液浑浊较重，可加澄清剂，然后静置储藏。储藏20~25d后，倒池除去酒脚，并经过滤后继续储藏0~15d，酒液完全清亮后包装出厂。

山楂酒感官指标：色泽暗红色、透明、无沉淀、无悬浮杂质；有山楂香、甜而微酸、爽口无异味。

2. 鸡尾酒

鸡尾酒是由两种或两种以上的饮料，按一定的配方、比例和调制方法，混合而成的一种含酒精的饮品。鸡尾酒属混合酒类，由于鸡尾酒历史悠久、影响深远、品种繁多，使鸡尾酒几乎成为混合酒的代名词。鸡尾酒颇有个性，一杯好的鸡尾酒应该色、香、味、形、格、味俱佳。纵观鸡尾酒的性状，鸡尾酒应有如下特点。

①鸡尾酒是一种混合艺术酒：鸡尾酒由两种或两种以上的饮料调和而成，其中至少有一种为酒精性饮料（也不排除部分鸡尾酒品种向无酒精化发展）。而且，鸡尾酒注重成品色、香、味、形等风味特征。

②鸡尾酒品种繁多、调法多样：用于调酒的基酒有很多类，而且所用的辅料种类也不相同，再加上鸡尾酒的调制方法复杂多样，所以，就算以流行的酒谱配方确定的鸡尾酒，加上每年不断创新的鸡尾酒新品种，鸡尾酒的发展速度相当惊人。而且，调制的方法也在不断变化，往往集实用性、方便性、娱乐性、欣赏性于一体。

③鸡尾酒具有一定的营养保健作用：鸡尾酒是一种混合饮料，而混合是现代营养学的一个重要概念，意味着更好地均衡与互补。鸡尾酒似乎秉承了这种内涵，所用的基酒、辅料，甚至装饰材料都含有一定的营养成分和保健作用。

④鸡尾酒具有能够增进食欲的功能：由于鸡尾酒中含有的少量调味辅料，如酸味、苦味、辣味等成分，饮用后，能够改善口味、增进食欲。

⑤鸡尾酒具有冷饮的性质：但是，并不排除鸡尾酒中有个别酒品采用热饮的方式。例如，爱尔兰咖啡、皇家咖啡、热朗姆酒托地等。

⑥鸡尾酒讲究色泽美观：鸡尾酒具有细致、优雅、匀称的色调。常规的鸡尾酒有澄清透明或浑浊两种类型，澄清型鸡尾酒应该是色泽透明，除极少量因鲜果带入固形物外，没有其他任何沉淀物；浑浊型鸡尾酒也应该是色调匀称、酒体均匀、口感丰满的。

⑦鸡尾酒强调香气的协调：大多数鸡尾酒品种虽然冰镇饮用，但事实上鸡尾酒很注重强调各组分之间香气的协调。在鸡尾酒调制过程中，通常以鸡尾酒基酒的香气为主，调辅料以衬托基酒的主体香气，起到一定的辅佐效果。

⑧鸡尾酒必须有卓越的口味：鸡尾酒的口味应该优于单体组分。品尝鸡尾酒时，如果过甜、过苦或过香，会影响鸡尾酒的品质，这是调酒不允许的。

⑨鸡尾酒讲究外在的造型：鸡尾酒具有随物赋形的功能，因此，用式样新颖大方、颜色协调得体、体积大小适当的载杯盛载，这给予了鸡尾酒千姿百态的外形。同时，装饰物虽非必需，但也是常有的，它们对于鸡尾酒饮品的造型，犹如锦上添花，相得益彰。

⑩鸡尾酒注重卫生要求：鸡尾酒属于食品的范畴，其加工制作必须符合国家食品卫生法等相关法律法规的要求。在调酒过程中，材料的选择，杯具的清洗、消毒、擦拭以及调制过程必须规范，符合卫生条件。

🔍 思考题

1. 谈谈对调香白酒的理解。
2. 试述白酒的分类及其依据。
3. 按生产工艺分类，白酒分为哪几种？
4. 试述酱香型白酒生产工艺特征。

第十一章

CHAPTER

11

酒的品评与鉴赏

对于饮料酒的品评鉴定，我们习惯称之为品酒。品酒既是一门技术，也是一门艺术。说它是一门技术，是因为我国和世界各国一样，都要采用理化鉴定和感官鉴定两种方法来进行品评；说它是一门艺术，是因为不同酒的色、香、味、格给人以不同的感觉和享受，使人"知味而饮"。品酒既是判断酒质优劣的主要依据，又是决定勾兑调味成败的关键。

随着人们物质与生活水平的不断提高，以及酒类产业结构的深入调整，一系列原本属于高档消费的酒类产品进入到大众化消费领域。如何简单快捷地判定一款酒的质量越来越重要，于是感官品评在酒类质量评价体系中自然就占有非常重要的位置。因此，提高酒类产品的感官品评鉴别能力，是消费者清晰消费的前提与基础。

第一节　感官品评原理

酒类产品的感官品评是人们通过感觉器官（视觉、嗅觉、味觉）对酒类产品的外观、香气、口味和酒质（酒体）等特征进行评价，从而对其产品质量进行鉴定、判别的一种方法。

一、人体感官

在白酒品评中，我们分别利用视觉器官、嗅觉器官和味觉器官来辨别白酒的色、香和味，即所谓的"眼观色，鼻闻香，口尝味"，再综合其色、香、味判定产品的风格质量。

1. 视觉

在白酒品评中，我们利用视觉器官来判断白酒的色调、光泽（亮度）、透明度、清亮、浑浊、悬浮物、沉淀物等视觉特征，一般白酒酒体要求清亮透明，无悬浮物、无沉淀物等。

2. 嗅觉

嗅觉感受器位于鼻腔顶部，称为嗅黏膜，嗅黏膜上的嗅觉细胞受到某些挥发性物质的刺激就会产生生物性神经反应，产生信号，这种信号沿嗅觉神经传入大脑皮层而引起嗅觉识别反应。品酒时将头部略微下低，将鼻腔靠近杯口，酒杯放在鼻下 1~2cm 距离，轻轻地、均衡地自然吸气，让酒杯中的香气自下而上进入鼻腔，让挥发性化合物与嗅觉细胞充分发生感受，产生嗅觉反应信号。

3. 味觉

所谓味觉是呈味物质作用于口腔黏膜和舌面的味蕾细胞，通过刺激味蕾细胞产生味觉信号，信号再传入大脑神经所引起的感觉感知，再完成对味觉信号的识别，做出味觉的判定。一般人的舌尖和边缘对咸味比较敏感，舌的前部对甜味比较敏感，舌靠腮的两侧对酸味比较敏感，而舌根对苦味比较敏感。人的味觉从呈味物质刺激味蕾细胞到感受到对味的判定仅需要 1.5~4ms，比视觉（13~45ms）、听觉（1.27~21.5ms）、触觉（2.4~8.9ms）都快。就生理上来说，基本的味觉仅包含酸、甜、苦、咸四种，其在舌面上的分布如图 11-1 所示。后来鲜味也被公认为味觉。还有，常常感知的辣不属于味觉，辣味是食物成分刺激口腔黏膜、鼻腔黏膜、皮肤和三叉神经而引起的一种痛觉。涩味也不是食品的基本味觉，是食物成分刺激口腔，使蛋白质凝固时而产生的一种收敛感觉。基本味觉是通过唾液中的酶来进行传达的。

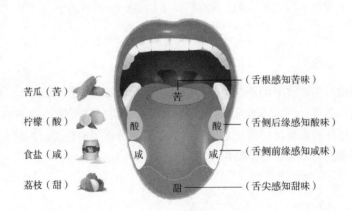

图 11-1　味觉在舌面分布示意图

二、酒中的呈香呈味物质及作用

1. 白酒的香气特征

白酒中的呈香化合物主要来源于原料、曲药、辅料、发酵、蒸馏和贮存，在酿造过程中形成了如粮香、曲香、糟香、窖香、陈香等不同的香气特征模块。发酵酿造的白酒呈现的正常香气特征有醇香、果香、花香、粮香、曲香、糟香、陈香、窖香、焦香及其他一些特殊的香气；不正常的香气有霉嗅、硫嗅、汗嗅、泥臭等异杂味。

（1）醇香　主要由白酒中醇类化合物呈现的香气特征。醇类是白酒中含量最高的一类风味物质，因为白酒的主体是乙醇。醇香是酒精饮料独具的香气特征，赋予酒体醇香等风味特征。

（2）果香　是指白酒中呈现的似水果的香气特征。白酒中的酯类是一类具有芳香性气味的化合物，多呈果香。如乙酸乙酯、乙酸丁酯、己酸乙酯等。

（3）花香　白酒呈现的类似植物花朵散发的香气特征。如玫瑰花香、紫罗兰香味等。

（4）粮香　粮食的香气很怡人，不同的粮食有各自的独特香气，粮香是构成酒中各种风味的复合香气之一。在白酒酿造过程是常见的，如浓香型白酒采用粮食粉碎，混蒸混烧工艺，导致酒体中的粮香风味自然较其他香型白酒更突出。

（5）曲香　是指具有高中温大曲成品的香气，香气很特殊，是空杯留香的主要香气组成，是酱香、浓香型名优白酒所共有的香气特点，也是大曲酒、麸曲酒共有的风味特征之一。

（6）糟香　糟香是固态发酵白酒的重要特点之一，白酒自然发酵的体现，是由于酿造过程添加配糟（母糟）或多轮次发酵、酒糟长期发酵产生的枯糟味，通过蒸馏进入酒体，产生不愉快的风味，多出现于酱香白酒、浓香白酒酒体中。再如，酱香白酒酿造过程中配糟的添加还容易使酱香白酒产生焦香和煳香，焦香、煳香并不是酒体中愉悦的风味。

（7）陈香　陈香是基酒或成品酒经过陈酿工序贮存，使白酒自然形成的老熟的香气特征。表现为浓郁而醇厚的香气。陈香可分为窖陈、老陈、酱陈和醇陈等特征。陈香主要是由较好的基酒通过长期在容器中贮存，各种微量成分有效的缔合而带来的香气。一般来说，酱香型、浓香型白酒中没有陈香风味的酒都不是上等好酒，要使酒具有陈香必须要经过较长时间的贮存，这是好酒诞生必不可少的。

（8）窖香　是指白酒采用泥窖发酵等工艺产生的以己酸乙酯为主的多种成分呈现的复合香气特征。具体风味特征为酒体具有窖底香或带有老窖香气，比较舒适细腻。窖香是窖泥中各种微生物代谢产物的综合体现。

（9）焦香　也称烘烤香，是白酒呈现类似烘烤粮食谷物的香气特征。一般来说，酱香型白酒中的焦香较其他香型白酒更为突出。这是因酱香型白酒在酿造过程中独具的"三高"工艺，即高温堆积、高温发酵、高温馏酒，从而带来焦煳香气。同时，也是由于不同轮次酿造代谢焦香风味化合物的微生物结构不同所致。

（10）特殊香气　不属于上述香气的其他正常香气统称为特殊香气，如芝麻香、木香（木香是指白酒中带有一种木头气味的香气）、豉香等。

2. 白酒的味觉特征

白酒中的呈味物质有数百种，这些物质在口味上呈现出细微或明显差别，但国际上公认的基本味觉只有甜、酸、苦、咸、鲜。

（1）白酒的甜味　甜味是食品的基本口味之一。有甜味的化学物质极多，根据沙伦伯格研究认为，凡化合物分子中有氢供给基（AH）和氢受基（B），且两者的距离在 0.25～0.40nm，当化合物和人类味蕾中甜味受体之间（0.3nm）形成氢键时，此物质就呈甜味。甜味的强弱取决于氢键数、氢键强度，即有无疏水基隔断。

绝大多数白酒均有甜味，此甜味不是来自糖类，而主要来自醇类。醇类的甜度随羟基数增加而加强。例如，丁四醇（赤藓醇）>丙三醇>乙二醇>乙醇。

白酒的甜味和糖类形成的甜味有差别，属甘甜兼有醇厚感和绵柔感，在品尝时常常感知较迟，呈后味"回甜"。白酒经过长时间储藏后熟，化合物的氢键数量增加，一般甜味感要比新酒（刚蒸馏出的酒）明显。此外，也有一些其他物质呈甜味，如 D-氨基酸具有很强的甜味。

（2）白酒的酸味　酒中的酸味物质均属有机酸（人为添加的除外），例如，白酒中的乙酸、乳酸、丁酸、己酸及其他高级脂肪酸，果露酒中的柠檬酸、苹果酸、酒石酸等，黄酒中的琥珀酸、氨基酸等。进入口腔内所感知到的酸味，由于唾液的稀释，这些酸的缓冲性和酸味的持续性、呈味时间的长短及实际上食品的味与生成的味等均有差别。此外，呈酸物质的酸根也影响酸味强度和酸感，例如，在相同的 pH 下，酸味强度的顺序如下：乙酸>甲酸>乳酸>草酸。

白酒中的各种酸有不同固有的味，例如，柠檬酸有酸爽味，乙酸有愉快的酸味，乳酸有生涩味。酸味是饮料酒的必要滋味，能给予酒体爽快的感觉，但酸味过多或过少均不适宜，酒中酸味适中，可使酒体浓厚、绵软、爽快。

（3）白酒的苦味　白酒中的苦味及其形成物质主要如下。

①杂醇类：一般认为酪醇苦味极重且持久，在白酒中含量仅为 2×10^{-4} mg/L 时，人就会感觉到其苦味，但它的香味却很柔和。异丁醇苦味极重，正丙醇较苦，正丁醇苦味小，异戊醇微带甜苦味，香气独特，和其他成分间存在相乘效果。总的说来，杂醇油含量多的酒苦味重。

②醛类：一般认为糠醛有焦苦味；丙烯醛、二乙基羟醛、丁烯醛等均苦味极重。

③酚类化合物：酿酒原辅料中单宁分解成某些酚类化合物，主要以儿茶酚、焦桔酚、根皮酚等酚类化合物作单体组成。若原辅料单宁含量高，酿出的酒必然带苦涩味或较重的苦涩味。

④含硫化合物、生物碱：一般认为硫化物、二硫化物（含—S—S—）和含巯基（—SH）的化合物、生物碱（一般为多胺类化合物）等有苦味。

⑤多肽：白酒中有肽存在，一般不可避免地都会有苦味，因为大多数肽都是苦味肽。

⑥氨基酸：白酒中有肽，这种酒就一定有氨基酸，反之则不一定。除谷氨酸和精氨酸无苦味，甘氨酸、丙氨酸为甜味外，其余大多数氨基酸有苦味。

⑦无机盐：酒在组合勾兑加浆降度过程中，如果加浆用水水质较差，未经处理直接使用可能会带入一些产生苦味的无机盐，如 $MgSO_4$、$MgCl_2$ 以及一些铵盐等，导致酒味苦或苦涩、咸苦等不良感官印象。

（4）白酒的咸味　咸味只有强弱之分，没有太多细微差别，但呈咸味的物质常常会咸中带苦或带涩。形成咸味的物质主要有碱金属中性盐类，尤以钠为最强；卤族元素的负离子均呈咸味，尤以 Cl^- 为最强，因此 NaCl 呈最典型、最强的咸味。金属镁、钙等中性盐也有咸味。

（5）白酒中的其他呈味特征

①涩味：白酒的涩味物质主要来自于原料中的风味化合物，其中尤以单宁的涩味最强烈。酿酒原料高粱中含单宁类物质较多，如在蒸馏时蒸汽压太大、蒸馏速度太快，会有过多的单宁馏至酒中。另外，发酵温度过高，酪氨酸经酵母水解脱氢、脱羧形成 2,5-二羟基苯乙醇（酪醇），是给白酒带来苦涩味的原因之一。

②辣味：辣味物质刺激口腔和鼻腔黏膜形成灼热和痛感的综合形成辣味。化学结构中具有酰胺基、酮基、醛基、异氰基、—S—、—NCS 等官能团的强疏水性化合物呈强烈辛辣味。白酒中的辣味和食品中的花椒、胡椒、辣椒、芥子类的辛辣味有明显的不同。白酒的辣味主要由于醇类、醛类、酚类化合物引起的"冲辣"刺激感。一般白酒中含酒精 40%~60%，如此高的酒精含量，饮用时呈冲、辣感是自然的。白酒嗜好者也习惯和喜欢有一定冲、辣感的

酒，称为"有劲"。

（6）白酒中呈香、呈味物质的作用 白酒中呈香、呈味物质主要包括酯类、醇类、有机酸类、醛酮类、酚类、羧羰基类、吡嗪类化合物以及含硫化合物等。其中酯类化合物的种类最多，且乙酯比例较高，其可赋予酒体果香和花香，使人产生愉悦感。酯类化合物一方面可由微生物代谢产生，另一方面可由发酵过程中的酯化反应形成。白酒的醇甜和助香的重要来源是醇类化合物，醇类一方面可由酵母摄取氨基酸产生，另一方面可由糖质生成氨基酸过程的中间产物产生。白酒的浓厚感可由适量的酸类化合物调节，该类物质主要来源于微生物代谢，如醋酸菌、乳酸菌等。要使白酒香气飘逸可由适量醛酮类物质调节，醛酮类物质一方面可由微生物代谢产生，另一方面可由化学反应生成。

呈香物质和呈味物质之间比例合理、组合平衡才能生产出和谐优质的白酒，某种呈香或呈味物质过高或过低都会影响白酒的风味。例如，酸度过低会使白酒浮香感明显、刺鼻，不易接受；酸度过高则压香、发闷；醇类等高沸点物质也会使酒液产生发闷、杂醇油臭、醛臭等不协调香味。苦味和涩味可以加强酸感，使酸感变得更强；酸味开始可掩盖苦味，但在后味上会加强苦感；涩味则始终被酸味加强；咸只会突出过强的酸、苦和涩味。滋味间的叠加作用，还常以另一种方式表现出来：在重复品尝过程中，只尝同一种酸或苦或既酸又苦的溶液的次数越多，这些味感出现就越快，表现也越强烈。白酒的味感，大部分取决于甜味、酸味与苦味之间的平衡，以及醇厚、丰满、爽口、柔顺及醇甜等口味的调整。味感质量则主要决定于这些味感之间的和谐程度。甜味和酸味可以相互掩盖，甜与苦，甜与咸都能相互掩盖，但不能相互抵消，只能使两种不同的味感相互减弱。人们一般比较偏爱甜味，但白酒不能只讲究甜味，还必须协调酸味，香气，口味的柔和、圆润、丰满醇厚等，所以优质白酒是要达到能够掩盖过强的酸味和苦味的综合感。

三、酒体异杂味

酒体的风味主要包括酒样在外观、香气和口味的整体表现，特别是风味的总体协调性和完整性，是一种综合的、复合的感官表征。

酒体中除了乙醇和水以外，还含有众多的（目前检出有3000多种化合物）微量成分，这些复杂的化合物中既有香味物质，又有一些异味物质，二者互相作用，相互补充，共同表征酒体的整体风格。总而言之，一个酒体最终表现出来的香型、风味特征主要由酒体中的风味化合物的种类、含量、呈香呈味强度结构决定。

提高白酒质量的主要措施就是去杂增香。如能除去酒中的杂味干扰，相对地也就提高了白酒的香味。白酒中常见的异杂味主要有以下几种。

1. 糠味

糠味是白酒异杂味中最常见的影响白酒质量的杂味。在糠味中，又经常夹带着尘土味或霉味，给人不愉悦的感官感觉，并因此造成酒体风味上的缺陷。

糠味主要来源于稻糠，酿酒过程切忌用糠过多，既影响质量，又增加成本，还大大降低酒糟作为饲料的营养价值。现代研究结果表明，糠味也来源于酿造过程微生物的代谢。为了有效去除、减少酒体中的糠味，应对所添加的稻壳进行润料、清蒸，去除杂味和杀灭杂菌。清蒸过程蒸汽要大，时间在30min以上，清蒸完毕后，应及时出甑摊晾、干燥，收堆装袋后备用。

2. 臭味

白酒中常含有呈臭味的成分，新酒的臭味主要来源于丁酸及丁酸乙酯等高级脂肪酸乙酯，还有醛类和硫化物，这些臭味物质在新酒中是不可避免的。蒸馏时采取提高馏酒温度的方法，可以排出大部分臭味；在贮存过程中，少量的臭味成分也会随贮存时间的延长而逐渐消失。但高沸点臭味成分（糠臭、糠醛臭、窖泥臭）却难以消除。

挥发性硫化物呈较重的臭味，其中硫化氢（60℃）为臭鸡蛋、臭豆腐的臭味。再如，丙烯醛有刺激催泪的作用，还具有脂肪蜡烛燃烧不完全时冒出的臭气；而硫醇有韭菜、卷心菜、葱类的腐败臭。

在质量差的浓香型白酒中，最常见的是窖泥臭，有时窖泥臭味并不突出但却在后味中显露出来。窖泥臭主要是由培养窖泥的营养成分比例不合理、窖泥发酵不成熟、酒醅酸度过大、出窖时混入窖泥等因素所造成。

窖泥及酒醅发酵过程中会生成硫化物等臭味物质，其前体物质主要来自蛋白质中的含硫氨基酸，其中半胱氨酸产硫化氢能力最为显著，胱氨酸次之；梭状芽孢杆菌、芽孢杆菌、大肠杆菌、变形杆菌、枯草杆菌及酵母菌能水解半胱氨酸，并生成丙酮酸、氨及硫化氢。

在众多微生物中，生成硫化物臭味能力最强的是梭状芽孢杆菌。窖泥中添加豆饼粉和曲粉，氮源极为丰富，所以在窖泥培养过程中，必然会产生硫化物，其中以硫化氢为主。发酵过程中，在温度、糖度、酸度大的情况下硫化物生成量加大。酵母菌体自溶以后，其蛋白质也是生成含硫化合物的前体物质。

3. 油臭

在形成乙酯的脂肪酸中，棕榈酸为饱和脂肪酸，油酸及亚油酸为不饱和脂肪酸。亚油酸乙酯极为活泼而不稳定，易被氧化分解而生成的壬二酸半乙醛乙酯（SAEA）（熔点3℃，凝固点-10℃），是引起白酒浑浊、产生油臭的主要物质来源。

谷物中的脂肪在其自身或微生物（特别是霉菌）中脂肪酶的作用下，生成甲基酮，这种成分造成酒体中的油臭。在长时间缓慢作用下，脂肪酸经酯化反应生成酯，又进一步氧化分解，便出现了油脂酸败的气味。含脂肪多的原料（如碎米、米糠、玉米）若不脱胚芽，在高温多湿情况下贮存，容易出现这种现象。这些物质被蒸入酒中，将会出现油臭、苦味及霉味。

酒精浓度越低，越容易产生油臭。酒精浓度在30%以上时，随酒精浓度增加，油臭物质的溶解速度增大。油臭是脂肪被空气氧化造成的，因此，贮酒液面越大，产油臭物质越多。所以，贮存酒时，应尽量减少液面与空气接触。日光照射能够促进壬二酸乙醛乙酯的生成，所以酒库应避免日光直射。

4. 其他杂味

除糠味、臭味、油臭外，白酒中还有常见的其他邪杂味。

（1）苦味　一般情况下，酒中苦味常伴有涩味。白酒中苦味有的是由原料带来的，如高粱及橡子中的单宁及其衍生物。使用霉烂原辅料，也容易出现苦涩味，并带有油臭。五碳糖过多时，生成焦苦味的糠醛。蛋白质过多时，产生大量高级醇（杂醇油），其中丁醇、戊醇等皆呈苦味。用曲量过大或蛋白质过多时，大量酪氨酸发酵生成酪醇，酪醇的特点是香而奇苦，这就是"曲大酒苦"的症结所在。

白酒是开放式发酵生产的，如果侵入大量杂菌，造成发酵异常，也是苦味物质形成的原因之一。在生产过程中应加强卫生管理，防止杂菌侵袭。苦味一般在低温下较敏感，在品评白酒时，如果气温低，如在北方的冬季，酒微带苦味或有苦味，当同一酒样升温至 15~25℃ 时，就尝不到苦味。

（2）霉味　酒中出现的霉味是常见的杂味。霉味多由原料及辅料的霉变、窖池"烧包漏气"及霉菌丛生所造成。酒中有霉味和苦涩味会严重影响白酒质量，也浪费了大批粮食。停产期间在窖壁上长满青霉，则酒味必然出现霉苦。清洁卫生管理不善，酒醅内混入大量高温细菌，不但苦杂味重，还会导致出酒率下降，而且难以及时扭转。夏季停产过久，易发生此类现象。酒库潮湿、通风不良，库内存满霉菌，白酒会出现霉味。

（3）腥味　白酒中有腥味会使人极为厌恶。出现腥味多因白酒接触铁锈而造成。接触铁锈，会使酒色发黄，浑浊沉淀，并出现鱼腥味。铁罐贮酒因涂料破损难以及时发现，或管路、阀门为铁制最容易出现此现象。用血料、石灰涂酒篓、酒箱、酒海长期存酒，血料中的铁溶于酒内，导致酒色发黄，并带有血偏腥味，还容易引起浑浊沉淀。用河水及池塘水酿酒，因其中有水草，也会出现鱼腥味。

（4）尘土味　尘土味主要是辅料不洁，其中夹杂大量尘土、草芥造成，工艺上清蒸不善，尘土味未被蒸出，蒸馏时蒸入酒内。此外，白酒对周边气味有极强的吸附力，若酒库卫生管理不善，容器上布满灰尘，尘土味会被吸入酒内。酒中的尘土味在贮存过程中，会逐渐减少，但很难完全消失。

（5）橡胶味　橡胶味是令人难以忍受的杂味。一般是用于输送白酒的橡胶管和瓶盖内的橡胶垫的橡胶味被酒溶出所致。酒内一旦溶入橡胶味，很难清除。因此，在整个白酒生产及包装过程中，切勿与橡胶接触。

（6）辣味　白酒的辣味是不可避免的，辣味在白酒的微量成分中也是必不可少的东西，关键是不要太辣，也不要没有辣味。白酒中的辣味成分主要有糠醛、杂醇油、硫醇和乙硫醚，还有微量的乙醛。此外，如果白酒生产不正常产生了丙烯醛，则白酒的刺激性就更大了。

（7）涩味　白酒的涩味是由于不谐调的酸、甜、苦味造成，白酒中呈涩味的物质主要有单宁、醛类、过多的乳酸及其酯类，这些物质有凝固神经蛋白质的作用，使人的口腔里、舌面上和上颚有不润滑的感觉。

四、白酒品评的意义和作用

白酒的感官指标是衡量酒体质量的重要指标，白酒的理化、卫生指标分析数据目前还不能完全作为质量优劣的依据，即使两个酒品在理化指标上完全相同，但在感官指标上也会体现出较明显的差异。白酒的风格，取决于所有酒中成分的数量、比例，以及相互之间的平衡相抵、缓冲等效应的影响。人的感官品评可以区分这种错综复杂相互作用的结果，这是分析仪器无法取代、实现的。

白酒品评的意义和作用主要有以下几点。

（1）品评是确定质量等级和评优的重要依据　在白酒生产中，应快速、及时检验原酒，通过品尝，量质接酒，分级入库，按质并坛，以加强中间产品质量的控制，同时又可以掌握酒在贮存过程中的变化情况，摸索规律。国家行业及管理部门通过举行评酒会、产品质量研讨会等活动，检评质量、分类分级、评优、颁发质量证书，这对推动白酒行业的发展和产品质量的提高也起重要的作用。举行这些活动，也需要通过品评来提供依据。

（2）品评可检验勾兑调味的效果　勾兑调味是白酒生产的重要环节。通过勾兑调味，能巧妙地把基础酒和调味酒合理搭配，使酒达到平衡、谐调、风格突出等目的。通过品评，可以迅速有效地检查勾兑与调味的效果，及时改进勾兑和调味的方法，使产品质量稳定。

（3）品评是鉴别假冒伪劣产品的重要手段　在流通过程中，假冒伪劣白酒冲击市场的现象屡见不鲜，这些假冒伪劣白酒不仅使消费者在经济上蒙受损失，还给消费者身体健康带来严重威胁，而且使生产企业的合法权益和声誉受到严重侵犯。实践证明，感官品评是识别假冒伪劣白酒的直观而又简便的手段。

（4）通过品评，可与厂间、车间同类产品比较，找出差距，以便进一步提高产品质量，吸收先进技术，改进生产工艺。可以及时发现问题，总结经验教训，为进一步改革工艺和提高产品质量提供科学依据。

（5）白酒的品评同物理化学分析方法相比，不仅灵敏度较高，速度较快，节省费用，而且比较准确，即使微小的差异，也能察觉。

品评在酒类行业中起着极为重要的作用，是产品分类、分级、勾兑调味效果、成品出库前检验的重要方法。

第二节　感官品评方法

一、白酒品评方法

根据国内外酒类品评的相关知识，总结归纳为以下几种白酒品评方法。

1. 一杯品酒法

拿出一杯酒样，让品酒者品尝后指出这杯酒的香型、风格特征、品质的优劣，甚至判断此酒是什么品牌的酒、哪个企业的产品等，要求品酒者的记忆力强，实践经验丰富，品酒水平高等，这主要是测试品酒者的品评及对酒体质量识别的能力。

2. 二杯品酒法

一次端出两杯酒样，一杯是标准酒，另一杯是品评样酒，要求品酒者品尝后指出这两杯酒的差异、各自的优缺点（如无差异、差异小、差异大等），差异在哪里，是香还是味或者是风格等。此法是比较酒质优劣、测试品酒者的品酒水平和重现性的一种方法，是企业出厂检验和鉴定新产品的重要手段。

3. 三杯品酒法

一次拿出三杯酒样，要求品酒者品尝后指出各杯的差异或相同点，以及各杯间差异程度的大小，差在什么方面等。此法测试品酒者对酒样识别的重现性和准确性。

4. 五杯品酒法

将五杯酒样分别在酒杯上做好记号或编号，然后要求品酒者按酒精度的高低或酒质的优劣顺位排列，酒精度高的或酒质好的排在前面，酒精度最低的或酒质最差的排在最后。酒精度高低或酒质的优劣要分别进行，不能混在一起，一般都是在相同酒精度的基础上来区别酒质，或在相同酒质的基础上来分辨酒精度，这样才能得到正确的结果，才好进行比较，否则品酒结果必然有误。在技能培训或竞赛中的识别白酒香型过程也常使用五杯品酒法。

5. 品评记分法

按酒样的色、香、味、格的差异，以积分的高低表示，总分为100分（国外常用总分20分计算），这种方法一般在品酒会或产品评优会时采用。为了统一评分标准，掌握评分尺度，组织者应事先确定实物标样，按色、香、味、格分别打出分数和总分，然后让品酒人员试品讨论，统一认识，确定后才能开始品酒。品酒人员应对照实物标样给酒样打分，写出评语，总分在90~100分的（一般没有100分的）为特级酒（国家名白酒）；80~90分的为优级酒（省级名优白酒）；70~80分为较好酒（中档酒）；60~70分的为一般产品（低档酒）；60分以下为劣质酒（不合格产品）。

6. 明评

明评又分为明酒明评和暗酒明评。明酒明评是公开酒名，评酒员之间明评明议，最后统一意见，打分，写出评语。暗酒明评是不公开酒名信息，酒样由专人倒入编号的酒杯中，由评酒员集体评议，最后统一意见，打分，写出评语，并排出名次顺位。

7. 暗评

暗评是酒样密码编号，从倒酒、送酒、评酒一直到统计分数、写综合评语、排出顺位的全过程，分段保密，最后揭晓公布评酒结果。评酒员所作出的评酒结论具有权威性和法律效力，其他人无权更改。

（1）色 色的鉴别是指举杯对光，白纸或白布作底，用眼观察酒的色调，记录其色泽、清亮程度、沉淀及悬浮物情况。

（2）香 检查香气的一般方法是将酒杯端在手中，离鼻子1~2cm，进行初闻记下香气情况，再轻轻晃动酒杯后再闻香，记下香气情况，经此鉴别酒香的芳香浓郁程度，香气特征，然后将酒杯接近鼻子进行细闻，分析其香气是否纯正等。闻香过程是由远及近，在闻香时一定要注意，只能对酒杯上空间的香气吸气，不能对酒呼气，一杯酒最多嗅闻3次就要下结论，准确记录，嗅完一杯后，要稍作休息（休息2~3min）再品评下一杯，若酒样多时可先顺位，再反顺位反复嗅别，排列优秀次序，注意先排出最好的与最次的，中间的反复比较修正，确定记录。对某杯（种）酒要作细微辨别或确定名次的极微差异时可采用以下特殊方法进行嗅闻。

①滤纸法：用一块滤纸，滴一定量的酒样后，放鼻孔处细闻，然后将滤纸放置0.5h左右再闻香，确定放香的时间和气味大小。

②空杯法：是将酒样注入酒杯中，常温下放置10min后倒掉，再在常温下敞置2h，检查留香。

（3）味 味的尝评方法是按闻香顺序进行，先从闻香淡的开始，有异香和异杂气味的放在最后尝，将酒饮入口中，注意饮量一致（1~2mL），酒液入口时要慢而稳，使酒液先接触舌尖，次两侧最后到舌根，并能有少量下咽为宜，然后进行味觉的全面判断，每个酒样尝完后要注意休息片刻，并用水漱口再尝下一杯。

（4）格 就是风格，又称风味或典型性，即是酒样的总体反映，风格的鉴别就是通过品鉴香与味，综合判断该产品的酒体、风格、个性，并记录。

酒的感官质量主要包括色、香、味、格四部分，由于酒类产品不同，尝评的指标有所侧重。评酒的操作是以眼观其色，鼻闻其香，口尝其味，并综合色、香、味三方面的情况确定其风格，来完成感官尝评全过程。具体如下。

（1）眼观其色 用手指拿住酒杯的杯柱，举杯于适宜的光线下，用肉眼直观和侧视，观察酒液的色泽，是否正色，有无光泽（发暗还是透明，清还是浑），有无悬浮物、沉淀物等。如光照不清，可用白纸作底以增强反光，或借助于遮光罩，使光束透过杯中酒液，便能看出极小的悬浮物（如尘埃、细纤维、小结晶等）。此外，如有必要还可以观察沉淀、含气现象及流动状态等。白酒的组成甚为复杂，随着工艺条件的不同，如发酵期和贮存期长，常会使白酒带有极微的黄色，这是许可的，最后做记录和记分。

（2）鼻闻其香 闻香时，执酒杯于鼻下 1~2cm 处，头略低，轻嗅其香气，这是品评的第一感觉，很重要，应该注意。嗅闻一杯，立刻记下香气情况，避免各杯互相混淆，并借此让嗅觉稍息间歇；也可几杯嗅闻一轮次后，记下各杯香气情况。稍息，再做第二轮嗅香，酒杯可以接近鼻孔嗅闻，边闻边想，用心辨别气味，做好记录。再用手捧酒杯（可起加温作用）慢嗅以判其细微的香韵优劣。5 杯酒或一组酒，经过 3 次嗅闻，即可根据自己的感受，将一组酒按香气的淡、浓或劣、优的次序进行排序。如有困难或酒样较多，可以按 1、2、3、4、5 再 5、4、3、2、1 的顺序反复几次嗅闻。排序时可先选出香气最淡和最浓的，或最劣和最优的作为首尾，然后对气味相近的，细心比较排出中间的次序。可以反复多次，加以验证。同时对每杯酒样做出记录，说明特点，评定分数，不要等待排定次序后再做记录。

对某杯酒要作细致的辨别或难以确定名次的极微差异时，可以采取特殊的嗅香方法，包括以下 2 点。

①用一条吸水性强、无味的纸条，浸入酒杯中吸一定量的酒样，嗅纸条上散发的气味，然后将纸条放置 10min 左右（或更长）再嗅闻一次。这样通过酒液放香的浓淡和时间的长短，同时也可通过酒液有无邪杂气味及气味的大小来判定酒质差异。

②酒样评完后，将酒倒出，留出空杯，放置一段时间，再闻空杯香气，以检查留香，通过留香识别酒质。此法在酱香型酒的品评中有显著效果。品评酒的香气，应注意嗅闻每杯酒时，杯与鼻的距离、吸气时间、间歇时间、吸气量都要尽可能一致，不可忽长忽短，忽多忽少，这些都是影响品评结果的因素。

（3）品尝其味 品尝时，可按嗅闻阶段已定的顺序，根据品评顺序进行。酒入口中时注意要慢而稳，使酒液先接触舌尖，次为两侧，再至舌根部，然后使舌头打卷，使酒液铺展到舌的全面，使酒液中的分子全面刺激味蕾细胞，进行味觉的全面判断。

除了体验味的基本情况外，还要注意味的协调，对口腔刺激的强烈、柔和度，有无杂味，是否舒适、愉悦的感觉等，尝味后也可使酒气随呼吸从鼻孔排出，检查酒香是否刺鼻，香气浓淡和舌头品尝酒的滋味协调与否。最后，将酒吐出或咽下少量，可分析酒在口腔中香味的变化、酒的回味、余香效果，以此判断不同酒质优劣。评定酒是否绵软、余香、尾净、回味长短等，有无暴辣、后苦、酸涩和邪杂味等，可按上述嗅闻阶段已排的顺序进行调整，或重新排序，并按此顺序和倒序反复验证 2~3 次，酒样的优劣就比较明确了。其饮酒量可较前增多点。在每尝完一轮酒或自觉口感不佳或刺激较大时，用温度与人的体温基本相同的水漱口，最好休息片刻，要一边品一边做好感受体会的记录。过程要注意以下几点。

①注意同一轮次的各酒样，饮入口中的量要基本相等，不同轮次的饮酒量，可增可减一点，这样不仅可以避免发生偏差，也有利于保持品评结果的稳定。不同酒类的饮入具体数

量，可视酒精度高低而有区别。高度白酒，一次入口量 0.5~2mL，当然这与评酒员的习惯和酒量有关。总之，一次饮酒应以不少于铺开舌面 125.8mm² 的面积，而能尝评酒样的各种滋味为适量。

②酒液在口中停留 10~20s 便可辨出各种味道。如停留过久，酒液与唾液混合会发生缓冲作用，而影响味的判断效果，同时还会加速评酒员的疲劳感。

③把异香酒和暴香酒留到最后评，以减少味觉恢复时间及防止口腔疲劳过度，形成干扰。

（4）评鉴风格　各种酒类、香型都有自己独特的风格，这是由酒中各种物质的种类和含量差异所致，同时酒中各风味物质互相联系，互相影响，而呈现出综合的风味感知，也就是综合对色、香、味三个方面的品评结果，加以判断，确定其典型性。所以酒的风格对酒特别对名优酒有重要影响，因此，品评酒的优劣将风格也列为很重要的指标之一。判断一个酒样或者一杯酒是否有典型性及其优劣，主要靠平时广泛地接触各类酒，从而积累丰富的经验，再根据该香型类别酒的感官风味指标，才能做到得心应手。评酒员必须了解所评酒类的类型、香型和风格特点。

评酒员品评完一组酒，记完了分数，在写总结评语时，如果对个别酒样感到不够细致明确，对色、香、味、格中某一项不明显，还可以再评一次，以使结果更准确。

以上品酒操作是对一组酒样，按规定的指标（色、香、味、格等），分别进行品评比较，然后对每个酒加以综合评价，形成该酒总的品质鉴定。这种操作法是分项对比的，优点比较明显，因而被广泛采用。另外，也有人采取对一个酒样的各项指标都评完做了记录，再评第二个酒样，理由是香与味是互相影响和协调的，难以把它们分开。评完一个酒样，经间歇漱口，再评第二个，对该酒样的情况及印象比较鲜明，这是此法的优点，但总的说来此法不如前法好。

二、品评的基本技巧

（1）品酒时，按照一看、二闻、三尝的顺序进行，绝不能把顺序颠倒，否则就很难品准确。白酒品评和饮酒有一定的区别，这是品酒技能的基本动作和要求，动作、要求做得是否标准，反映出该品评人员是否专业。

（2）酒样多时，要从 1 号、2 号、3 号、4 号、5 号依序进行，然后再从 5 号到 1 号依序进行闻和品；在哪个位置端的酒杯，品完后仍把酒杯放回原处，不打乱原来的顺序和排列。

（3）准确掌握入口酒量，每次入口酒量的多少对品酒结果影响很大，掌握入口酒量的一致性是非常重要的。这是一个基本功问题，经过不断地实践和体会训练才能做到。入口量多少适宜，应根据自己的酒量和味觉的灵敏度、酒精度的高低来自行确定，一般掌握在 0.5~2mL。同样的一瓶酒，倒入两个酒杯中，由于入口酒量不一致，会品出两个不同的结果，所以品酒者必须练好基本功。

（4）酒在口腔内的停留时间应保持一致，有人称之为秒持值。一般采用 10s 值，酒在口腔中准确保留 10s，其间认真地体会酒质反应，然后才吞下或吐出，做好记录，记住优缺点，休息片刻或漱漱嘴，再品第二杯酒，以此类推。酒在口腔中停留时，一般采用两种方法来体验酒的香味：一是蠕动法或震动法，利用上、下嘴唇的来回张闭，使酒液在口腔中运动；二是平铺法，酒进入嘴后，立即将酒液平铺于舌面，把嘴闭严，让酒气充满口腔，然后从鼻孔溢出，以此体验酒的香味和风格的变化和消失时间，10s 后吐出或吞下。品完一组（或一轮）即五杯酒后，要休息 30min，才能再品第二组酒样。

（5）品酒时尽量少吞酒，以保持味觉的灵敏。酒在口腔中吞下或出口后，再继续体会一下感觉，这时主要判断酒的后味和余香是否协调净爽，有无苦、涩、杂味等。

（6）眼睛和鼻不易疲劳、恢复速度快，且所有的呈味物质绝大多数都有不同的气味，都能通过鼻孔里的嗅觉器官分辨出来，而且嗅觉的灵敏度比味觉的灵敏度高得多。因此，在白酒品评时，应多用眼、鼻，尽量少用口尝。味觉比嗅觉易于疲劳，一旦疲劳就难以恢复，所以在品酒时，应以嗅觉为主，视觉和味觉为辅地进行认识和判断酒质。一般来说，嗅觉训练好了，能占准确性的 80% 左右，味觉只占 20%，是最后结论的依据，嗅觉和味觉配合好了，才能准确认定酒质，做好嗅觉和味觉的结合和统一是品酒技巧的关键。嗅觉疲劳了，几分钟就能恢复，味觉疲劳了，需要几十分钟甚至更长时间，味觉又是品酒中最重要的部分，所以在品酒时，应注意多用嗅觉，尽可能地保护味觉的灵敏度。

（7）牢记每种酒的共性和个性特征　白酒的共性易于识辨，每种香型白酒都有一个共同的特征，用自己的描述方法表示它、牢记它，做到任何时候都能把它们分辨和认识。较难的是同香型的白酒之间的个性认识和辨别，这就必须找准并抓住共性中的个性。每个酒样都有它的特征（独特风格），且给人不同的嗅觉和味觉的感受，通过反复认识，用熟悉的方法把它牢记，然后才能准确地区分它们。例如，浓香型白酒中的五粮液、剑南春、泸州老窖、全兴大曲、沱牌曲酒、洋河大曲、双沟大曲、古井贡酒、宋河粮液等，抓住它们各自的个性，就能正确地把它们区分开，并能指出它们的优缺点，这就要求品酒人员应牢记每种名牌酒的特殊风格和典型特征。

（8）不要轻易否定第一次的判断结果，一般闻三次、品两次，就要得出结论。一组酒（五杯）品尝时间应在 15min 左右，不宜太多地反复。一杯酒嗅两次、品一次所得的初步结果即为第一次判断结果，第三次闻嗅时的再判定结果与第一次相同时，即可终止，若第三次闻嗅结果与第一次的判断结果不同，则应休息片刻，再进行第四次嗅闻和第二次品味，其结果与哪次相同，就确定哪次的判断结果为最终结果，不再继续品尝。

品酒过程中的注意事项：

（1）每轮（组）酒样不宜过多，一般不超过五杯，每品尝一杯酒后要把口漱净，并休息片刻，记下嗅觉和味觉反应，然后再品另一杯酒，按此循环进行，单嗅不品时可不必漱口。

（2）品完一轮（组）后，要休息 30min，以恢复味觉，保持味觉的灵敏度。

（3）品酒时思想、精力要高度集中，以增强记忆力，但不要紧张，不要有思想包袱，更不要先入为主地找酒，坚持以酒论酒的方法，绝不带主观意识，实事求是地品酒。

（4）品酒时间应在上午 9：00～11：30，下午 3：00～5：30，为最适宜，应在相同酒精度的基础上进行，以便比较其风味。

（5）在品酒期间，不得使用化妆品和使用香水等物品；不得抽烟。

（6）品酒时要做好记录，要认真地用好品酒技巧，按规定程序进行，以便总结经验和教训，加强记忆力，提高再现能力和品酒技能，有利于丰富品酒知识以及品酒水平的提高。

三、感官品评术语

品评术语是品酒时常用的术语。

1. 外观术语

品评色泽常用术语如表 11-1 所示。

表 11-1　　　　　　　　　　　　　酒体感官品评色泽常用术语

颜色术语	外观特征	颜色术语	外观特征
正色 （色正）	符合该种酒的正常色泽称为正色	色暗或失光	酒色发暗失去光泽
色不正	不符合该酒的正常色泽	略失光	酒色发暗失去光泽
光泽	正常光线下有光亮	透明	光线从酒体透过，酒液明亮
晶亮	如水晶体一般高度透明	清亮	酒体中看不出细微颗粒
浑浊	白酒不允许出现的现象	沉淀	酒液中的沉淀多见于瓶底附着的物质

2. 香气（气味）术语

酒的香气（气味）十分复杂，不仅各类酒有不同的香气，同一种类酒的香气也是千变万化，哪怕在同一瓶酒中，也是由多种香气组合而成，所以在尝评时，一部分评语是形容表达酒香的程度，另一部分则是表达各种不同的酒类香气的特点。表示香气程度的术语如表 11-2 所示。

表 11-2　　　　　　　　　　　　　酒体感官品评香气常用术语

香气术语	表现特征	香气术语	表现特征
无香气	香气不能嗅出	细腻	香气纯正而细致、柔和
似有香气	香气微弱，呈现若有若无	纯正	纯净而无杂味
微有香气	有微弱的香气	浓郁	香气浓厚馥郁
香气不足	达不到该酒正常的香气	放香	香气从酒中徐徐释放
清雅	香气不浓不淡，令人愉快	喷香	香气扑鼻
余香	饮酒后余留口中的香	入口香	酒液入口后释放的香气
回香	饮酒后所能感受到的香	悠长	绵长、持久的香气
芳香	香气悦人，如花、果香气	陈酒香	香气老陈、厚重而柔和
固有香气	香型酒特征香气	异香	酒体释放的不愉悦香气
焦香	轻微的令人愉快的焦煳香	刺激性气味	刺鼻、熏眼和辛辣感

第三节 品评操作

一、不同香型酒的品评

目前我国白酒主要香型有 10 多种（浓香型、清香型、酱香型、米香型、凤香型、董香型、豉香型、芝麻香型、特香型、老白干香型、馥郁香型、兼香型等）。其品评的基本方法主要为：举杯齐眉，眼观其色；勾头倾杯，鼻闻其香；细品慢咽，尝知其味；综合酒体色、香、味，定其格。具体各香型白酒的品评及其技巧如下。

1. 浓香型品评技巧

（1）依据香气浓郁大小的特点分出流派和质量　凡香气大，体现窖香浓郁突出特点的为川派，其中川派又有多粮浓香与单粮浓香之分，多粮浓香香气馥郁丰满、香气浓烈；单粮浓香香气纯且净，而以口感醇、绵甜、净、爽为显著特点的为江淮派。

（2）品评时，酒的甘爽程度，是区别不同酒质量的重要依据。

（3）后味长短、是否干净，也是区分不同酒质量的重要方法。

（4）绵甜是优质浓香型白酒的主要特点，也是区分酒质的关键所在。体现为甜得自然舒畅，酒体醇厚。稍差的酒不是绵甜，只是醇甜或甜味不突出，这种酒体显单薄，味短，陈味不够。

（5）香味协调，是区分白酒质量好坏的重要指标，也是区分酿造、发酵酒和固、液态配制酒的主要依据。酿造酒中己酸乙酯等香味成分是生物途径合成的，体现出一种复合香，自然融合，故香味协调，且能持久。而外添加己酸乙酯等香精、香料的酒，往往是香大于味，酒体显单薄，入口后香和味很快消失，香与味均短，自然融合度差。如香精纯度差，添加比例不当，更是严重影响酒质，其香气给人一种厌恶感，闷香，入口后刺激性强。如果香精、酒精纯度高、质量好，通过精心勾调，也能使酒的香和味趋于协调。

（6）在浓香型白酒中最易品出的不良口味是泥臭味、涩味等，这主要是与新窖泥和工艺操作不当、发酵不正常有关。这种异味偏重，严重影响酒质。

（7）酒体色泽无色透明（允许微黄），无沉淀物。

2. 清香型品评技巧

（1）主体香气为以乙酸乙酯为主、乳酸乙酯为辅的清雅、纯正的幽雅，舒适，但细闻有优雅的陈香，没有任何杂香。

（2）由于酒精度较高，入口后有明显的辣感，且较持久，优质的酒体，则刺激性减小。

（3）口味特别净，质量好的清香型白酒没有任何邪杂味。

（4）酒体色泽无色清亮、透明。

（5）酒体突出清、爽、绵、甜、净的综合风格特征。

3. 凤香型品评技巧

（1）闻香是以醇香为主，兼有乙酸乙酯加己酸乙酯的复合香气特点。尤其是异戊醇含量高，苦杏仁味十分明显，这也是凤香型白酒的最主要特点。

（2）凤香型酒如与清香型酒放在一起品评，酒体就会突显己酸乙酯的特点。

（3）诸味谐调，一般指酸、甜、苦、辣、香五味俱全，搭配谐调，饮后回甜，诸味浑然一体。

（4）有酒海（酒海贮存工艺，使凤香型白酒呈现的香气特征）特殊香气。

4. 酱香型品评技巧

（1）酱香型白酒空杯留香长、香气优雅，将杯中酒倒空后，杯中留香可持续 24h 以上不消散，空杯呈现出拟酱油或高温大曲曲香的香气特征。

（2）酒体色泽微黄透明，无悬浮物、沉淀物。

（3）闻香上酱香突出，拟酱油香气的复合香气。品尝其味，酒体醇厚、协调、细腻，回味悠长。酱香型轮次基酒中也有较为明显的感官风味特征，一般来说，一二轮次酒中粮香、生青味、花香及果香、酸香较突出；三四五轮次酒中酱香突出，整体香味协调；六七轮次酒的焦煳香明显，略带煳苦味。

（4）较其他香型来说，酱香型酒酒体的酸度高，酒体醇厚、丰满、口味细腻幽雅。

5. 米香型品评技巧

（1）以乳酸乙酯和乙酸乙酯及适量的 β-苯乙醇为主体的复合香气较明显。

（2）口味显甜，有发闷的感觉。

（3）后味稍短，但爽净；优质酒后味怡畅。

（4）口味柔和，刺激性小。

（5）香气上似米酒香味。

（6）放置时间稍长，易出现酒体浑浊。

6. 董香型品评技巧

（1）香气浓郁，酒香、药香谐调，舒适。

（2）口感丰满。

（3）酒的酸度高，后味长。

（4）董香型是大曲、小曲并用的典型香型白酒，而且加入多种中药材，故既有大曲酒的浓郁芳香，醇厚味长，又有小曲酒的醇甜特点，且带有舒适的药香、窖香及爽口的酸味。

（5）董香型白酒的丁酸与丁酸乙酯含量高，所以其丁酸及丁酯的香气非常突出。

7. 豉香型品评技巧

（1）突出豉香，有特别明显的油脂香气（类似"油哈味"）。

（2）酒精度低，入口醇和，余味净爽，后味长。

（3）香气与米香型类似，但缺少蜜、甜感。

8. 芝麻香型品评技巧

（1）闻香以芝麻香的复合香气为主。

（2）入口后焦煳香味明显，细品有类似芝麻香气（近似炒芝麻的香气），后味有轻微的焦香、酱香，味醇厚。

9. 特香型品评技巧

（1）清香带浓香是主体香，细闻有焦煳香。入口有似庚酸乙酯的香气，香味突出，味绵甜，稍有糟味。

（2）口味柔和，有黏稠感，蜜的甜味明显。

（3）正丙醇含量较大，其香味明显。

（4）类似菜籽油刚入锅时的香气。

10. 兼香型品评技巧

（1）酱中带浓　闻香以酱香为主，略带浓香；入口后浓香较突出；味较细腻，后味较长。

（2）浓中带酱　闻香以浓香为主，带有明显的酱香；入口绵甜较甘爽；浓、酱协调，后味带有酱味；味柔顺、细腻。

11. 老白干香型品评技巧

（1）香气以乳酸乙酯和乙酸乙酯为主体的复合香气，协调、清雅，似清香型，香气较浓郁，微带粮香。

（2）入口醇厚，口感比较丰富，不暴、不刺激。

12. 馥郁香型品评技巧

（1）闻香浓中带酱，且有舒适的芳香，诸香谐调。

（2）入口有绵甜感，柔和细腻。

（3）余味长且净爽。

13. 清酱香型品评技巧

（1）酒的闻香上清香、酱香香气融合好，酱香明显、舒适。

（2）口感上酒在口腔中的味觉醇厚丰满、细腻柔和；酒吞下后在口腔中的回味厚重，在舌根部位香气和余味留存时间长、回味悠长。

（3）酒喝后空杯中余香幽雅，酱香持久。

二、不同质量酒的品评

白酒的质量差是指某种特定香型的一组白酒从理化指标、卫生指标、感官指标判定不同酒样符合该香型产品标准的程度而给出的综合结论。可以是不同的等级判定（如优级、一级、二级等），也可以是同一等级下不同的质量排序。白酒品评的质量差主要是指品评人员通过感官方式，即通过眼观其色、鼻闻其香、口尝其味，综合起来看风格的方式对所品评酒样给出的一个等级判定或者质量次序。质量差的品评通常都是在同一香型的白酒中品评，不同香型的白酒一般不进行白酒质量差的品评，因为评判的标准不一样，很难进行质量差的评判。不同香型的白酒放在同一轮次品评也会有失公正。不同香型白酒品评如下。

1. 浓香型白酒质量差品评

（1）不同年份单粮浓香酒的品评要点　色泽上不同年份的单粮浓香型白酒并没有明显区别，都是无色（或微黄）清亮透明。在闻香上新酒和 1~2 年的酒辛辣感和刺激感比较强烈，并有糟香和不同程度的窖香，己酸乙酯的香气浓郁。3 年以上的单粮浓香型白酒在闻香上没有新酒味，辛辣感、刺激感明显降低，表现出不同程度陈香、窖香浓郁感和幽雅醇厚感。时间越长酒体越协调，闻香越幽雅舒适；口感上更加醇厚柔和，回味悠长，落口爽净谐调。

（2）不同年份多粮浓香型酒的品评要点　色泽上不同年份的多粮浓香型白酒并没有明显区别，都是无色（或微黄）清亮透明。在闻香上新酒和 1~2 年的酒辛辣感和刺激感明显，有不同程度的粮香。经过一段时间的储存后，香气具有多粮浓香型白酒固有的窖香浓郁优美之感，刺激感和辛辣感明显减弱，酒会自然产生一种使人感到心旷神怡、幽雅细腻、柔和愉快的多粮复合陈香。口感醇厚绵柔，幽雅细腻，甘洌协调有余香，回味悠长，香味更加协调，酒体更加丰满。

2. 清香型白酒质量差品评

新酒是刚蒸馏出的白酒，新酒味明显，即有辛辣刺激味，酒体欠协调；随着储存期的延长，一些低沸点成分便会逐渐挥发，新酒的不愉快气味逐渐降低。通过分子的缔合和重排，减弱了新酒的刺激性，酒体变得柔和醇厚。

陈酒就是指新酒经过一段时间储存后，刺激性和辛辣感会明显减轻，口味变得醇和、柔顺，香气和风味都得以改善，该过程称为老熟，也称陈酿。

不同年份、不同等级清香型白酒的感官鉴别分别如表11-3、表11-4所示。

表11-3　　　　　　　　　　不同年份清香型白酒的感官鉴别

感官指标	2年酒龄	3年酒龄	6年酒龄	9年酒龄
色泽	无色清亮透明	无色清亮透明	无色清亮透明	无色（微黄）清亮透明
香气	清香纯正，具有乙酸乙酯为主体的复合香气	清香纯正，具有乙酸乙酯为主体的清雅协调复合香气，略带陈酒香	清香纯正，具有乙酸乙酯为主体的清雅协调的复合香气，略带陈酒香	清香纯正，具有乙酸乙酯为主体的清雅协调复合香气，带较浓厚的陈香
口味	口感较醇和、绵柔、酒体协调、爽净、回味悠长	口感较醇和、绵柔爽净、酒体协调、余味悠长	口感较醇和、绵柔爽净、酒体协调、余味悠长	口感较醇和、绵柔爽净、酒体协调、爽净、余味悠长
风格	具有清香型的典型风格特征	具有清香型的典型风格特征	具有清香型的典型风格特征	具有清香型的典型风格特征

表11-4　　　　　　　　　　不同等级清香型白酒感官鉴别

级别	感官特点
优级	清香纯正，具有乙酸乙酯为主体的优雅、协调的复合香气，口感柔和、绵甜爽净、酒体协调、余味悠长，具有清香型的典型风格
一级	清香纯正，具有乙酸乙酯为主体的复合香气，口感柔和、绵甜爽适、酒体较协调、余味悠长，具有清香型的典型风格
二级	清香较纯正，具有乙酸乙酯为主体的香气，较绵甜净爽、有余味，具有清香型的固有风格

3. 酱香型白酒质量差品评

（1）酱香型白酒的质量差品评　酱香型白酒质量差首先可以看颜色，用一张白纸做背景，比较几杯酒样的颜色深浅。一般情况下，酱香型白酒的颜色越深酒越陈，质量也越好，这不仅有利于判定质量差，也有助于分组，按颜色找相同的酒样。如某品评轮次有三杯相同的酒样，首先在颜色上是一致的，其次结合闻香、尝味综合判断是不是同一酒样。一般酱香酒颜色越深的酒龄一般较长，酒质较好，但要注意有时酱香酒颜色发黄很深也可能是人为添加色素所致，这必须具体对待，综合评价，将色、香、味结合在一起看是否一致，是否酱香突出、优雅细腻、空杯留香持久。其中，空杯留香、品质好的酱香酒数小时或隔夜后再闻香还是舒适愉快的香味，而质量较次的酱香酒，数小时后香气已经很弱，闻香也会变味，甚至有酸臭味，因此要综合判断。不同等级酱香型白酒的感官鉴别如表 11-5 所示。

表 11-5 不同等级酱香型白酒的感官鉴别

级别	感官特点
优级	微黄透明，酱香突出，诸味谐调，口味醇厚、细腻、丰满，后味悠长，空杯留香持久，酱香风格典型
一级	清亮透明（微黄），酱香较突出，醇厚丰满，诸味较谐调，后味长，空杯留香持久，酱香风格典型
二级	清亮透明（微黄），酱香明显，味醇厚，有后味，酱香风格较典型

（2）不同年份酱香型白酒的感官质量差品评　酱香型白酒因其工艺复杂，发酵轮次多，使得酒的类别不仅多而且差异大，又因贮存是酱香型白酒的重要工序，经过贮存后新酒与陈酒相比差异较大，是其他香型酒不可比拟的。

相同质量等级的酱香型白酒，一般来说，酒龄越长酒体越黄，颜色越深，该特点在评酒龄差时可作为参考，按颜色由浅到深先排一个顺序出来，再结合酒体口感的醇厚、细腻程度综合评价。酱香型新酒入口的刺激感较大、较冲、较酸、较涩、糊味重，而贮存 1 年、2 年、3 年、5 年甚至更长时间时，酒体慢慢变黄，酒体醇厚、协调，陈味越明显，空杯留香大而持久，酒液挂杯现象明显，挂杯持久。酱香型白酒特殊而复杂的酿造工艺决定了其非常复杂的成分结构，使其通过长期贮存才可能达到"越陈越香"的效果。其他香型的白酒存放时间越长，有的品质反而下降，因此不同香型白酒贮存所需要的必须时间是不一样的，但也不是贮存时间越长的酒品质就越好，要根据香型、贮存条件、酒体变化辩证来看。

4. 凤香型白酒质量差品评

不同等级凤香型白酒质量差品评，其感官特点如下。

优级酒：无色、清亮透明，醇香纯正，醇厚协调，甘润挺爽，味长尾净，余香悠长，具有凤香型酒的典型风格。

一级酒：无色、清亮透明；醇香较纯正，醇厚较协调，丰满挺爽，味长较净，有余味，有凤香型酒的独特风格。

二级酒：无色、清亮透明；醇香，口感较协调，无异味，有余香，有凤香型酒风格。

5. 米香型白酒质量差品评

米香型白酒在闻香上具有以乳酸乙酯和乙酸乙酯及适量的 β-苯乙醇为主的复合香气特征，β-苯乙醇的香气明显；味特别甜，有发闷的感觉；口味怡畅，后味爽净，但较短；口味柔和，刺激性小。具体感官要求如表 11-6、表 11-7 所示。

表 11-6 米香型高度酒感官要求

项目	优级	一级
色泽和外观	无色，清亮透明，无悬浮物，无沉淀*	
香气	米香纯正，清雅	米香纯正
口味	酒体醇和，绵甜、爽冽，回味怡畅	酒体较醇和，绵甜、爽冽，回味较畅
风格	具有本品典型的风格	具有本品明显的风格

注：＊当酒的温度低于10℃时，允许出现白色絮状沉淀物质或失光。10℃以上时应逐渐恢复正常。

表 11-7 米香型低度酒感官要求

项目	优级	一级
色泽和外观	无色，清亮透明，无悬浮物，无沉淀*	
香气	米香纯正，清雅	米香纯正
口味	酒体较醇和，绵甜、爽冽，回味怡畅	酒体较醇和，绵甜、爽冽，回味较畅
风格	具有本品典型的风格	具有本品明显的风格

注：＊当酒的温度低于10℃时，允许出现白色絮状沉淀物质或失光。10℃以上时应逐渐恢复正常。

6. 豉香型白酒质量差品评

豉香型白酒感官上总体风格特征呈现闻香豉香突出，有明显的油哈味。不同等级的豉香型白酒感官要求如表 11-8 所示。

表 11-8 豉香型白酒感官要求

项目	优级	一级
色泽和外观	无色或微黄，清亮透明，无悬浮物，无沉淀*	
香气	豉香纯正，清雅	豉香纯正
口味	醇和甘甜，酒体协调，余味爽净	入口较醇和，酒体较协调，余味较爽净
风格	具有本品典型的风格	具有本品明显的风格

注：＊当酒的温度低于15℃时，允许出现白色絮状沉淀物质或失光。15℃以上时应逐渐恢复正常。

7. 特香型白酒质量差品评

总体风格上，特香型白酒稍清香带浓香、兼酱香的复合香，但均不靠近哪一种香型。细闻有焦煳香；类似庚酸乙酯，香味突出，有糠味；具体感官要求如表 11-9、表 11-10 所示。

表 11-9 特香型高度酒感官要求

项目	优级	一级
色泽和外观	无色或微黄，清亮透明，无悬浮物，无沉淀*	
香气	幽雅舒适，诸香协调，具有浓、清、酱三香融合，但均不露头的复合香气	诸香尚协调，具有浓、清、酱三香融合，但均不露头的复合香气
口味	绵柔醇和，醇甜，香味协调，余味悠长	味较醇和，醇香、香味协调，有余味
风格	具有本品典型的风格	具有本品明显的风格

注：*当酒的温度低于10℃时，允许出现白色絮状沉淀物质或失光。10℃以上时应逐渐恢复正常。

表 11-10 特香型低度酒感官要求

项目	优级	一级
色泽和外观	无色或微黄，清亮透明，无悬浮物，无沉淀*	
香气	幽雅舒适，诸香较协调，具有浓、清、酱三香融合，但均不露头的复合香气	诸香尚协调，具有浓、清、酱三香融合，但均不露头的复合香气
口味	绵柔醇和，微甜，香味协调，余味较长	味较醇和，醇香、香味协调，有余味
风格	具有本品典型的风格	具有本品明显的风格

注：*当酒的温度低于10℃时，允许出现白色絮状沉淀物质或失光。10℃以上时应逐渐恢复正常。

8. 芝麻香型白酒的质量差品评

闻香以清香加焦香的复合香气为主；入口焦煳香突出，细品有类似芝麻香气（近似炒芝麻的香气），有轻微的酱香气味；口味较醇厚；后味稍有焦苦味。具体感官要求如表 11-11、表 11-12 所示。

表 11-11 芝麻香型高度酒感官要求

项目	优级	一级
色泽和外观	无色或微黄，清亮透明，无悬浮物，无沉淀*	
香气	芝麻香幽雅纯正	芝麻香较纯正
口味	醇和细腻，香味协调，余味悠长	较醇和，余味较长
风格	具有本品典型的风格	具有本品明显的风格

注：*当酒的温度低于10℃时，允许出现白色絮状沉淀物质或失光。10℃以上时应逐渐恢复正常。

表 11-12   芝麻香型低度酒感官要求

项目	优级	一级
色泽和外观	无色或微黄，清亮透明，无悬浮物，无沉淀*	
香气	芝麻香较幽雅纯正	有芝麻香
口味	醇和协调，余味悠长	较醇和，余味较长
风格	具有本品典型的风格	具有本品明显的风格

注：*当酒的温度低于10℃时，允许出现白色絮状沉淀物质或失光。10℃以上时应逐渐恢复正常。

9. 老白干香型白酒质量差品评

闻香呈现以乳酸乙酯和乙酸乙酯为主体的复合香气，协调、清雅、微带粮香；入口醇厚，不尖、不暴，口感丰富，回香微有乙酸乙酯香气，有回甜。具体感官要求如表11-13、表11-14所示。

表 11-13   老白干香型白酒高度酒感官要求

项目	优级	一级
色泽和外观	无色或微黄，清亮透明，无悬浮物，无沉淀*	
香气	醇香清雅，具有乳酸乙酯和乙酸乙酯为主体的自然协调复合香气	醇香清雅，具有乳酸乙酯和乙酸乙酯为主体的复合香气
口味	酒体协调，醇厚甘洌、回味悠长	酒体协调，醇厚甘洌、回味悠长
风格	具有本品典型的风格	具有本品明显的风格

注：*当酒的温度低于10℃时，允许出现白色絮状沉淀物质或失光。10℃以上时应逐渐恢复正常。

表 11-14   老白干香型白酒低度酒感官要求

项目	优级	一级
色泽和外观	无色或微黄，清亮透明，无悬浮物，无沉淀*	
香气	醇香清雅，具有乳酸乙酯和乙酸乙酯为主体的自然协调复合香气	醇香清雅，具有乳酸乙酯和乙酸乙酯为主体的复合香气
口味	酒体协调，醇厚甘洌、回味较长	酒体协调，醇厚甘润、有回味
风格	具有本品典型的风格	具有本品明显的风格

注：*当酒的温度低于10℃时，允许出现白色絮状沉淀物质或失光。10℃以上时应逐渐恢复正常。

10. 浓酱兼香型白酒质量差品评

（1）酱中带浓　闻香以酱香为主，略带浓香；入口后浓香较突出；口味较细腻、后味较长；放在浓香型酒中品评，其酱香突出；放在酱香型酒中品评，其浓香突出。

（2）浓中带酱　闻香以浓香为主，带有明显的酱香；入口绵甜较甘爽；浓酱协调，后味带有酱香；口味柔顺、细腻。

11. 董香型白酒质量差品评

入口丰满，有小曲酒的醇甜、净爽，又有大曲酒的醇厚、丰满、协调；后味长，稍带有丁酸及丁酸乙酯的复合香味，后味稍有苦味；酒的酸度较明显。代表品牌"董酒"是大小曲并用的典型，而且加有135种中药材，既有大曲酒的浓郁芳香、醇厚味长，又有小曲酒的醇和、味甜，且带有舒适的药香、窖香及爽口的酸味。

12. 馥郁香型白酒质量差品评

闻香浓中带酱，且有舒适的芳香，诸香协调；入口有绵甜感，柔和细腻；余味长，后味净爽。

13. 清酱香型白酒质量差品评

总体风格特征：酒体无色（或微黄）透明；香气清酱协调，酱香幽雅，陈香明显；醇厚丰满，细腻柔顺，诸味协调，回味悠长；空杯留香，舒适持长；具有本品独特风格。质量差上：优质酒在闻香上清香、酱香香气融合，复合香幽雅，酱香、陈香明显，舒适；口感上酒在口腔中的味觉醇厚丰满、细腻柔顺；酒吞下后在口腔中的回味厚重，在舌根部位酒体余味、回味舒适、持长；酒喝后空杯中余香、陈香幽雅，酱香持久。低端酒：清香、酱香的复合香欠幽雅，陈香不明显，舒适度差；酒体细腻不够明显；空杯酱香不持久。

三、新酒与陈酒的品评

1. 浓香型白酒新酒与陈酒的品评

（1）多粮浓香型新酒与陈酒质量差品评 新酒：多粮浓香型新酒与陈酒相比辛辣刺激感强，并有明显的新酒气味、糟香和粮香，合格的新酒具有多粮复合的粮香、窖香和糟香，香较协调，主体窖香突出，口味微甜爽净。但发酵不正常或辅料未蒸透的新酒会出现苦味、涩味、糠味、霉味、腥味、煳味及硫化物臭、黄水味等异杂味。

陈酒：香气具有多粮浓香型白酒复合的窖香浓郁特征，刺激感和辛辣感不明显，口味变得绵甜、醇厚、柔和，风味突出。经长时间的储存，酒液中会自然产生一种令人感到心旷神怡、幽雅细腻、柔和愉快的特殊的陈香风味特征，口感呈现醇厚绵柔、余香和回味悠长，香气更协调，酒体更丰满，后味爽净。幽雅细腻，口味绵柔、甘冽、自然舒适是体现多粮浓香白酒储存老熟后的重要标志。

（2）单粮浓香型新酒与陈酒质量差品评 新酒：单粮浓香型新酒香气比较纯正单一，有辛辣刺激感，并且新酒味重。合格的新酒窖香和糟香协调，其中主体窖香突出，口味微甜爽净。但发酵不正常的新酒会出现苦味、涩味、糠味、霉味、腥味、煳味及硫化物臭、黄水味、溜水味等异杂味。

陈酒：单粮浓香型白酒陈酒具有了浓香型白酒固有的窖香浓郁感，刺激感和辛辣感明显降低，口味变得醇和、柔顺，风格得以改善。经长时间的储存，逐渐呈现出陈香口感，呈现醇厚绵软、回味悠长，香与味更协调。

2. 清香型白酒新酒与陈酒的品评

新酒有明显的辛辣刺激味，酒体欠谐调，粮香明显，略有霉嗅。酒体随着储存期的延长，通过分子缔合和重排，加之挥发、还原、氧化等反应，减弱了新酒的刺激性，不愉快气味，酒变得柔和醇厚。

陈酒的刺激性和辛辣感明显减轻，口味变得醇和、柔顺，香气和风味都得以改善，老熟后的酒体陈香、陈味逐渐明显（表 11-15）。

表 11-15　　　　　　　　　　　清香型新酒与陈酒的主要感官区别

感官指标	新酒	陈酒
色	清亮透明	清亮透明，或微黄
香	清香纯正，有刺激感	清香纯正，具有乙酸乙酯的复合香或陈香
味	辛辣刺激，新酒味明显	醇和或醇厚，绵柔爽净，酒体协调，余味悠长
格	有典型的新酒风格	清香风格典型或突出

3. 酱香型白酒新酒与陈酒的品评

酱香型酒因其工艺复杂，发酵轮次多，其新酒的类别多而且差异大，基酒经过储存酒体发生明显变化，导致新酒与陈酒相比发生巨大变化。酱香型新酒入口刺激感较强，随着储存期的延长质量明显提高，口味越来越丰满、柔顺，黄色不断增加，后味明显，风味风格突出。酱香型白酒新酒与陈酒的区别如下（表 11-16）。

①观其色：酱香型新酒的酒体一般是无色透明或略带黄色，而陈酒略显微黄，越是年份久的酱香酒黄色就越明显。但也不是越黄就越好，有些商家通过在酒中添加色素，达到改变酒体颜色的目的，欺骗消费者。因此，除了利用酒体色泽判别酒质外，还要结合酒体的口感，特别是陈味。

②闻其香：通常新酒酒味刺鼻，有异味，而陈年的酱香型白酒香味扑鼻，优雅细腻，有陈香。

③品其味：新酒在入口时就有刺舌尖的感觉，接着香气便满口散去，在口腔中常体现出酸、涩、微苦、粗糙感，但是陈年酱香酒醇厚，协调，陈味明显，酒越陈，酒的陈味越明显。

④感受：当酒进入胃部以后，胃部有烧灼感的是新酒，而好的陈年酒不但没有烧灼感，反而会有一种温热感传遍全身。

⑤空杯留香：装过陈酒的杯子酱味停留的时间比较长，有的能长达两三天，而新酒在杯中的酱味散发得比较快。

表 11-16　　　　　　　　　　　酱香型新酒、陈酒的主要感官区别

感官指标	新酒	陈酒
色	清亮透明	清亮透明（或微黄）
香	酱香或窖底香	柔和圆润或丰满细腻，空杯香舒适或优雅或陈酱香或空杯留香久
味	酱味、窖底香味，新酒味明显	诸味协调，酒体丰满或丰满细腻，陈味，回味悠长
格	有典型性和新酒风格	典型或突出

4. 其他香型白酒新酒与陈酒的品评

新酒酒味暴烈，香味小，邪杂味和刺激性大，有冲、辣感，易上头，也易醉。一瓶真正上了年份的陈年白酒一定是酒液微黄的，而且呈香优雅，口感醇厚、细腻、协调，陈香舒适。但不同香型白酒之间相比，又存在明显的差异。如一些清香型的陈酒，即使存放数十年仍然不会有明显的酒体发黄。存放一定年份的陈酒喝起来柔和、爽口，而大部分新酒喝起来入口刺激、口感烈。纯粮酿造的白酒经过一段时间储存，酒会变得柔和，口味也更纯正，刺激性和辛辣味明显下降，在识别年份酒与新酒时，主要依据以下几个方面的内容。

首先，闻其香：酒越陈越香。陈味是陈年酒散发的芳香气味；且酒贮存时间越长，其陈味就更加独特。陈年白酒之珍稀便体现在这陈香陈味上。

其次，品其味：陈年白酒绵软，不辛辣、入口柔和、带有浓郁的酒香，舌感有酒的醇香却没有辛辣感。存放时间越长的酒，口感越醇厚丰满，陈味越醇厚、明显。

最后，饮后感：陈酒之老，体现在其香味口感的传统特性，陈酒陈味厚重、持久、酒香优雅、舒适谐调，由于是纯粮酿制，饮后不上头、不头痛。

总而言之，相对新酒而言，陈年白酒因其长时间的贮存而致使陈味十足，香气优雅、口感醇厚丰满，令人饮后感到舒适、回味悠长。即使不常喝陈酒的人，也能很容易分辨出陈酒与新酒在口感上的不同。

第四节　不同酒类产品品质特征

一、不同香型酒风格特征

1. 酱香型白酒

（1）代表酒　茅台酒。

（2）感官评语　微黄透明、酱香突出、幽雅细腻、酒体醇厚、回味悠长、空杯留香持久。

（3）品评要点　①色泽上，微黄透明；②香气，酱香突出，呈现酱香、焦香、煳香的复合香气，酱香>焦香>煳香；③空杯留香持久，且香气幽雅舒适（反之则香气持久性差、空杯酸味突出，酒质差）。

2. 浓香型白酒

（1）代表酒　四川泸州老窖特曲、五粮液、洋河大曲等。

（2）感官评语　无色透明（允许微黄）、窖香浓郁、绵甜醇厚、香味协调、尾净爽口。

（3）品评要点　①色泽上，无色透明（允许微黄）；②根据香气浓郁程度，可分出流派和质量差。凡香气大，体现窖香浓郁突出且浓中带陈的特点为川派，而以口味纯、甜、净、爽为显著特点为江淮派；③绵甜是优质浓香型白酒的主要特点，体现为甜得自然舒畅、酒体醇厚，稍差的酒不是绵甜，只是醇甜或甜味不突出，酒体显单薄、味短、陈味不够。

3. 清香型白酒

（1）代表酒　山西"汾酒"、河南"宝丰酒"、武汉"黄鹤楼酒"。

（2）感官评语　无色透明、清香纯正、醇甜柔和、自然协调、余味净爽。

（3）品评要点　色泽为无色透明；主体香气以乙酸乙酯为主，乳酸乙酯为辅的清雅、纯正的复合香气。类似酒精香气，但细闻有优雅、舒适的香气，没有其他杂香；口味特别净，质量好的清香型白酒没有任何杂香。

4. 米香型白酒

（1）代表酒　桂林"三花酒"。

（2）感官评语　无色透明、蜜香清雅、入口绵甜、落口爽净、回味怡畅。

（3）品评要点　闻香以乳酸乙酯和乙酸乙酯及适量的 β-苯乙醇为主体的复合香气，β-苯乙醇的香气明显；口味特别甜，有发闷的感觉；回味怡畅，后味爽净，但较短。

5. 凤香型白酒

（1）代表酒　陕西"西凤酒"。

（2）感官评语　无色透明、醇香秀雅、甘润挺爽、诸味协调、尾净悠长。

（3）品评要点　闻香以醇香为主，即以乙酸乙酯为主、己酸乙酯为辅的复合香气；入口后有挺拔感，即立即有香气往上蹿的感觉；诸味协调，即酸、甜、苦、辣、香五味俱全，且搭配协调，饮后回甜，诸味浑然一体。

6. 董香型白酒

（1）代表酒　贵州"董酒"。

（2）感官评语　清澈透明，浓香带药香，香气典雅，酸味适中，香味协调，尾净味长。

（3）品评要点　香气浓郁，酒香、药香协调、舒适；入口丰满，有小曲、大曲酿造酒的特殊风味；后味长，稍带有丁酸及丁酸乙酯的复合香味，后味稍有苦味。

7. 豉香型白酒

（1）代表酒　广东"玉冰烧酒"。

（2）感官评语　玉洁冰清、豉香独特、醇厚甘润、余味爽净。

（3）品评要点　闻香突出豉香，有特别明显的油哈味；酒精度低，但酒的后味长。

8. 芝麻香型白酒

（1）代表酒　山东"景芝白干"。

（2）感官评语　清澈透明、香气清洌、醇厚回甜、尾净余香，具有芝麻香风格。

（3）品评要点　闻香以醇香加焦香的复合香气为主；入口后焦煳香味突出，细品有类似芝麻香气（似焙炒芝麻的香气），有轻微的酱香；口味较醇厚。

9. 特香型白酒

（1）代表酒　江西"四特酒"。

（2）感官评语　清亮透明，酒香芬芳，酒味纯正，酒体柔和，诸味协调，香味悠长。

（3）品评要点　清香带浓香为主体香，细闻有焦煳香；入口类似庚酸乙酯，香味突出，有刺激感；口味较柔和，有黏稠感，甜味较明显。

10. 兼香型白酒

（1）酱中带浓

①代表酒：湖北"白云边酒"。

②感官评语：清澈透明（微黄）、芳香、幽雅、舒适、细腻丰满、酱浓协调、余味爽净、悠长。

③品评要点：闻香以酱香为主，略带浓香；口味较细腻、后味较长；放在浓香酒中品

评，其酱味突出；放在酱香型酒中品评，其浓香味突出。

（2）浓中带酱

①代表酒：黑龙江"玉泉酒"。

②感官评语：清亮透明（微黄）、浓香带酱香、诸味协调、口味细腻、余味爽净。

③品评要点：闻香以浓香为主，带有明显的酱香；入口绵甜、较甘爽；口味柔顺、细腻。

11. 老白干型白酒

（1）代表酒　河北"衡水老白干"。

（2）感官评语　无色或微黄透明，醇香清雅，酒体谐调，醇厚挺拔，回味悠长。

（3）品评要点　香气是以乳酸乙酯和乙酸乙酯为主体的复合香气，协调、清雅、微带粮香；入口醇厚，不刺激、不暴，口感丰富，回香微有乙酸乙酯香气，有回甜。

12. 馥郁香型白酒

（1）代表酒　湖南"酒鬼酒"。

（2）感官评语　芳香秀雅、绵柔甘洌、醇厚细腻、后味怡畅、香味馥郁、酒体净爽。

（3）品评要点　闻香浓中带酱，且有舒适的芳香，诸香协调；入口有绵甜感，柔和细腻；余味长且净爽。

二、不同酒种酒品质特征

1. 蒸馏酒的品质特征

根据我国目前最新饮料酒分类国家标准 GB/T 17204—2021《饮料酒术语和分类》规定，酒精度在 0.5%（体积分数）以上的酒精饮料被称为饮料酒，包括发酵酒、蒸馏酒和配制酒。其中，以粮谷、薯类、水果、乳类等为主要原料，经发酵、蒸馏、贮存、勾调而成的饮料酒，被定义为蒸馏酒。包括中国白酒和白兰地、威士忌、伏特加（俄得克）、朗姆酒、金酒（杜松子酒）及其他蒸馏酒（除上述以外的蒸馏酒）。

（1）中国白酒品质特征　在中国白酒的酿制过程中，存在于发酵糟醅中的微生物区系异常复杂，包括霉菌、酵母菌、细菌及放线菌等各类微生物类群，这些微生物类群有些可以单独分离培养，有些需要与其他微生物共生。其中，霉菌类微生物主要发挥产酶代谢及使得淀粉类大分子物质降解的作用，酵母类主要充当利用糖类物质发酵产酒及酯化生香的角色，而细菌类微生物主要是发酵过程产酸和形成各类香味物质前体。通过糟醅固、液、气三相界面的复杂生物化学反应和能量代谢，发酵糟醅中的大分子物质被微生物所产生的各类酶类催化降解，微生物在获得自身生长、繁殖所需要的营养成分的同时，也代谢形成了白酒中的各类香味物质成分。

中国白酒的主要成分是乙醇和水，而溶于其中的酸、酯、醇、醛等种类众多的微量化合物作为白酒的呈香呈味物质，却决定着白酒的风格（又称典型性，指酒的香气与口味协调平衡，具有独特的香味）和质量。

酒质无色（或微黄）透明，质地纯净、无混浊，气味芳香纯正，入口绵甜爽净，酒精含量较高，刺激性较强，经贮存老熟后，具有以酯类为主体的复合香味。芳香浓郁、饮后余香，回味悠久。

（2）白兰地品质特征　白兰地是以葡萄为原料，经过榨汁、去皮、去核、发酵等工序，得到含酒精较低的葡萄原酒，再将葡萄原酒蒸馏得到无色烈性酒。将得到的烈性酒放入橡木桶储存、陈酿，再进行勾兑以达到理想的颜色、芳香味道和酒精度，从而得到优质的白兰地。勾兑好的白兰地是以葡萄为原料的蒸馏酒，其独特幽郁的香气来源于三个方面：一是葡萄原料品种香，即果香；二是发酵香，发酵过程微生物发酵代谢产生的风味；三是陈酿香，橡木桶陈酿，丰富其香气。由此看来，葡萄品种是如此之重要，用于酿制白兰地的葡萄品种一般为白葡萄品种，白葡萄中单宁、挥发酸含量较低，总酸较高，因而经发酵后蒸馏获得的白兰地更柔软、醇和。

白兰地酒精度在 40%~43%vol，虽属烈性酒，但由于经过长时间的陈酿，其口感柔和，香味纯正，色泽金黄晶亮，具有优雅细致的葡萄果香和浓郁的陈酿木香，口味甘洌，醇美无瑕，余香萦绕不散。饮用后给人以高雅、舒畅的享受。白兰地呈美丽的琥珀色，富有吸引力，其悠久的历史也给它蒙上了一层神秘的色彩。

（3）威士忌品质特征　威士忌的种类很多，其中以苏格兰威士忌最为出名。苏格兰生产威士忌酒历史较久远，其产品有独特的风格，色泽棕黄带红，清澈透明，气味焦香，带有一定的烟熏味，具有浓厚的苏格兰乡土气息。苏格兰威士忌具有口感干洌、醇厚、劲足、圆润、绵柔的特点，是世界上最好的威士忌酒之一。衡量苏格兰威士忌的主要标准是嗅觉感受，即酒香气味。苏格兰威士忌可分为纯麦威士忌、谷物威士忌和混合威士忌三种类型。目前，世界最流行、产量最大，也是品牌最多的便是混合威士忌。苏格兰混合威士忌的原料 60% 来自谷物威士忌，其余则加入麦芽威士忌。苏格兰威士忌受英国法律限制，凡是在苏格兰酿造和混合的威士忌，才可称为苏格兰威士忌。它的工艺特征是使用当地的泥煤为燃料烘干麦芽，再粉碎、蒸煮、糖化，发酵后经壶式蒸馏器蒸馏，生产 70%vol 左右的无色威士忌，再装入内部烤焦的橡木桶内，贮藏上五年甚至更长一些时间，其中有很多品牌的威士忌贮藏期超过了 10 年。最后，经勾兑混配后调制成酒精度 40%vol 左右的成品出厂。

（4）伏特加（俄德克）品质特征　伏特加现已不是俄罗斯的特产，有许多国家，如波兰、德国、美国、英国、日本等都有生产出优质的伏特加。与中国传统白酒比较，伏特加生产具有酒精含量低、杂质含量少、工艺简单、机械化程度高等特点，符合饮料酒向低度化发展的方向。中国青岛、天津、上海、哈尔滨等地均有少量生产。如哈尔滨生产的珍珠水酒，即是一种伏特加。伏特加无色、无香味，具有中性的特点，不需贮存即可出售。由于伏特加无色透明，与金酒一样，可与其他酒类混合调成各种混合饮品和鸡尾酒。

（5）朗姆酒品质特征　朗姆酒是微黄、褐色的液体，具有细致、甜润的口感，芬芳馥郁的香味。朗姆酒可分为清淡型和浓烈型两种风格。

清淡型朗姆酒是用甘蔗糖蜜、甘蔗汁加酵母进行发酵后蒸馏的基酒，在木桶中储存多年，再勾兑配制而成。酒液呈浅黄到金黄色，酒精度 45%~50%vol。清淡型朗姆酒主要产自波多黎各和古巴，它们有很多类型并具有代表性。

浓烈型朗姆酒是由掺入榨糖残渣的糖蜜在天然酵母菌的作用下缓慢发酵制成的。酿成的酒在蒸馏器中进行 2 次蒸馏，获得无色的透明酒液，然后在橡木桶中熟化 5 年以上。浓烈型朗姆酒呈金黄色，酒香和糖蜜香浓郁，味辛辣而醇厚，酒精度 45%~50%vol。浓烈型朗姆酒以牙买加生产的产品为代表。

（6）金酒（杜松子酒）　金酒具有芬芳诱人的香气，无色透明，味道清新爽口，可单独饮用，也可调配鸡尾酒，并且是调配鸡尾酒中唯一不可缺少的酒种。金酒口味温和纯净，是鸡尾酒基酒中最常用的一种基础酒，它最早出现在荷兰，是一种以谷物为原料，经发酵和蒸馏生产出的中性烈酒，再添加以杜松子为主的多种药材与香料调味后，所生产出来的一种蒸馏酒，因而也经常被称为杜松子酒。随着鸡尾酒不断地发展演变，金酒也有了不同的口味和种类的变化，到现在已有不同的国家在酿制金酒。

2. 黄酒的品质特征

（1）色泽   黄酒的色泽因品种而异，其色泽从浅黄色至红褐色甚至黑色。

（2）香气   黄酒中的香气成分有100多种，黄酒特有的香气不是某一种香气成分特别突出的结果，而是通常所说的复合香，一般正常的黄酒应有柔和、愉快、优雅的香气感，黄酒的香气成分主要由酯类、醇类、酸类、羰基化合物和酚类等成分组成。其主要来自原料并在发酵期和贮存过程产生及形成。

正常的香气由酒香、曲香、焦香三个方面组成，酒香主要由发酵的代谢产物，如醇类等所构成；曲香主要由麦子的多酚类物质、香草醛、香草酸、阿魏酸及高温培曲时发生的羰基氨基反应的生成物构成；焦香主要是焦米、焦糖色素所形成，或类黑精产生。

（3）滋味   甜、酸、苦、辣、鲜、涩六味谐调，组成了黄酒特有的滋味。主要体现在以下方面。

①甜味：主要是糖分。另外，2,3-丁二醇、甘油和丙氨酸等也是黄酒中的甜味成分，同时还赋予黄酒浓厚感。

②酸味：酸有增强浓厚味及降低甜味的作用。黄酒中的酸类主要是有机酸，大部分由酵母发酵代谢生成。正常的黄酒中，乳酸和琥珀酸含量居多。琥珀酸除了呈酸味外，还略有鲜味。劣质酒中挥发酸含量较高。正常的黄酒中的挥发酸（以乙酸计）含量在 0.02% ~ 0.04%，非挥发酸（以琥珀酸计）含量为 0.3%~0.45%。

③苦味：主要是某些氨基酸、肽、酪醇和胺类等物质所产生的，炒焦的米或熬焦的糖色也会带来苦味。

④辣味：由酒精、高级醇及乙醛等成分构成，尤以酒精为主。新酒有酒精明显的辛辣味，经杀菌，酒精挥发一部分；贮存期内，部分酒精氧化成乙醛，酒精与有机酸结合成酯，同时酒精分子与水分子缔合，使酒精的辛辣味变得更醇和。

⑤鲜味：黄酒中的氨基酸约有18种，其中谷氨酸具有鲜味。此外，琥珀酸和酵母自溶产生的 5′-核苷酸类等物质也都有鲜味。

⑥涩味：主要由乳酸和酪氨酸等成分产生。黄酒中的苦、涩味成分含量在允许范围内时，不但不会呈明显的苦味或涩味，还会使酒味有浓厚和柔和感。

（4）风格   酒的风格即典型性，是色、香、味的综合反映。

3. 啤酒的品质特征

对于啤酒的质量也可以从风味感官和理化指标来评价，如表11-17、表11-18所示。

表 11-17   淡色啤酒感官品质

项目	优级	一级
外观[①]		
透明度	清亮，允许有肉眼可见的细微悬浮物和沉淀物（非外来异物）	

续表

项目		优级	一级
浊度/EBC		0.9	1.2
泡沫			
形态		泡沫洁白细腻，挂杯持久	泡沫较洁白细腻，挂杯较持久
泡持	瓶装	180	130
性/s[②] ≥	桶装	150	110
香气和口味		有明显的酒花香气，口味纯正，爽口，酒体协调，无异香、异味	有较明显的酒花香气，口味纯正，较爽口，协调，无异香、异味

注：①对非瓶装的"鲜啤酒"无要求；②对桶装（鲜、生、熟）啤酒无要求。

表 11-18 浓色、黑色啤酒感官品质

项目		优级	一级
外观[①]		酒体光泽，允许有肉眼可见的细微悬浮物和沉淀物（非外来异物）	
泡沫			
形态		泡沫洁白细腻，挂杯	泡沫较细腻，挂杯
泡持	瓶装	180	130
性/s[②] ≥	桶装	150	110
香气和口味		有明显的麦芽香气，口味纯正，爽口，酒体醇厚，杀口、无异味	有较明显的麦芽香气，口味纯正，杀口，无异味

注：①对非瓶装的"鲜啤酒"无要求；②对桶装（鲜、生、熟）啤酒无要求。

4. 葡萄酒的品质特征

（1）感官品质　葡萄酒的感官品质包括葡萄酒的外观、香气、滋味以及是否具有典型性。外观品质又包括葡萄酒的颜色、浓度、色调，香气品质包括香气的类型、强度以及协调程度，滋味包括酒体的协调性、结构感、平衡性以及后味等，典型性是指葡萄酒的整体感官，即外观、香气与滋味之间的平衡性。

①外观品质：葡萄酒的外观品质主要是指葡萄酒的澄清度（混浊、光亮）和颜色（深浅、色调）等方面。混浊的葡萄酒，在口感方面得分较低；而颜色则有助于判断葡萄酒的醇厚度、年龄和成熟状况等。颜色的深浅与葡萄酒的结构、丰满度以及尾味均有着密切的关系。颜色和口感的变化存在着平行性。它们之间必须相互协调、平衡。

国家标准 GB/T 15037—2006《葡萄酒》中规定红葡萄酒的色泽为：紫红、深红、鲜红、宝石红、红微带棕色、棕红色；白葡萄酒的色泽为：近似无色、微黄带绿、浅黄、禾秆黄、金黄色；桃红葡萄酒的色泽为：桃红、淡玫瑰红、浅红色。对于澄清程度的规定为：澄清，有光泽，无明显悬浮物（使用软木塞封口的酒允许有少量软木渣，瓶装超过1年的葡萄酒允许有少量沉淀）。起泡程度：起泡葡萄酒注入杯中时，应有细微的串珠状气泡升起，并有一定的持续性。

②香气品质：葡萄酒的香气极为复杂、多样。其品质包括香气的类型、浓度以及协调度。香气的类型又分为三类：一类香气，即来自葡萄浆果的果香和花香；二类香气，即来自发酵的发酵香或酒香；三类香气，即来自陈酿的陈酿香或醇香。目前在葡萄酒中已经发现了超过500种香味物质，这些物质不仅气味各异，而且相互作用，使香气多种多样。国家标准GB/T 15037—2006《葡萄酒》中规定葡萄酒的香气要具有纯正、优雅、怡悦、协调的果香与酒香，陈酿型葡萄酒还应具有陈酿香或橡木香。

（2）口感品质　葡萄酒的口感品质包括酒体的协调性、结构感、平衡性以及后味等。葡萄酒的味感特性是其气味特性的基础结构，即气味特性的支撑体。一种优质葡萄，必须具备呈味物质和呈香物质之间的合理比例。如果由各组分构成的整体匀称，则该葡萄酒一定是风味协调的。

葡萄酒的味感大部分取决于甜味和酸味、苦味之间的平衡。味感质量则取决于这些味感之间的协调程度。

国家标准GB/T 15037—2006《葡萄酒》中规定干、半干葡萄酒应具有纯正、优雅、爽怡的口味和悦人的果香，酒体完整；半甜、甜葡萄酒具有甘甜醇厚的口味和陈酿的酒香味，酸甜协调，酒体丰满；起泡葡萄酒具有优美醇正、和谐悦人的口味和发酵起泡酒的特有香味，有杀口力。

🔍 思考题

1. 人的基本味觉包括哪些？
2. 仪器分析可以完全代替感官品评衡量酒体质量吗？为什么？
3. 论述自己最喜爱酒类的品质特点。

第十二章

饮酒与健康

酒是人们交际的桥梁，是我们促进亲情、友情的沟通媒介。酒在日常生活中的广泛使用，也为人们的健康带来许多担忧，有时甚至会带来负面的影响。饮酒与健康的关系一直是人们所关心的话题。如何科学看待酒的品质、酒的保健价值，许多人并不知其所以然。酒自从被酿造出来的那一天起，它的双重效果就已被注定。

　　饮酒与健康是一个复杂的话题。首先，酒是一种包含多种成分的酒精饮料，在各类酒中，除了酒精即乙醇、水是必有的成分以外，所含有的其余成分并不相同，也形成了不同香型、类别的酒种，导致其对人体健康的影响也各不相同。人体同样复杂，一是个体对酒的耐受度不同，二是酒中的物质可能对某些器官有害，但同时又对某些器官有益。即便是从医学的角度，也难以对酒和人体健康的关系作出准确的定论。虽说如此，但大量基础研究已经为进一步认识饮酒与健康奠定了基础。悠悠民生，健康最大。习近平总书记指出"没有全民健康，就没有全面小康"。"经济要发展，健康要上去，人们的获得感、幸福感、安全感都离不开健康"。健康是促进人的全面发展的必然需求，是经济社会发展的基础条件，是民族昌盛和国家富强的重要标志，也是广大人民群众的共同追求。《"健康中国2030"规划纲要》作为国家发展战略的提出，体现了国家对于人民健康的重视和对生产企业的要求。纲要指出，要坚持以人民为中心的发展思想，牢固树立和贯彻落实新发展理念，以提高人民健康水平为核心，把健康融入所有政策，加快转变健康领域发展方式，全方位、全周期维护和保障人民健康，大幅提高健康水平，显著改善健康公平。在当前消费升级形势之下，消费者基于提升生活品质的渴望，越来越注重健康。

第一节　饮酒与健康

　　随着生活水平的提高和保健意识的增强，人们的消费观念正在逐步转变，人们对饮酒的要求，不再是寻求刺激，而是希望在愉悦身心、享受酒文化的同时能喝出健康。酒性温，味甘辛，少饮有疏通血脉，活血祛瘀等功效，中医典籍里收集了大量的药酒方。"适量饮酒，有益健康；过量饮酒，危害健康"的观点已经被人们广泛接受。

一、中国文化对酒的辩证认识

千百年来，我国劳动人民就一直用白酒来解疲劳、提精神、祛寒镇痛、强身健体。《黄帝内经·素问》说："酒类、用以治病"；《汉书·食货志》载："酒，百药之长"；唐代"药王"孙思邈对酒有"少饮，和血益气，壮身御寒，避邪延秽"和"作酒服，佳于丸散，善而易服，流行迅速"之说。《本草拾遗》中评价道：酒能"通血脉，厚肠道，润皮肤，散湿气，消忧息怒，宣言畅意"；李时珍在《本草纲目》中说："适量饮酒可消冷积寒气，燥湿痰，开郁结，止水泄，治霍乱疟疾噎膈，心腹冷痛，杀虫辟瘴，利小便，坚大便"。古代中医认为"酒为水谷之精，味辛甘，其性热，其气悍，无所不至，畅和诸经"；具有"杀百邪恶毒气""除风下气""开胃下食""止膝疼痛"和"酒以治疾"等功效。这些论述都是古代先民对酒在医学实践中的高度概括和总结，是酒对人类健康的贡献。

其实，饮酒与健康之间存在着 U 形曲线关系，适量饮酒者的死亡率处于"U"字形底部，不饮酒者和酗酒者的死亡率反而在"U"字形的两侧。说明体内有适量的酒精存在，可能对人体有保健作用；但过量饮酒，体内酒精超过负荷时一定会对人体健康带来危害。

人们在很早以前就知道饮酒与健康之间的辩证关系，《本草备要》写道："少饮则和血运气，壮神御寒，遣兴消愁，辞邪逐秽，暖水藏，行药势""过饮则伤神耗血，损胃烁精，动火生痰，发怒助欲，致生湿热诸病"。酒性"以半酣为好""饮酒须致微醉后"，达到"好花乘看半开时，好酒宜在半醉中"的微醺佳境；"善饮者必自爱其量"，适可而止，恰到好处，提倡"饮随人量"，才有"酒中趣"，知"壶中天"，品出"酒道人生"。总之，酒虽佳酿，但最好做到空腹不饮酒，饮酒需适度，慢斟细酌方能品味美好。

二、理性饮酒与健康

中国的酒文化源远流长，自古就有"无酒不成宴""无酒不欢"之说，酒成了人们沟通的润滑剂，也承载着中国人的人情世故。理性饮酒、健康饮酒成为人们关注的重点话题。

1. 理性饮酒的含义

国际上发布的饮酒标准是：成年男性安全饮酒的限度是每天不超过 20g 酒精，女性每天不超 10g 酒精；无论是偶尔饮酒还是长期饮酒，男性每天摄入纯酒精的量不应超过 30～40mL，女性不要超过 20～30mL。

根据中国酒业协会宋书玉的解读，理性饮酒的第二层含义，就是不在某些情况下饮酒，比如驾驶机动车、操作机器、怀孕时、疾病状态下等。而且酒驾导致的不良后果不仅需要当事人付出惨痛的代价，还会为家庭带来一生的伤害。

2. 理性饮酒与健康的关系

（1）适量理性饮酒可促进消化 酒能助食，促进食欲，可多吃菜肴，增加营养。

（2）适量理性饮酒可以减轻心脏负担，预防心血管疾病。

（3）适量理性饮酒可加速血液循环，调节、改善体内生化代谢 医学已证明，酒有通经活络的作用，能促进血液循环，对神经传导产生良好的刺激作用。

（4）适量理性饮酒可促进健康 白酒中 2% 的微量成分中的有益健康因子成分，可以发挥其对健康的促进作用。

三、白酒醉酒度

在《基于多组学策略对不同香型白酒醉酒度及其致醉机制的研究》一文中，黄永光、郭雪峰等以酱香、浓香、清香型（传统典型）白酒与清酱香型（创新典型）白酒为研究对象，从酒体化合物、行为表型特征、肠道菌群结构的角度出发，深入解析四种典型香型白酒的醉酒度及其致醉机制。研究结果表明：

（1）四种典型香型白酒的风味轮廓具有差异显著性，感官风味与白酒质量呈正相关。从四种香型白酒中共检测出主要挥发性化合物 251 种，其中香气活度值大于 1 的特征挥发性化合物有 54 种；酱香型白酒中的特征风味贡献物质为二甲基三硫醚、糠醛、2,3,5-三甲基吡嗪和 2,3,5,6-四甲基吡嗪、异戊酸乙酯、丁酸乙酯；己酸乙酯、对甲酚、γ-壬内酯对浓香型白酒的风味贡献较大；壬醛、癸酸乙酯、苯乙醇是清香型白酒的特征化合物；二甲基三硫醚、乙酸苯乙酯、苯乙醇、壬醛、癸醛、月桂酸乙酯和异戊醇是形成清酱香型白酒"清酱协调特征"的关键化合物；四种香型白酒的感官特征及化合物结构符合不同档次产品的质量标准。

（2）通过小鼠行为表型特征评估白酒的醉酒度，分析影响醉酒度的关键化合物。结果表明：白酒对小鼠行为能力的影响集中于饮酒后 0.5~2h，白酒的行为抑制作用同白酒质量具有负相关性。四种典型香型白酒的醉酒度差异显著，在醉酒时间方面，酱香型白酒作用于 2~5h，浓香型白酒作用于 0.5h，清香型白酒作用于 0.5~2h，清酱香型白酒作用于 2h；在醉酒程度和醒酒速度方面，浓香型白酒和清香型白酒表现出比酱香型和清酱香型白酒更高的水平，酱香型白酒的醉酒速度和醒酒速度较慢，而清酱香型白酒则具有醉酒速度慢、醒酒速度快的显著特点。四种典型香型白酒的醉酒度主要与高级醇和醛类正相关，与己酸乙酯、乳酸乙酯等醛类以及酸类负相关，这些化合物的含量及结构导致了不同白酒醉酒度的差异，白酒质量与其醉酒度呈负相关。

（3）通过高通量测序技术分析小鼠盲肠菌群的变化，筛选白酒干预后显著改变的生物标志物。结果表明：饮用白酒可增加小鼠盲肠菌群丰富度和多样性，食用酒精引起小鼠盲肠菌群失调，四种典型香型白酒对小鼠肠道菌群的调节能力不同。门水平上，白酒导致拟杆菌门（Bacteroidetes）、厚壁菌门（Firmicutes）、疣微菌门（Verrucomicrobia）和变形菌门（Proteobacteria）显著增加，不同香型白酒对厚壁菌门（Firmicutes）与拟杆菌门（Bacteroidetes）比值的影响随着时间延长出现逆转。

属水平上，重点研究了 145 个主要细菌属，丰度大于 1% 的菌属共有 15 个，包括 *Uncultured_bacterium_f_Muribaculaceae*、阿克曼氏菌属（*Akkermansia*）、拟杆菌属（*Bacteroides*）、*Uncultured_bacterium_f_Lachnospiraceae*、毛螺旋菌科_NK4A136_群（Lachnospiraceae_NK4A136_group）、拟普雷沃氏菌属（*Alloprevotella*）、普雷沃氏菌科_UCG-001（Prevotellaceae_UCG-001）、乳杆菌属（*Lactobacillus*）、螺杆菌属（*Helicobacter*）、布劳特氏菌属（*Blautia*）、*Uncultured_bacterium_f_Ruminococcaceae*、副萨特氏菌属（*Parasutterella*）、脱硫弧菌属（*Desulfovibrio*）、杜氏乳杆菌属（*Dubosiella*）和普雷沃氏菌科_NK3B31_群（Prevotellaceae_NK3B31_group）。

经过 Lefse 分析鉴定出 25 种菌属的富集程度存在显著差异，其中副杆菌属（*Parabacte-*

roides)、拟杆菌属（*Bacteroides*）、乳杆菌属（*Lactobacillus*）的相互作用可能与酱香型白酒醉酒速度慢、醒酒速度慢有关。*Uncultured_bacterium_f_Atopobiaceae*、拟杆菌属（*Bacteroides*）以及杜氏乳杆菌属（*Dubosiella*）的丰度变化与浓香型白酒醉酒速度快、醒酒速度快具有潜在关联。布劳特氏菌属（*Blautia*）、副萨特氏菌属（*Parasutterella*）、普雷沃氏菌科_UCG-001（*Prevotellaceae_UCG-001*）和瘤胃球菌属（*Ruminococcus*）等多种益生菌与清香型白酒醉酒速度慢、醉酒程度低、醒酒速度快的特征密切相关。清香型白酒的醉酒度类似于食用酒精，二者对肠道菌群的影响无显著差异，进一步说明醉酒过程中酒精并不是影响肠道菌群的唯一因素。

第二节　酒中的功能成分

前述例子是基于基础理论表达了饮酒对健康的影响，其实很多研究也从饮用不同香型、种类酒，以及饮用量论述了中国白酒与人体健康的关系。为了揭示白酒对增进人体健康的作用机制和物质基础，长久以来相关行业内的学者、专家和企业人员围绕"白酒中的健康因子"——各种风味、健康化学成分积极开展了研究。研究结果显示，白酒中乙醇和水是主要成分，占98%左右，剩下2%左右是各种微量成分，这些微量成分又细分为挥发性成分和非挥发性成分等类别。目前已公开发表的挥发性成分有2700多种，按分子官能团类别可分为醇、酯、酸、酚、含氮含硫化合物等；非挥发性成分主要包括氨基酸、多元醇、矿物质、维生素、肽等。以上很多化学成分，包括乙醇，对人体的健康都有重要作用。

一、功能活性成分的种类与含量

1. 醇类

（1）乙醇　白酒的主要成分是乙醇和水（占总量的98%~99%，体积比），而溶于其中的酸、酯、醇、醛等种类众多的微量有机化合物（占总量的1%~2%）作为白酒的呈香、呈味物质。白酒中的乙醇含量可高达60%（体积比），甚至更高；黄酒的酒精含量一般在14%~20%（体积比），属于低度酿造酒。葡萄酒的度数则比白酒低，一般酒精含量不过14%（体积比）；主流产品的酒精含量8%~13%（体积比），一般红酒中含有9.5%~15%（体积量比）的乙醇。

（2）多元醇　酒醅发酵过程会形成丙三醇、赤鲜糖醇、木糖醇、山梨醇、甘露醇、半乳糖醇、阿拉伯糖醇、麦芽糖醇等多种多元醇。白酒中的多元醇主要包括丙三醇、赤藓糖醇、半乳糖醇、木糖醇、山梨醇、甘露醇、阿拉伯糖醇和麦芽糖醇等，不同香型白酒或不同地区酿造的同一种香型白酒、不同质量的同香型白酒所含多元醇的种类、含量均存在差异，影响这些多元醇的形成因素包括酿酒原辅料、酿造工艺、酿造微生物菌群及其结构等，非常复杂。

2. 有机酸及其酯类

白酒中含有一定浓度的多种有机酸及其乙酯。其中，主要的高级脂肪酸为棕榈酸、油酸、亚油酸及其乙酯（表12-1、表12-2）。

表 12-1　　　　　　　　主要香型名优白酒低分子有机酸、乙酯含量　　　　　　单位：mg/100mL

成分	浓香型	酱香型	清香型	米香型	药香型	兼香型	凤香型	芝麻香型	特香型
乙酸	46.5	111.0	94.4	33.9	132	59.3	36.1	46.6	73.0
乳酸	24.4	105.7	28.4	48.7	48.7	44.2	1.8	5.2	158.5
丁酸	11.4	20.3	—	0.1	46.2	11.4	7.2	6.9	22.9
总酸	134	275	124	85	291	137	60	69	290
乙酸乙酯	126.4	147.0	305.9	42.1	150.0	127.8	122.0	95.0	109.4
乳酸乙酯	135.4	137.8	261.6	46.2	96.1	12.3	42.5	57.2	204.4
丁酸乙酯	20.5	26.1	—	0.6	24.9	25.9	3.9	17.9	3.2
总酯	520	384	570	126	309	351	191	202	342

表 12-2　　　　　　　　几种香型白酒中部分高级脂肪酸及其酯类含量　　　　　　单位：mg/L

成分	浓香型	清香型	酱香型	兼香型
乙酸	483.0	56.6	115.2	80.4
乙酸乙酯	2164.0	17.0	245.0	22.0
辛酸	7.2	1.4	3.5	6.0
辛酸乙酯	340.0	27.0	86.0	46.0
癸酸	0.6	0.5	0.5	0.8
癸酸乙酯	16.0	24.0	46.0	28.0
月桂酸	0.4	—	0.25	—
月桂酸乙酯	7.0	17.0	7.0	11.0
油酸	4.7	2.6	5.6	4.5
油酸乙酯	23.0	51.1	10.5	11.6
亚油酸	7.3	4.4	10.8	1.5
亚油酸乙酯	31.0	17.0	18.3	15.0

3. 酚类化合物

中国白酒以小麦为主要原料制曲，小麦中含有的阿魏酸经过发酵后转化为愈创木酚、4-甲基愈创木酚、4-乙基愈创木酚等酚类化合物。目前已检测出白酒中含有阿魏酸、儿茶酚、愈创木酚、4-甲基-愈创木酚、4-乙基愈创木酚等 8 种有益于人体健康的酚类物质。

这些酚类物质均为优良的自由基清除剂，具有抗氧化、清除活性氧自由基、抗肿瘤、抗菌、抗病毒等功能，可抗衰老及预防众多疾病的发生。阿魏酸是公认的天然抗氧化剂，也是近年来国际公认的防癌物质。

4. 吡嗪类

吡嗪是中国白酒中特有的风味成分，除风味贡献外，其功能活性较明显。其中，四甲基吡嗪的含量较高，在某些酒中的含量达到 10mg/L 以上。四甲基吡嗪也是传统中药川芎中的一种活性成分，已被广泛应用于心脏血管和脑血管疾病的治疗，具有扩张血管、改善微循环及抑制血小板积聚的作用。此外，四甲基吡嗪还具有防止肝细胞纤维化的作用，当酒中含量达到 3mg/L 时，可减轻酒精对小鼠肝脏的损伤。

不同香型的白酒中含有的吡嗪类物质差异较大，如酱香型和兼香型酒中吡嗪类化合物种类和含量最高，浓香型次之，清香型白酒中最少。研究表明，MT 酒中吡嗪含量为 5027.60μg/L，LJ 酒中吡嗪含量为 3146.35μg/L，MTYB 酒中吡嗪含量为 9028.80μg/L，GJG 酒中吡嗪含量为 608.51μg/L，SF 酒中吡嗪含量为 125.11μg/L，Y HLS 酒中吡嗪含量为 2503.20μg/L，FJ 酒中吡嗪含量为 30.83μg/L，ST 酒中吡嗪含量为 47.53μg/L，WLY 酒中吡嗪含量为 1271.14μg/L，DJ 酒中吡嗪含量为 1922.15μg/L，JNC 酒中吡嗪含量为 926.14μg/L，JSY 酒中吡嗪含量为 5069.05μg/L。

5. 萜烯类

萜烯类化合物是在我国白酒研究中新近发现的一类化合物，国际上的研究已证实萜烯类化合物普遍具有较高的抗菌抗病毒能力、防癌抗癌能力。在中国固态法酿造的董酒中，萜烯类化合物的种类和含量最显著。成品董酒中检出 52 种，总量在 3400~3600μg/L，含量较高的有茴香脑（295~2200μg/L）、茴香醛（269~880μg/L）、白菖油萜（17~1762μg/L）、α-雪松烯（7~377μg/L）、β-桉叶油醇（32~291μg/L）等，这些化合物具有抗癌症、抗病毒以及抗炎症等活性功效。

6. 内酯类化合物

γ-内酯是食品中的一类重要风味化合物，存在于水果、葡萄酒及白酒等多种食品中。通过固相萃取结合气相色谱-质谱技术测定了不同香型成品酒中 γ-内酯含量，结果如表 12-3 所示。

表 12-3　　　　　　　不同香型成品酒中 γ-内酯的含量　　　　　单位：μg/L

化合物	清香型	酱香型	浓香型
γ-戊内酯	7.75	12.6	7.43
γ-丁内酯	12.7	12.9	3.56
γ-己内酯	2.47	4.44	11.2
γ-庚内酯	2.37	2.57	31.6
γ-辛内酯	8.25	9.15	2.87
γ-壬内酯	104	50.9	12.8
γ-癸内酯	1.99	4.48	2.23
γ-十二内酯	1.29	3.52	1.34

7. 白酒中的其他功能活性成分

（1）γ-氨基丁酸　γ-氨基丁酸是一种非蛋白质组成的天然氨基酸，是一种新型的功能因子。

（2）洛伐他汀　白酒中的洛伐他汀主要由微生物（红曲菌）代谢产生，是天然的 3-羟基-3 甲基戊二酸单酰辅酶 A 还原酶抑制剂，能显著抑制体内胆固醇的合成。

二、不同活性成分的功能作用

1. 醇类

白酒中常见的多元醇有丙三醇、甘露醇、环己六醇、山梨醇等。如丙三醇能加快皮肤血液循环，利于消除沉积物，使皮肤滑嫩光润。甘露醇有利尿、降低颅内压和眼内压等作用，同时有治疗糖尿病、青光眼、脑水肿和乙型脑炎的作用。环己六醇是由酿酒原料中的植酸通过发酵而产生的，具有辅助治疗肝硬化、肝炎、脂肪肝、血中胆固醇过高等疾病的作用。山梨醇有助于胆汁和胰腺的分泌，可防止血压上升、动脉硬化等。

2. 有机酸及其酯类

乙酸具有扩张血管，延缓血管硬化的功效，并具有杀菌抗病毒的作用，能促进胃液分泌，帮助消化，与丙三醇合用，可去除皮肤斑迹，光亮皮肤。乙酸乙酯对乙醛有制约作用，可通过肾对人体不适应的物质加速新陈代谢功能。乳酸对很多致病菌具有极强的抑制能力，其浓度在 100mg/100mL 时能有效抑制大肠杆菌、霍乱菌、伤寒菌生长并达到致死效果。乳酸具有清理肠道、促消化、增强免疫和能抑制酚、吲哚等有害物质，防止细胞老化等功能。丁酸可作为癌症治疗剂，可抑制肿瘤细胞的生长与繁殖，促进肿瘤细胞死亡，诱导转化癌细胞变为正常细胞，并抑制癌基因的激活。白酒中适量的己酸乙酯，具有降肺火、稳定心肺等健康功效。

白酒中主要的高级脂肪酸为棕榈酸、油酸、亚油酸及其乙酯。如亚油酸，人体不能自行合成，必须从食物中摄取，是人体生理调节物质前列腺素的前体物质，在体内代谢产生的前列腺素 PG-Ⅰ 和 PG-Ⅱ，具有抑制血管紧张素的合成及其他物质转化为血管紧张素的作用，从而降低血管张力，对高血压病人的收缩压有明显的降低作用，而中间产物 γ-亚麻酸尤其对嗜酒者可促进被酒精损伤的肝功能的恢复，亚油酸还能降低血液的黏稠度，改善血液循环。

3. 酚类化合物

白酒中主要酚类有愈创木酚、4-甲基愈创木酚、阿魏酸、麝香草酚等。有益于人体健康的酚类物质，可预防动脉硬化、脑梗死和心脏病的发生。如阿魏酸是公认的天然抗氧化剂，国际认知的防癌物质，其药理作用主要有抗血小板聚集，抑制血小板 5-羟色胺释放，抑制血小板血栓素 A2（TXA2）的生成，增强前列腺素活性，镇痛，缓解血管痉挛等，为生产用于治疗心脑血管疾病及白细胞减少等症药品的基本原料。麝香草酚具有杀菌作用，故可用于治疗气管炎、百日咳等；促进气管纤毛运动，有利于气管黏液的分泌，祛痰；还有很强的杀螨作用，可用作驱蛔虫剂。丁香酚具有解热镇痛、抗炎、麻醉等药效；此外还具有抗细菌、抗真菌、抗氧化、抗癌、驱蚊避虫等多种活性；还有较强的抗组织胺作用。愈创木酚可用于慢性气管炎的多痰咳嗽治疗，多与其他镇咳平喘药合用。

另外，儿茶酚、愈创木酚、4-甲基愈创木酚、4-乙基愈创木酚等均是优良的自由基清除剂，具有抗氧化、抗肿瘤，阻断致癌物的形成，提高机体的免疫力、抗菌、抗病毒等功能。

4. 吡嗪类

四甲基吡嗪是一种活性成分，其药理作用主要有：扩张血管，包括冠状动脉、脑血管、肺血管、肾血管和周围血管；轻度降压，改善组织微循环，提高组织血流灌注；抑制血小板黏附聚集和血栓形成；抑制平滑肌细胞和成纤维细胞增生；调节脂质代谢、抗脂质过氧化；有一定的调节免疫作用；抗组织纤维化，对肺纤维化和肝纤维化有一定的治疗作用。

5. 白酒中的其他功能活性成分

（1）γ-氨基丁酸　其主要生理功能为降血压、增强记忆力和解毒。

（2）洛伐他汀　可抑制胆固醇的生物合成，减少肝细胞内胆固醇含量，从而刺激低密度脂蛋白受体的合成，增加对低密度脂蛋白微粒的摄取，最终使血浆中总胆固醇、低密度脂蛋白和载体蛋白的水平降低。洛伐他汀还可提高高密度脂蛋白（HDL）胆固醇水平以及中度降低甘油三酯水平。

第三节　如何健康饮酒

在中国数千年的文明发展史中，酒与文化的发展基本上是同步进行的。我国历来讲究"无酒不成席"，酒是情感的催化剂，离别时一盏薄酒用来稀释心头的离愁，重逢时一碗烈酒点燃内心的欢愉，孤独时一壶浊酒慰藉灵魂的寂寥，欢庆时一杯佳酿犒赏难以抑制的兴奋。

但是在享受美酒的同时，酒精与健康始终是绕不开的话题。那么酒到底能不能喝？又该怎样喝，喝多少呢？所以，如何喝好一杯酒，如何健康的喝酒就成了一个不得不提的问题。

一、酒类选择

选择白酒产品时应注意以下两点。

（1）消费者在选购白酒产品时，应首先选择大中型企业生产的国家名优产品。名优白酒质量上乘，感官品质、理化指标好，低度化的产品也能保持其固有的独特风格。而小型企业生产的中低档次的普通白酒质量参差不齐，一些粗制滥造、以酒精加香精简单兑制的低档酒却被冠以"××大曲""××老窖"等品名出售，不合格品主要来自此类产品。

（2）建议消费者不要购买无生产日期、厂名、厂址的白酒产品。因为这些产品可能在采购原料、生产加工、运输、销售等过程中不符合卫生要求，使酒类产品中产生过量的有毒有害物质，如甲醇、杂醇油等，饮用此类产品可引起急慢性中毒，危害人类健康。

具体可参考以下步骤。

第一是看包装：国家名酒除所用的瓶子用料考究、制作精致外，有许多名酒都采用独特的瓶型。国家名酒的瓶盖大都使用金属防盗盖，并且瓶盖的材质优良，制作精湛，形状一致，一扭即断。国家名酒包装精致，纸质优良，多数使用进口纸；包装制作和标贴印制规范精美，凹凸版印刷，图案文字清晰鲜明，套色准确，裁边整齐。

第二是辨风格：名酒的酒液清澈透明，香气优雅，余香悠长；而假冒名酒多数香气淡薄，入口辛辣，回味较短。如果酒液浑浊，有漂浮的杂物，酒花密集上翻，分布不均且很快消失，则可能是伪劣酒。

第三是闻香味：饮用白酒前可以再做一做鉴定，闻其香味，如果气味苦臭，定是伪劣酒。

第四是尝味道：真酒芳香馥郁，香味协调，口味柔和，不上头，不呛嗓。假酒则香气不纯，有杂味、辣味，刺喉，上头。

二、健康饮酒的方式

为了倡导人们健康饮酒，享受生活，我们应该选择科学、合理的饮酒方式。健康的饮酒方式主要有以下几种。

（1）不要空腹饮酒　空腹时酒精吸收快，人容易喝醉。

（2）不要和可乐、汽水等碳酸饮料一起喝　这类饮料中的成分能加快身体吸收酒精。

（3）喝白酒时，要多喝白开水；喝啤酒时，要勤上厕所；喝烈酒时最好加冰块，这样更有利于酒精尽快随尿液排出体外。

（4）喝酒的时候应该多吃绿叶蔬菜　由于酒精对肝脏的伤害较大，而绿叶蔬菜中的抗氧化剂和维生素可保护肝脏。此外还可以多吃豆制品，其中的磷脂酰胆碱有保护肝脏的作用。

（5）酒后忌浓茶　民间流行喝浓茶解酒的说法并没有科学根据，茶叶中的茶多酚有一定的保肝作用，但浓茶中的茶碱可使血管收缩，血压上升，反而会加剧头疼，因此酒后可以喝点淡茶，也可以吃一些水果，或者喝一些果汁，因为水果和果汁中的酸性成分可以中和酒精。

（6）宜慢不宜快　饮酒后5min乙醇就可进入血液，30～120min时血中乙醇浓度可达到顶峰。饮酒快则血中乙醇浓度升高得也快，很快就会出现醉酒状态。若慢慢饮入，体内可有充分的时间把乙醇分解掉，乙醇的累积量少就不易喝醉。

（7）食饮结合　饮酒时吃猪肝较好，不仅因为其营养丰富，而且猪肝可提高机体对乙醇的解毒能力。常饮酒的人会造成体内维生素B的丢失，而猪肝中富含维生素B，所以煮猪肝或炒猪肝是很理想的伴酒菜。

（8）甜点加水果　饮酒后立即吃些甜点心和水果可以保持不醉状态。俗话说"酒后吃甜柿子，酒味会消失"，甜柿子之类的水果含有大量的果糖，可以使乙醇氧化并加快分解代谢，甜点心也有类似的功效。

三、饮酒量的控制

每日饮用多少酒才算适度饮酒或安全饮酒，是人们普遍关心的问题。尽管国际上有每日安全饮酒剂量的标准（如男性每周饮用纯酒精量不应超过168g，女性不应超过112g），但是因人种差异和健康状况的不同，适度饮酒量也应因人而异，是否为适度饮酒可以从其饮酒行为进行判断。

如果只是在社交场合饮酒，且每次饮酒量可以自己支配，饮酒后不出现言语或行为紊乱，可以认为是适度饮酒。如果饮酒量超出自己承受的能力范围，且饮酒后出现言语和行为混乱甚至呕吐，酒醒后对饮酒过程中的言语及行为不能回忆，则应视为有害饮酒。

如果发展成每日需多次饮酒，每次的饮酒量不受自己支配且日渐增大，特别是清晨饮"睁眼酒"，有藏酒行为，把饮酒看作生活中最重要的事，不饮酒则出现手抖、心慌、坐立不安等症状，就表明已经患上一种特殊的慢性脑疾病——酒精依赖。一旦形成酒精依赖，就需要长期接受治疗。酒可以助兴，也可以铸病，用健康的方式才能感受美酒带来的愉快体验。

第四节　解酒方法

一、酒在人体的代谢

酒液经过消化道被吸收后，90%~98%自肝脏静脉进入肝脏，并通过肝脏被分解代谢，经肝脏处理后的酒及其代谢物进入体循环，仅仅2%~10%的酒经过尿液、汗液、呼气排出，或转移至唾液或乳汁中。酒精代谢在肝脏中按下列化学过程进行，最终产物是二氧化碳和水。

$$CH_3CH_2OH \longrightarrow CH_3CHO \longrightarrow CH_3COOH \longrightarrow CO_2+H_2O$$

以上过程，因生成的 CH_3COOH 易形成乙酰辅酶 A 进入三羧酸循环，被彻底氧化为 CO_2 和 H_2O，因此乙醇代谢的主要限速步骤在前两步。在人体内前两步反应主要由酶催化，酶的活性因地区、民族、个体的差异而有所不同，因而对乙醇的处理能力也不同，由此造成人们饮酒量的差异。酒精代谢过程如图12-1所示。

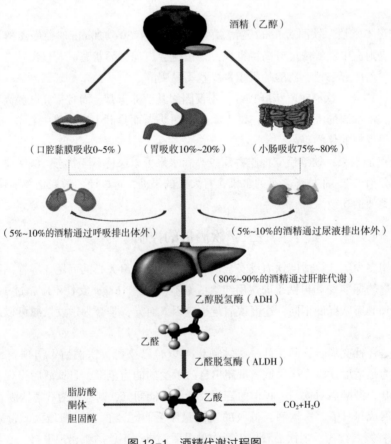

图 12-1　酒精代谢过程图

二、解酒基本常识

解酒，顾名思义，就是"醒酒"，使人从醉酒的状态中醒过来，恢复意识或恢复自制力。通常不是自然清醒，而是采用酒前饮用解酒物质解酒，加速乙醛转化，促进酒精分解，起到节约时间以及减小乙醇对人体危害的目的。解酒有三种方式：以氧克醉、以药克醉、自然醒酒。

解酒的基本原理：酒精在人体内的分解代谢主要靠肝脏的酶系统中的两种酶，一种是乙醇脱氢酶，另一种是乙醛脱氢酶。乙醇脱氢酶能把酒精分子中的两个氢原子脱掉，使乙醇分解变成乙醛。而乙醛脱氢酶则能把乙醛中的两个氢原子脱掉，使乙醛转化为乙酸，最终分解为二氧化碳和水。

酒中的主要成分是乙醇，人体内的乙醇脱氢酶能使乙醇分解成乙醛，乙醛再经过乙醛脱氢酶的分解变成乙酸。乙酸对人体没有危害，而且能够进一步分解成二氧化碳和水。每个人体内都存在乙醇脱氢酶，而且数量基本是相等的，但不同个体内存在的乙醛脱氢酶差异较大。由于乙醛脱氢酶的缺少，使乙醛不能被完全分解为乙酸，而是以乙醛继续留在体内，使人喝酒后产生恶心欲吐、昏迷不适等醉酒症状。因此，不善饮酒或酒量低于合理标准的人，通常体内缺乏乙醛脱氢酶。对于善饮酒的人，若是饮酒过多、过快，则会超过乙醛脱氢酶的分解能力，导致发生醉酒。

三、常见解酒方法

曾经人们以为"浓茶可解酒"，其实浓茶对酒精并不会产生作用。不过日常却有一些方法能够起到醒酒之效，下面介绍几种常见的醒酒方法。

（1）甘草绿豆汤　甘草60g，绿豆120g，煎汤饮之。因甘草中所含的甜素对某些毒物有一定的解毒作用；绿豆性味甘凉，具有消暑解毒之功。

（2）白醋解酒　白醋10mL，加白糖开水适量，频频饮之。

（3）葛花石膏汤　葛花9g，生石膏30g，煎水频服。葛花具有治酒醉，解烦渴的作用；生石膏善清热泻火。

（4）竹笋汤　用鲜竹笋100g，水煮，汤饮之。

（5）葛花解醒汤　方用木香1.5g，人参、猪苓、橘皮各4.5g，白术、干姜、神曲、泽泻各6g，青皮10g，砂仁、白豆蔻、葛花各15g为末，每次10g开水冲服。用于饮酒太过，出现呕吐痰涎，头痛心烦，胸膈痞塞，手足颤摇，小便不利，大便泄泻等症的醉酒者。

（6）探吐　暴饮暴食造成的醉酒和腹部胀满，用羽毛或棉签刺激咽喉部，使其呕吐。让食物、酒类排出，这样可以减轻中毒症状，然后即饮水500mL。

（7）蜂蜜解酒　喝酒后，取蜂蜜一小匙加入温白开水150~200mL，搅拌均匀后，一次性饮入。蜂蜜中的果糖和葡萄糖都是单糖，可以直接吸收入血液，能清除酒精及促进酒精的代谢。

（8）牛奶解酒　在饮酒前，可以一次性饮入牛奶一杯，牛奶可保护胃黏膜，减少酒精对胃肠的伤害，同时可以减缓酒精进入血液的速度，降低血液中酒精的浓度。

（9）菊花枸杞茶解酒　饮酒后可以饮用温热的菊花枸杞茶一大杯。因为菊花枸杞茶可以疏肝明目，温煦保护肾脏，促进肝脏对酒精的分解及肾脏对代谢产物的排出。

🔍 思考题

1. 通过本章学习及查询资料，论述酒类的安全问题及预防措施。
2. 试述酒中的功能成分。
3. 分组并广泛搜集资料，围绕"适量饮酒有益健康"进行辨析。
4. 试述如何健康饮酒。

参考文献

［1］陈玲，袁玉菊，曾丽云，等.16S rDNA 克隆文库法与高通量测序法在浓香型大曲微生物群落结构分析中的对比研究［J］.酿酒科技，2015（12）：33-36，40.

［2］何琼.酒文化的界定与酒文化传播策略——以茅台酒文化传播为例［A］.贵州省写作学会.贵州省写作学会 2012 年学术年会交流论文集［C］.贵州省写作学会，2012：16.

［3］万伟成.中华酒文化的内涵、形态及其趋势特征初探［J］.酿酒科技，2007（9）：104-108.

［4］丁季华.中国酒文化的结构与功能［J］.历史教学问题，1991（2）：23-26，12.

［5］曲晓慧.酒文化之中西对比［J］.山西广播电视大学学报，2010，15（2）：103-104.

［6］杨利.酒文化及酒的精神文化价值探微［J］.邵阳学院学报，2005（2）：82-83.

［7］文杰，黄良伟，周发明.我国酒文化研究进展［J］.农村经济与科技，2018，29（1）：107-109，169.

［8］张翠凤.从饮料酒的分类谈养生［J］.饮料工业，2010，13（6）：12-14.

［9］张文学.中国酒概述［M］.北京：化学工业出版社，2011.

［10］肖冬光.白酒生产技术［M］.北京：化学工业出版社，2011.

［11］管斌.中国酒生产技术与酒文化［M］.北京：化学工业出版社，2016.

［12］查枢屏，葛向阳，李玉勤.白酒品评要点及解析［J］.酿酒科技，2017（2）：75-77，81.

［13］周恒刚.白酒勾兑与品评技术［M］.北京：中国轻工业出版社，2004.

［14］辜义洪.白酒勾兑与品评技术［M］.北京：中国轻工业出版社，2015.

［15］沈怡方.我国白酒生产技术进步的回眸［J］.酿酒科技，2002（6）：24-28.

［16］赖高淮.白酒品酒师手册［M］.北京：中国轻工业出版社，2007.

［17］贾智勇.中国白酒品评宝典［M］.北京：化学工业出版社，2016.

［18］明道.酒常识速查速用大全集［M］.北京：中国法制出版社，2014.

［19］隋肖左.名酒品鉴［M］.北京：中国青年出版社，2011.

［20］全国食品发酵标准化中心.白酒标准汇编［M］.北京：中国标准出版社，2007.

［21］刘保建.名酒收藏背后的感性与理性［N］.华夏酒报，2014-06-03（C45）.

［22］许远伟.论贵州茅台酒的文化意义与经济价值［J］.新经济，2016（26）：25-26.

［23］曾祖训.感官品评与香味成分对真假名酒的鉴别［J］.酿酒，1995（5）：22-25.

［24］杨秉辉.饮酒与健康［J］.教师博览，2012（7）：61-62.

［25］葛松涛.饮酒健康之道［J］.商品与质量，2012（S5）：312.

[26] 李大和．科学饮酒有益健康 [J]．酿酒科技，2008（10）：133-138．

[27] 方得胜．基于 EEG 和 ERP 特征信息的饮酒健康评估研究 [D]．南京航空航天大学，2016．

[28] 黄蕴利，黄永光，郭旭．白酒中的主要生物活性功能成分研究进展 [J]．食品工业科技，2016，37（15）：375-379．

[29] 周金虎，管健，魏浩林，等．白酒中健康因子的研究进展 [J]．酿酒科技，2017（7）：90-94．

[30] 霍嘉颖，黄明泉，孙宝国，等．中国白酒中功能因子研究进展 [J]．酿酒科技，2017（9）：17-23．

[31] 庞黎鑫．理性饮酒健康过年 [N]．消费日报，2016-02-01（A02）．

[32] 钟丽，张涛．饮酒模式的评估及分类 [J]．四川精神卫生，2015，28（5）：485-488．

[33] 翟红梅，肖颖，肖霄，等．酒在人体内的代谢及酒精中毒 [J]．石家庄学院学报，2010，12（3）：27-29．

[34] 马宝山．解酒方法六则 [N]．中国中医药报，2000-09-29（3）．

[35] 李全根．酒文化的内涵与外延 [J]．宜宾学院学报，2012，12（2）：16-21．

[36] 高枫．中国酒文化的精神内涵 [J]．山西师大学报（社会科学版），2011，38（S3）：120-122．

[37] 王春华．世界各国的酒文化 [J]．东方食疗与保健，2005（11）：32-33．

[38] 巩玉丽．酒仙气质与酒神精神——中西方酒文化比较 [J]．康定民族师范高等专科学校学报，2008（02）：42-45．

[39] 吕晓峰．白酒中的呈味物质 [J]．中小企业管理与科技（下旬刊），2012（1）：302．

[40] 陈育新，韩珍，郭庆东．中国白酒中呈香呈味物质研究进展 [J]．食品研究与开发，2015，36（02）：140-142．

[41] 卢桂华．《水浒传》"酒"文化剖析 [J]．中学语文教学参考，2022（21）：91-92，97．

[42] 谭瑾．于酒文化中见中国古典舞与之审美倾向 [J]．尚舞，2022（12）：92-94．

[43] 季鑫垚．士人酒风与宋元时期瓷制酒具的设计研究 [D]．景德镇陶瓷大学，2022．

[44] 阴鹏．浅谈辽金时期的酒文化 [J]．青春岁月，2022（10）：41-43．

[45] 胡成，吴冰．以苏轼诗词为例浅谈宋代诗酒文化的特点 [J]．参花（中），2022（4）：119-121．

[46] 潘城．《诗经》中的酒文化现象论析 [J]．连云港师范高等专科学校学报，2020，37（4）：12-16．

[47] 焦凤华．李白诗语言中的酒文化 [J]．青年文学家，2020（8）：103．

[48] 李天鸽．尼采酒神精神与以嵇康为代表的魏晋酒文化的比较 [J]．吉林省教育学院学报，2019，35（9）：147-150．

[49] 宗春启．元代酒文化：从"渎山大玉海"说起 [J]．中国酒，2020（Z2）：138-140．

［50］刘桂华.《水浒传》酒文化艺术探析［C］.《水浒争鸣》（第十七辑）.2018：232-237.

［51］张功.论酒文化与酒文明［J］.酿酒科技，2011（6）：113-115.

［52］洪光住.中国酿酒科技发展史［M］.北京：中国轻工业出版社，2001.

［53］罗贯中.水浒传［M］.北京：人民文学出版社，1998.

［54］李时珍.本草纲目·谷部［M］.刘衡如校.北京：人民卫生出版社，1978.

［55］沈怡方.白酒生产技术全书［M］.北京：中国轻工业出版社，1998.

［56］秦含章.国产白酒的工艺技术和实验方法［M］，北京：学苑出版社，2000：188，107.

［57］《大中国上下五千年》编委会.中国酒文化［M］.北京：外文出版社，2010.

［58］周山荣."中国白酒金三角"文化研究：贵州白酒产业发展现状、问题及对策研究［C］.北京：光明日报出版社，2011.

［59］何明，吴明泽.中国少数民族酒文化［M］.昆明：云南人民出散社，1999.

［60］刘小兵.滇文化史［C］.昆明：云南人民出版社，1991.

［61］廖伯琴.朦胧的理性之光-西南少数民族科学技术研究［M］.昆明：云南教育出版社，1992.

［62］云南彝族歌谣集成［M］.昆明：云南民族出版社，1986.

［63］傈僳族风俗歌集成［M］.昆明：云南民族出版社，1988.

［64］武庆尉.奶酒生产技术［M］.昆明：中国轻工出版社，2008.

［65］董飞.中华酒典·酒的功能［M］.北京：线装书局，2010.

［66］董飞.中华酒典·民族酒俗［M］.北京：线装书局，2010.

［67］徐兴海.中国酒文化概论［M］.北京：中国轻工业出版社，2010.

［68］罗红昌，王灵芝."酒"的本源文化功能研究［J］.酿酒科技，2014（7）：120-122.

［69］刘兆年.商代酒文化的形成、发展及体现［J］.文物鉴定与鉴赏，2022（05）：157-159.

［70］汪瑄.古典诗词中的酒文化［J］.青年文学家，2019（3）：64-65.

［71］刘云风.中西方国家酒文化差异化研究［J］.青年文学家，2018（36）：190.

［72］文杰，黄良伟，周发明.我国酒文化研究进展［J］.农村经济与科技，2018，29（1）：107-109+169.

［73］李全根.酒文化的内涵与外延［J］.宜宾学院学报，2012，12（2）：16-21.

［74］黄亦锡.酒、酒器与传统文化［D］.厦门大学，2008.

［75］杨利.酒文化及酒的精神文化价值探微［J］.邵阳学院学报，2005（2）：82-83.

［76］张娟娟.魏晋南北朝时期的酒文化探析［D］.山东师范大学，2010.

［77］杨小川.中国酒文化变迁的影响因素研究［J］.酿酒科技，2014（8）：127-130.

［78］万思锋.宋代酒文化和文学创作关系研究［D］.延边大学，2010.

［79］杨姝琼.解读"酒"字及"酒文化"［J］.内蒙古电大学刊，2017（6）：33-36.

［80］王炎.中国古代的诗酒情结［J］.中华文化论坛，2001（1）：131-134.

［81］王宝华.浅谈中国历史上的酒文化［J］.产业与科技论坛，2017，16（16）：

198-199.

　　[82] 邓小军，黄波，任君宜．论周公禁酒对酒文化的促进作用 [J]．酿酒科技，2015 (8)：124-126.

　　[83] 李雷，李杨，方春玉．酒文化与中国文化的关系 [J]．酿酒科技，2012 (9)：119-121.

　　[84] 陈琪林．中华酒文化简说 [J]．中国酒，2011 (153)：68-72.

　　[85] 胡小伟．中国酒文化 [M]．北京：中国国际广播出版社，2011.

　　[86] 王琦琦．酒文化对文字词汇的影响 [J]．文学界，2011 (5)：237.

　　[87] 高枫．中国酒文化的精神内涵 [J]．山西师大学报 (社会科学版)，2011，38 (S3)：120-122.

　　[88] 阎钢，徐鸿．酒的起源新探 [J]．山东大学学报 (哲学社会科学版)，2000 (3)：78-83.

　　[89] 万伟成．中华酒经 [M]．天津：百花文艺出版社，2008.

　　[90] 王缵叔．酒经·酒艺·酒药方 [M]．西安：西北大学出版社，1997.

　　[91] 高明毅．中华名人与酒 [M]．北京：中国文史出版社，2009.

　　[92] 葛景春．诗酒风流——试论酒与酒文化精神对唐诗的影响 [J]．河北大学学报 (哲学社会科学版)，2002 (2)：59-64.

　　[93] 郭雪峰．基于多组学策略对不同香型白酒醉酒度及其致醉机制的研究 [D]．贵州大学，2022：06.

　　[94] 姚金铭．先秦饮食文化研究 [M]．贵阳：贵州人民出版社，2005.